“十三五”职业教育国家规划教材

电子技术基础与技能

（通信类）

（第 2 版）

主　编　李传珊　李中民　杨松林

副主编　白秉旭　夏和福　李家墅

電子工業出版社

Publishing House of Electronics Industry

北京・BEIJING

内 容 简 介

本书是中等职业学校（三年制）通信类专业电子技术基础与技能教材，是依据教育部颁布的《中等职业学校电子技术基础与技能教学大纲》编写的。

本书由二极管及其应用、三极管及放大电路基础、常用放大器、直流稳压电源、正弦波振荡器、高频信号处理电路、数字电路基础、组合逻辑电路、触发器、时序逻辑电路、脉冲波形的产生与变换、数模转换和模数转换12个模块组成。每个模块分为若干任务，每个任务均设置学习目标、习题，各任务通过“看一看”“学一学”“做一做”“想一想”“查一查”“练一练”等环节，引导教学过程的理实一体，激发学生的学习积极性。每个模块结束时有小结，这样有利于学生明确学习目标、学习重点和巩固提高。

为培养学生的方法能力，本书将一些常用元器件的技术资料附在书后：半导体器件型号命名方法及示例、国内外常用整流二极管参数表、国内外主要集成电路生产厂家及其产品代号、常用集成运放产品的引脚功能、常用数字集成产品的引脚功能、技能实训考核表参考样式，以供读者查阅。

本书的编写思路，体现了中等职业教育课程改革的新理念，理论知识讲授以够用为度，文字阐述浅显易懂，紧密结合职业技能考核，着力培养实践能力。本书除可作为中等职业学校通信类专业教材外，也可作为岗前培训教材和自学用书。

为了方便教师教学，本书还配有教学指南、电子教案和习题答案（电子版）。

图书在版编目（CIP）数据

电子技术基础与技能：通信类 / 李传珊，李中民，杨松林主编．—2版．—北京：电子工业出版社，2019.11

ISBN 978-7-121-30446-0

Ⅰ. ①电… Ⅱ. ①李… ②李… ③杨… Ⅲ. ①电子技术—职业教育—教材 Ⅳ. ①TN

中国版本图书馆 CIP 数据核字（2016）第 282954 号

责任编辑：蒲　玥
印　　刷：三河市华成印务有限公司
装　　订：三河市华成印务有限公司
出版发行：电子工业出版社
　　　　　北京市海淀区万寿路 173 信箱　邮编　100036
开　　本：787×1 092　1/16　印张：16.25　字数：416 千字
版　　次：2010 年 7 月第 1 版
　　　　　2019 年 11 月第 2 版
印　　次：2024 年 9 月第10 次印刷
定　　价：38.00 元

凡所购买电子工业出版社图书有缺损问题，请向购买书店调换。若书店售缺，请与本社发行部联系，联系及邮购电话：（010）88254888，88258888。

质量投诉请发邮件至 zlts@phei.com.cn，盗版侵权举报请发邮件至 dbqq@phei.com.cn。

本书咨询联系方式：（010）88254485；puyue@phei.com.cn。

前　　言

本书是根据教育部最新颁布的《中等职业学校电子技术基础与技能教学大纲》，并结合《国家职业标准》和职业技能鉴定的有关要求编写的职业教育课程改革国家规划新教材，包括新大纲规定的基础模块和选学模块的相关知识。

1．突出能力培养，倡导职教特色

本书从职业岗位实际需求和中等职业学校学生的实际情况出发，淡化学科色彩，不做理论上的深入探讨，对较深层次的知识只做定性的解释，重点着墨在实际应用层面。本书力图通过“看一看”“读一读”的环节，采用与生产生活密切相关的实例和教师的大量演示性实验，使学生对本课程产生一种熟知和亲切感，激发学生的学习欲望；通过大量“做一做”的环节，使学生在动手实践的过程中，学会与掌握各基本器件的功能和使用；通过与生产、生活密切相关的综合性技能实训环节，着重培养学生电路图识读、电路装配、调试和故障检修能力，并使学生学会运用电子技术的基本知识和技能解决实际问题的基本思路和一般方法；通过“查一查”“练一练”“想一想”的环节，帮助学生巩固基本知识，拓展知识的应用，进而引导学生做进一步的探究。

2．更新教学内容，贴近技术发展

本书删减了电子技术中的陈旧内容，增添了技术更新与产业升级带来的新知识、新技术、新材料、新工艺，全书以集成电路为主，重点在以电路外部特性和芯片应用，强化集成电路的应用，增大数字电路内容的比例。

3．体现教学改革，适应发展需求

本书在教学内容的设计与教学方法的安排上，改革了传统的以教师讲授为主的教学方式，大量采用“做中教”“做中学”的理实一体和任务驱动、过程引领等教学方法，实现教学的针对性和有效性。通过教师直观、形象的操作性实验演示、学生的实验性操作和综合性项目式实训，将关键知识点、基本操作技能融合在“做”的过程中，在巩固知识、培养能力的同时，训练学生形成良好的职业习惯和工作方法。减少了理论性作业，增大了实践操作性的作业。

4．统一而又灵活，便于教学实施

本书的编写既考虑了统一的培养规格的要求，又考虑到地区、学校、专业在生源、设备、师资等方面的差异。选用的实验实训平台丰富，既有模拟电子实验箱（台）、数字电子实验箱（台）上的实验实训，也有 PCB、多功能板和面包板上的电路装接的实验实训，还有基于计算机技术的电子仿真实验实训，可根据实际情况选用或变更平台进行。

本教材的总学时为 154 学时。学习单元及学时分配建议，见下表。

模　　块	建 议 学 时
模块一　二极管及其应用	12
模块二　三极管及放大电路基础	14
模块三　常用放大器	28

续表

模　　块	建议学时
模块四　直流稳压电源	10
模块五　正弦波振荡器	8
模块六　高频信号处理电路	16
模块七　数字电路基础	12
模块八　组合逻辑电路	12
模块九　触发器	12
模块十　时序逻辑电路	12
模块十一　脉冲波形的产生与变换	12
模块十二　数模转换和模数转换	6
合计	154

本书由南京市职教（成人）教研室李传珊、仪征技师学院李中民、郑州电力职业技术学院杨松林主编。李传珊老师编写了模块一、二、五；李中民老师编写了模块三、四、七；南京江宁高等职业技术学校白秉旭老师编写了模块八、九、十；江苏省溧水中等专业学校夏和福老师编写了模块十一、十二；南京六合中等专业学校李家墅老师编写了模块六；重庆市垫江县第一职业中学杨清德老师对模块一、二、三、四、五、六进行了统稿；杨松林老师对模块七、八、九、十、十一、十二进行了统稿；仪征技师学院石玉梅等老师为全书的编写做了大量的基础性工作。

在本书的编写过程中，我们也参考了大量的专业资料。在此，对这些资料的原作者表示衷心的感谢！

限于编者水平，加之时间较仓促，本书难免存在不妥与疏漏之处，恳请广大读者批评指正。

为了方便教师教学，本书还配有教学指南、电子教案、习题答案。请有此需要的教师登录华信教育网（www.hxedu.com.cn）免费注册后进行下载；同时，可通过扫描每个模块后面的二维码查阅辅助教学微视频。有问题时，请在网站留言板留言或与电子工业出版社有限公司联系（E-mail：hxedu@phei.com.cn）。

编　者

2019 年 7 月

目　　录

模块一　二极管及其应用

任务一　二极管的识别与检测

【学习目标】

◇ 通过演示实验，了解二极管的单向导电性

◇ 了解二极管的结构、电路符号、引脚、伏安特性、主要参数，能在实践中合理使用二极管

◇ 了解硅稳压管、发光二极管、光电二极管、变容二极管等特殊二极管的外形特征、功能和实际应用

◇ 能用万用表判别二极管的引脚极性和质量优劣

看一看

什么是二极管的单向导电性？

学生观察教师的演示实验。

【实验步骤】

（1）按图 1-1 所示连接电路；

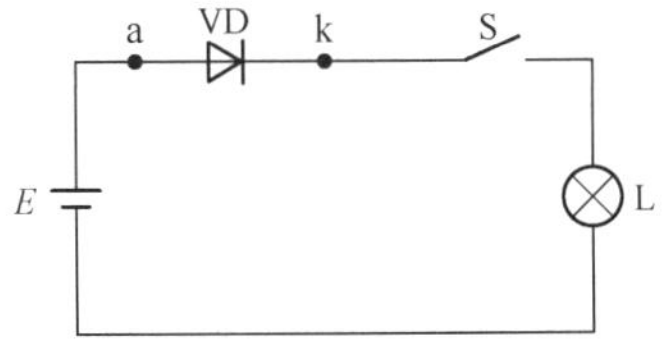

图 1-1　二极管演示实验原理图

（2）合上开关 S，观察灯泡 L 发光情况；

（3）对调二极管 VD 的两端 a、k，连接后再合上开关 S，观察灯泡 L 的发光情况。

想一想

上述实验说明什么问题？

【实验结论】二极管具有单向导电性，即当它的阳极电位高于阴极电位时，处于导通状态；当它的阳极电位低于阴极电位时，处于截止状态。

学一学

二极管是一种怎样的器件？怎样才能合理选择二极管？如何识别与检测二极管呢？让我们进入以下学习单元吧！

知识链接一　二极管的结构与符号

1．二极管的结构

二极管是一种用半导体材料（硅或锗）制成的器件。它由一个 PN 结（见教材附带光盘中的“阅读材料 1：半导体与 PN 结的基本知识”）构成，从 P 区和 N 区各引出一个电极，再加以封装。从 P 区引出的电极称为阳极（又称正极，用符号 a 表示），从 N 区引出的电极称为阴极（又称负极，用符号 k 表示）。

图 1-2 所示为几种常用二极管的实物图。

2．二极管的符号

二极管的符号如图 1-3 所示。

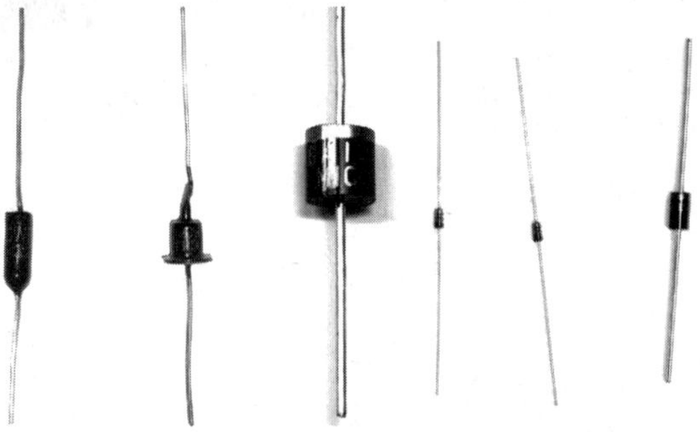

图 1-2　几种常用二极管的实物图

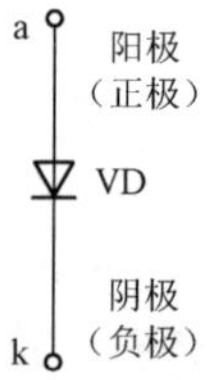

图 1-3　二极管的符号

知识链接二　二极管的伏安特性与主要参数

1．二极管的伏安特性

二极管的伏安特性就是指二极管端电压与通过的电流之间的关系。根据这一关系画出的曲线称为伏安特性曲线，如图 1-4 所示。

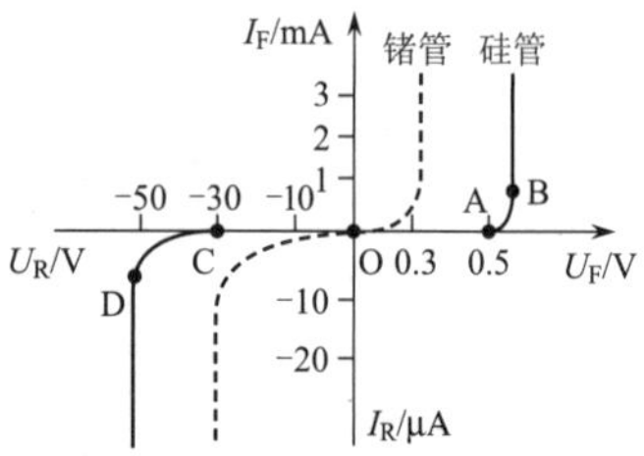

图 1-4　二极管的伏安特性曲线

二极管的伏安特性存在 4 个区：死区、正向导通区、反向截止区、反向击穿区。

1）正向特性

（1）死区电压：当二极管加上一定的正向电压时，会产生正向电流。图中 A 点电压称为死区电压（用符号 U_T 表示）通常为，锗管 0.1～0.3V，硅管 0.5～0.6V。

（2）正向导通区：当加正向电压超过死区电压时则导通（图中 B 点以后曲线的区域），该区为正向导通区。

2）反向特性

（1）反向截止区：加一定反向电压时反向电流很小，图中的 OC 段，PN 结截止。此电流称为反向饱和电流（用符号 I_{SR} 表示）。通常为，硅管 1 微安到几十微安，锗管约为几十微安到几百微安。

（2）反向击穿区：当加反向电压大于管子反向承受电压时，PN 结反向击穿。图中反向电流在 D 点处突然增大。发生击穿时的电压称为反向击穿电压（用符号 U_{BR} 表示）。不同类型的管子，反向击穿电压值不同，通常为几十伏到几百伏，甚至数千伏。

2. 二极管的主要参数

不同用途的二极管，其参数是不一样的。以整流二极管为例，其主要参数有三个。

（1）最大整流电流 I_{FM}：二极管长时间使用时，允许流过二极管的最大正向平均电流值。

（2）最高反向工作电压 U_{RM}：二极管长期运行时，允许承受的最高反向电压。一般取反向击穿电压值的一半或三分之一。

（3）最大反向电流 I_{RM}：二极管加上最高反向工作电压时的反向电流值。

上述参数都与温度有关。所以只有在规定的散热条件下，二极管才能在长期运行中保证参数稳定，使二极管能正常工作。

知识链接三　二极管的种类与型号

1. 二极管的种类

半导体二极管的类型很多。按材料分类，二极管可分为硅管和锗管；按内部结构分类，二极管可分为点接触型、面接触型和平面型等；按用途分类，二极管又可分为普通管、整流管、检波管、开关管及各种特殊功能的二极管。

以下介绍几种常用的具有特殊功能的二极管。

（1）硅稳压管：一种利用 PN 结反向击穿特性制成的起稳压作用的二极管。

（2）发光二极管：在半导体中掺入特殊的杂质，当它导通时，会发出各种颜色的光。常用作显示器件，也可制成照明灯具。

（3）光电二极管：也称为光敏二极管，是将光线的强弱转变成电信号大小的常用器件，可用于对光的测量。

（4）变容二极管：通过改变反向偏置电压来实现对结电容的调节。相当于一个可调电容。

以上各种常用的具有特殊功能的二极管的图形符号如图 1-5 所示。

（a）硅稳压管　（b）发光二极管　（c）光电二极管　（d）变容二极管

图 1-5　几种常用的具有特殊功能的二极管的图形符号

2. 二极管的型号

二极管的种类繁多，我国规定了各种型号的命名方法，详见附录 C。

技能实训　识别与检测二极管

【实训目标】

（1）能借助资料识读二极管的型号及其极性；

（2）能用万用表测出二极管的引脚极性及其质量优劣；

（3）培养学生热爱电子技术的情怀。

【实训设备与器材】

学生分为若干组，每组提供指针式万用表与数字式万用表各一块，各种型号的二极管若干，其中，部分二极管的外部用不透明胶布遮住。

【实训内容与步骤】

1. 识别二极管

读一读

二极管的识别方法

通过识读二极管的型号，可了解二极管的材料类型、功能等。同时，由外观标识，可知道二极管的正、负极。二极管有时会将图形符号直接画在其外壳上。若二极管引线是轴向引出的，往往会在其外壳上标出色环或色点，有色环的一端为负极，有色点的一端为正极，如图 1-6 所示。

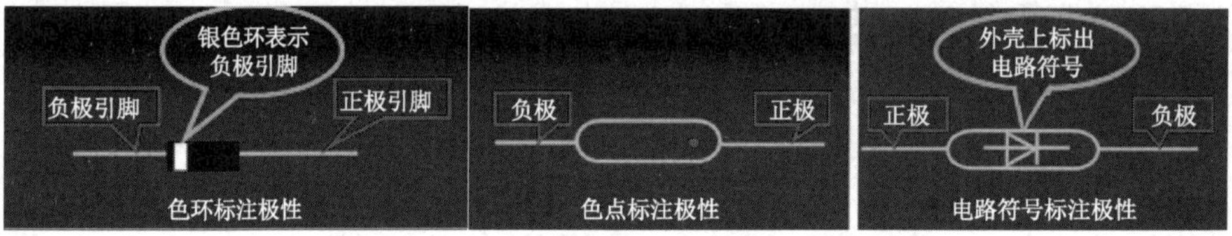

图 1-6　有引脚二极管极性标注法

贴片二极管一般采用在一端用一条灰杠表示负极，如图 1-7 所示。

图 1-7　贴片二极管极性标注

做一做

根据所给二极管的型号，查阅资料得到二极管的材料类型与功能，完成工作页的填写；根据色环（或色点）标识，判断二极管引脚极性，将该二极管对应粘贴在工作页上。该部分工作页的设计，示例如表 1-1 所示。

表 1-1　二极管的识别

二极管编号	图形符号及文字符号	型　号	材料类型	功　能	粘　贴
1					a —[粘贴区]— k
2					a —[粘贴区]— k
……					a —[粘贴区]— k

2. 二极管的检测

读一读

二极管的检测方法

对于标识不清的二极管，可以用万用表来判别其材料类型和引脚极性，同时也可粗略检测其质量优劣。

1）用指针式万用表检测

（1）检测原理。由于二极管具有单向导电性，那么用万用表的欧姆挡分别测量其正、反向电阻时，反向电阻应远大于正向电阻。对于锗二极管，正向电阻一般为100～1000Ω，对于硅二极管，正向电阻一般为几百欧姆至几千欧姆。检测二极管时，万用表一般选用 $R\times100$ 挡或 $R\times1\text{k}$ 挡。

（2）检测方法。将两表笔分别接在二极管的两个电极上，读出测量出来的电阻值；然后将表笔对换，再测量一次，记下第 2 次测得的电阻值。如图 1-8 所示。

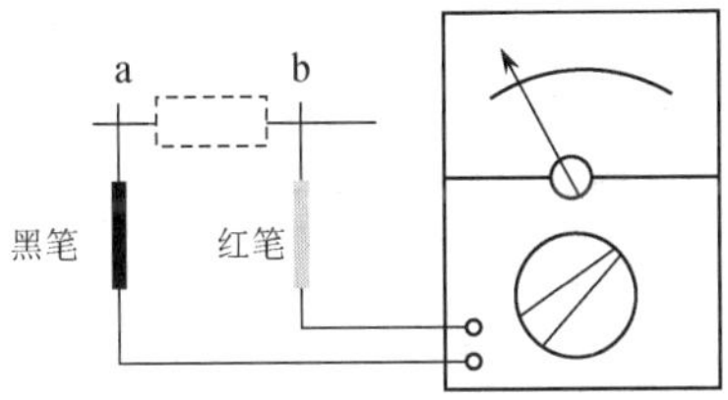

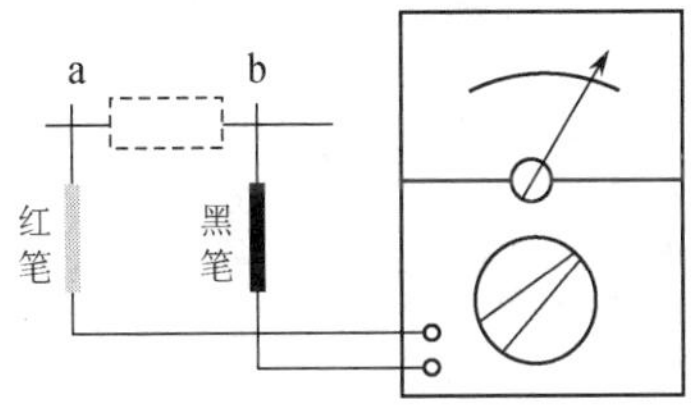

图 1-8　二极管的简易测试

若两次阻值相差很大，说明该二极管性能良好，同时，所测电阻值小的那次，黑表笔所接的是二极管的正极，红表笔所接的是二极管的负极（因为指针式万用表内电源的正极与“－”插孔连通，内电源的负极与“＋”插孔连通），图 1-8 所示检测理想说明：二极管的阳极为 b 端，阴极为 a 端。

如果两次测量的阻值都很小，说明二极管已经击穿；如果两次测量的阻值都很大，说明二极管内部已经断路；如果两次测量的阻值相差不大，说明二极管失效。

2）用数字式万用表检测

数字式万用表设置了专门的“二极管”挡位。该挡位可测二极管的极性和正向压降。检测方法是将红、黑表笔分别接二极管的两个引脚，若出现检测值溢出，则二极管呈反向特性。对调表笔后再测时应出现多位数字，此数字是以小数形式表示的二极管正向压降。显示正向压降时，红表笔所接引脚为二极管的正极（注意：数字式万用表内电源的正极与“＋”插孔连通，内电源的负极与“－”插孔连通。这一点与指针式万用表不同!），根据正向压降的大小可进一步区分是硅材料还是锗材料。

做一做

对于标识不明的二极管，分别用指针式万用表与数字式万用表进行检测，将测量数据填入工作页，判断材料类型及引脚极性，并完成工作页的填写。工作页的设计如表 1-2 所示。

表 1-2　二极管的检测

二极管编号	用指针式万用表检测	用数字式万用表检测	材 料 类 型	粘　贴
1	正向电阻：______ 反向电阻：______	正向压降：______		a —[粘贴区]— k
2	正向电阻：______ 反向电阻：______	正向压降：______		a —[粘贴区]— k
……	正向电阻：______ 反向电阻：______	正向压降：______		a —[粘贴区]— k

【实训注意事项】

（1）用指针式万用表检测二极管时，欧姆挡倍率不宜选得过低，也不能选择 $R\times10$k 挡；

（2）测量时，两手不要同时碰触二极管的两个引脚，以免人体电阻的介入影响到测量的准确性；

（3）由于二极管的伏安特性是非线性的，所以用指针式万用表的不同倍率挡位测量同一只二极管的电阻时，会得到不同的电阻值。

【实训考核】

考核要求和考核表样式参见附录 A。

练一练

习题 1.1

1．画出二极管的图形符号，标注文字符号、两端极性。

2. 型号为 2CZ12C 的二极管，是用何种材料制成的？其用途是什么？主要参数是怎样的？查阅资料吧！

3．分别画出硅稳压管、发光二极管、光电二极管、变容二极管的图形符号，说明它们各自的用途。

4．选择题

（1）下列说法正确的是（　　）。

A．硅管的死区电压为 0.5V，锗管的死区电压为 0.2V

B．硅管的死区电压为 0.2V，锗管的死区电压为 0.5V

C．锗管的死区电压为 0.7V，硅管的死区电压为 0.2V

D．锗管的死区电压为 0.2～0.3V，硅管的死区电压为 0.6～0.7V

（2）二极管负极电压为 3.7V，正极电压为 3V，表明该二极管工作在（　　）状态。

A．导通　　B．截止　　C．不确定　　D．击穿

5．判断题

（1）在 R×1k 挡测量二极管质量好坏时，若测得 $R_{ak}=R_{ka}=5\text{k}\Omega$，说明这只二极管已经损坏。（　　）

（2）只要加上正向电压，二极管就导通。（　　）

（3）如下图所示,银白色环是表示二极管的正极。（　　）

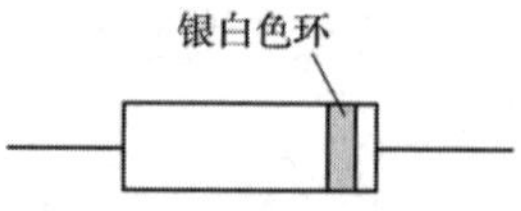

任务二　整流电路的制作与测试

【学习目标】

◇ 通过示波器观察整流电路输出电压的波形，了解整流电路的作用及工作原理
◇ 能从实际电路图中识读整流电路，通过估算，会合理选用整流电路元件的参数
◇ 查阅资料，能列举整流电路在电子技术领域中的应用
◇ 搭接由整流桥组成的应用电路，会使用整流桥

看一看

整流电路的作用是什么？

学生观察教师的演示实验。

【实验步骤】

（1）按图 1-9（a）所示连接电路；

（2）调节函数信号发生器，输出 50Hz、20V（峰峰值）的正弦信号，并用示波器观察 u_i 的波形，如图 1-9（b）所示；

（3）用示波器观察 u_o 的波形，如图 1-9（c）所示。

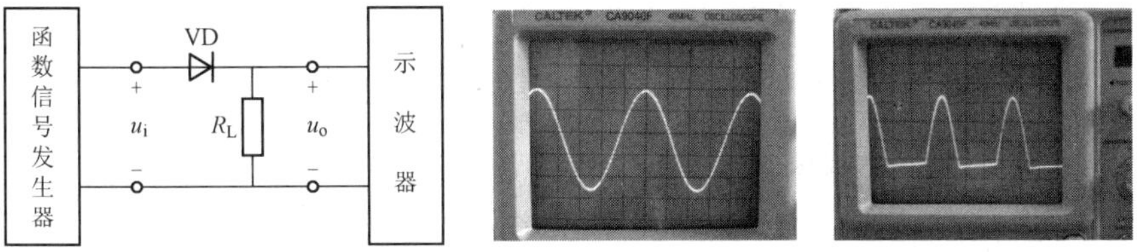

（a）演示实验原理图　　（b）输入波形　　（c）输出波形

图 1-9　整流电路演示实验

想一想

上述实验说明什么问题？

【实验结论】该电路可实现整流，即将交流电变换成单方向的脉动直流电。

学一学

整流电路有哪些种类？它们是如何工作的？如何合理选用整流器件呢？让我们进入以下学习单元吧！

利用二极管的单向导电性可实现整流。根据输出电压的波形，整流可分为半波整流与全波整流两类，桥式整流为常见的主波整流。

知识链接一　单相半波整流电路

1．电路的构成及工作原理

1）电路的构成

单相半波整流电路如图 1-10 所示。它由变压器 T、整流元件 VD 及负载电阻 R_L 组成。

2）电路的工作原理

设变压器二次侧电压为 $u_2=\sqrt{2}\,U_2\sin\omega t$，其波形如图 1-11（a）所示。

在 u_2 的正半周，a 点电位高于 b 点，二极管 VD 加正向电压而导通，产生的电流由 a→VD→R_L→b 形成回路。若忽略二极管的正向电压降，则有 $u_L=u_2$。此时，$i_L=i_V=u_2/R_L$。

在 u_2 的负半周，a 点电位低于 b 点，二极管加反向电压而截止，$i_L=0$，$u_L=0$，$u_V=u_2=\sqrt{2}\,U_2\sin\omega t$。

电路中电压 u_L、电流 i_L 的波形，如图 1-11（b）所示。

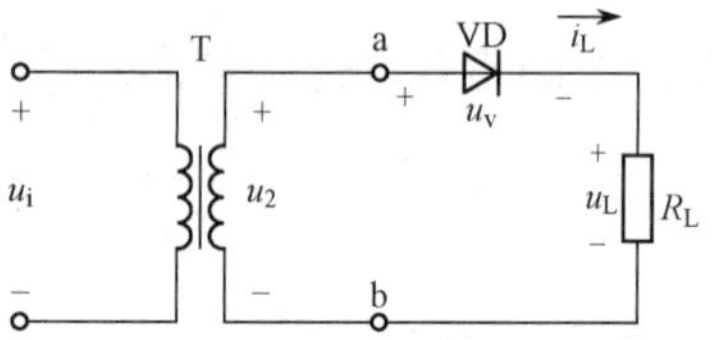

图 1-10　单相半波整流电路

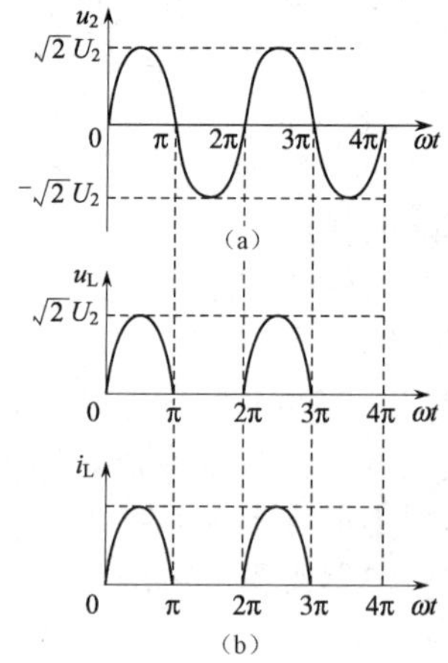

图 1-11　单相半波整流电路的工作波形

2. 电路的输出电压与负载电流

负载 R_L 上得到的单向脉动直流电压，一般用一个周期的平均值来表示。通过数学分析可得，电路输出电压的平均值为

$$U_L=0.45U_2$$

通过负载和二极管上的电流平均值为：

$$I_L=I_V=\frac{U_L}{R_L}=\frac{0.45U_2}{R_L}$$

由以上分析可知，二极管截止时所承受的反向电压最高可达 $\sqrt{2}\,U_2$。

3. 整流管的选择

I_{FM} 和 U_{RM} 是选择整流二极管的依据，具体要求如下。

最高反向工作电压：$U_{RM}\geqslant\sqrt{2}\,U_2$

最大整流电流：$I_{FM}\geqslant\dfrac{0.45U_2}{R_L}$

单相半波整流电路结构简单，但波形脉动程度大，效率低。

知识链接二　单相桥式整流电路

单相半波整流电路的缺点是只利用了电源的半个周期，整流电压的脉动大，输出电压的平均值小。为了克服这些缺点，通常采用单相桥式整流电路。

1. 电路的构成及工作原理

1）电路的构成

单相桥式整流电路如图 1-12（a）所示，它是由 4 只二极管按桥式结构连接而成的。其中，两只二极管（VD_1、VD_2）接成共阴极；两只二极管（VD_3、VD_4）接成共阳极。单相桥式整流电路的简化画法如图 1-12（b）所示。

2）电路的工作原理

设变压器二次侧电压为 $u_2=\sqrt{2}U_2\sin\omega t$，其波形如图 1-13（a）所示。

在 u_2 的正半周，a 点电位高于 b 点，二极管 VD_1、VD_3 加正向电压导通，VD_2、VD_4 加反向电压截止，产生电流由 a→VD_1→R_L→VD_3→b 形成回路。这时，电路输出半波电压。

在 u_2 的负半周，a 点电位低于 b 点，二极管 VD_2、VD_4 加正向电压导通，VD_1、VD_3 加反向电压截止，产生电流由 b→VD_2→R_L→VD_4→a 形成回路。同样，电路可以输出一个半波电压。

两个半波输出电压合成后，得到的输出电压波形为全波。电路输出电流、电压的波形，如图 1-13（b）所示。

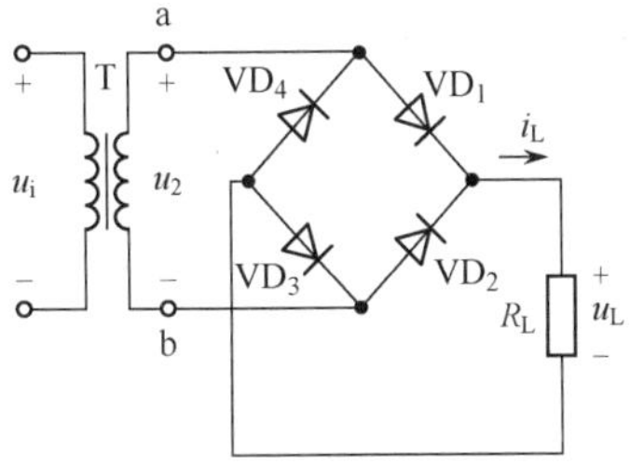

（a）单相桥式整流电路图

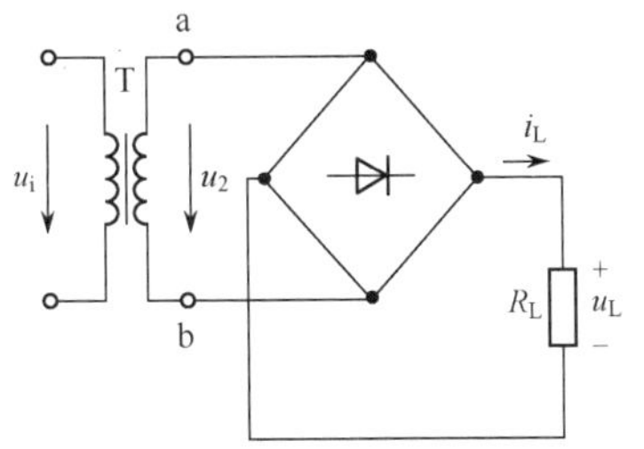

（b）单相桥式整流电路图的简化画法

图 1-12　单相桥式整流电路图

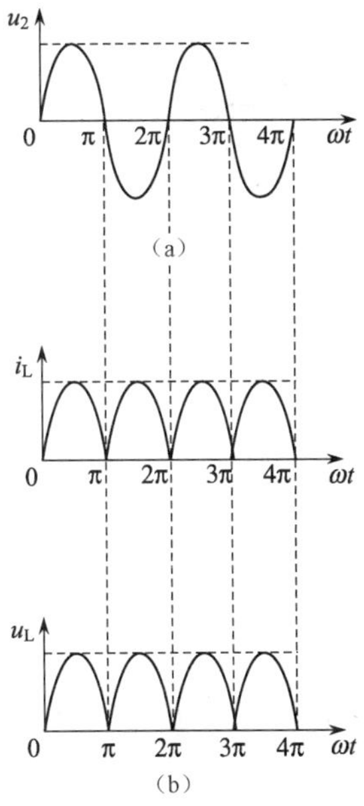

图 1-13　桥式整流电路的工作波形图

2. 电路的输出电压与负载电流

桥式整流电路输出电压的平均值 $U_L=0.9U_2$，负载电流的平均值 $I_L=0.9U_2/R_L$。

3. 整流管的选择

在全波整流电路中，每只整流管实际只导通半周，其正向电流应为负载电流的一半。故选择整流管的具体要求如下。

最高反向工作电压：$U_{RM}\geqslant\sqrt{2}\,U_2$

最大整流电流：$I_{FM}\geqslant0.45\dfrac{U_2}{R_L}$

桥式整流电路与半波整流电路相比，它的主要优点是直流输出电压高一倍，电压脉动程度减小了，变压器的利用率提高了。在相同电流输出的情况下，降低了整流管的平均电流值，而每一只二极管承受的最高反向电压与半波整流电路中的相同。

知识链接三　整流桥及其应用

目前，市场上已有各种规格的桥式整流电路成品——硅桥式整流器，又称整流桥。图 1-14 所示为两种整流桥的实物图。整流桥的产品可分为半桥与全桥两种，它们的示意图及等效电路如图 1-15（a）、（b）所示。

国产整流桥电流为 0.5～100 A，耐压为 50～1600 V。

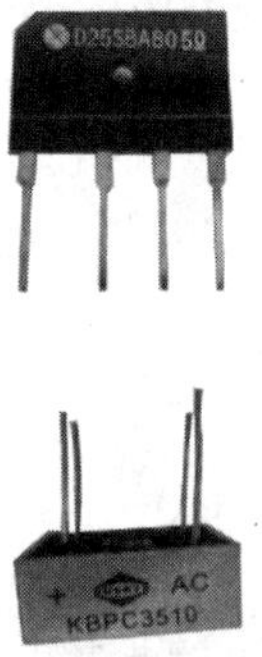

图 1-14　整流桥的实物图

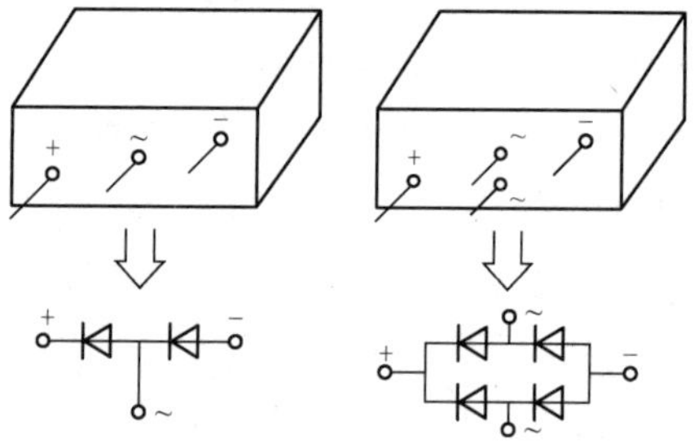

（a）半桥　（b）全桥

图 1-15　整流桥的示意图及等效电路

查一查

查阅各种资料，了解整流电路在电子技术领域中的应用。

技能实训　搭接和测试整流桥的应用电路

【实训目标】

（1）能搭接整流桥的应用电路；

（2）会观察整流电路输入电压与输出电压的波形；

（3）能正确使用万用表测量整流电路输入电压的有效值与输出电压的平均值；

（4）通过搭接和测试电路，培养学生的探索精神，感受学习电子电路的乐趣。

【实训设备与器材】

学生分为若干组，每组提供函数信号发生器与示波器各一台，万用表一块，全桥一个，电阻器一个，连接导线若干。

【实训内容与步骤】

1. 搭接整流桥的应用电路

按照图 1-16 所示搭接全桥的应用电路。

2. 观察整流电路输入电压与输出电压的波形

调节函数信号发生器，输出 50Hz、20V（峰峰值）的正弦信号。用示波器观察 u_i 和 u_o 的波形，并在图 1-17 中画出。

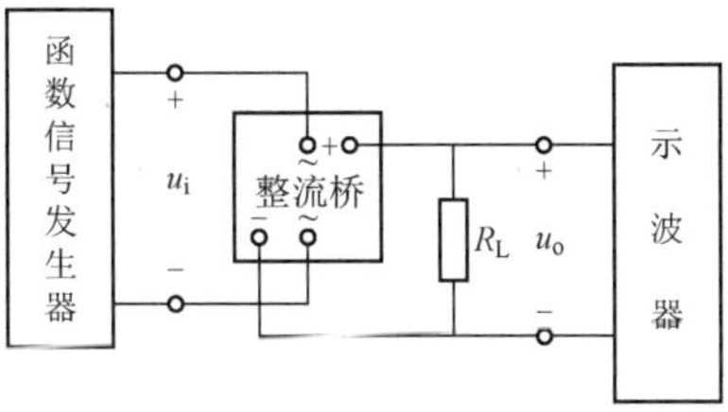

图 1-16　整流桥的应用电路

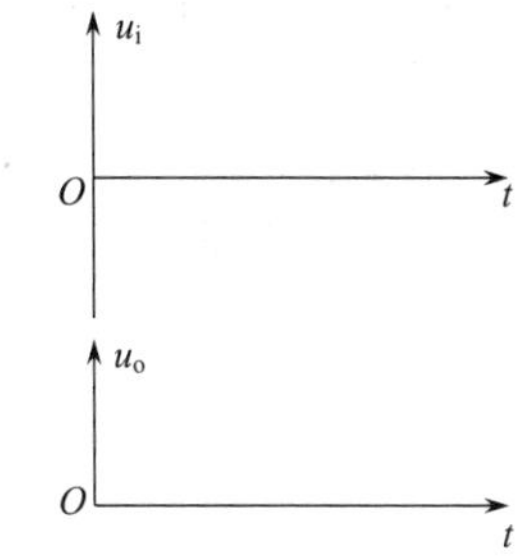

图 1-17　u_i 和 u_o 的波形

3．测量电路的输入、输出电压

用万用表的交流电压挡测量 u_i 的有效值 U_i，用万用表的直流电压挡测量 u_o 的平均值 U_o，记录数据：U_i =______________；U_o =_______________。

【实训考核】

考核要求和考核表样式参见附录 A。

习题 1.2

1．整流电路的工作利用了二极管的何种特性？

2．写出 3 种整流管的型号，分别列写出它们的主要参数。请查阅资料吧！

3．单相半波整流电路中，变压器二次侧电压的有效值 U_2=60V，负载电阻 R_L=100Ω。（1）试求电路输出电压、输出电流的平均值 U_o 和 I_o；（2）合理选择整流管的型号。

4．选择题

（1）二极管电路和输入电压 u_i 如图所示，则输出电压 u_o 的波形为（　　）。

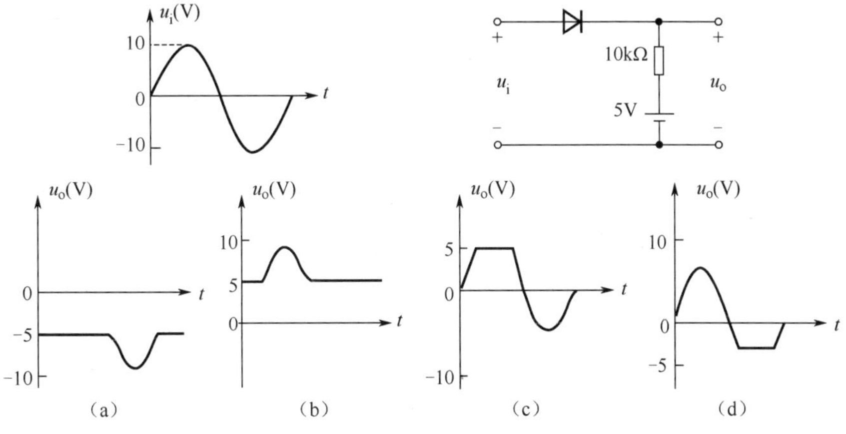

图 1-18　选择题图

（2）在单相桥式整流电路中，若变压器次级电压的有效值 U_2=10 V，则输出电压 U_0 为（　　）。

A．4.5 V　　B．9 V　　C．10 V　　D．12 V

5．填空题

（1）将交流电变换成________直流的过程叫整流。

（2）桥式整流电路负载电流的平均值为________。

任务三　滤波电路的制作与测试

【学习目标】

◇ 能识读电容滤波、电感滤波、复式滤波电路图

◇ 通过查阅资料，了解滤波电路的应用实例

◇ 通过示波器观察滤波电路的输出电压波形，了解滤波电路的作用及其工作原理

◇ 会估算电容滤波电路的输出电压

看一看

滤波电路的作用是什么？

学生观察教师的演示实验。

【实验步骤】

（1）按图 1-19（a）所示连接电路；

（2）调节函数信号发生器，输出 50Hz、20V（峰峰值）的正弦信号，并用示波器观察 u_i 的波形，如图 1-19（b）所示；

（3）用示波器观察 u_o 的波形，如图 1-19（c）所示。

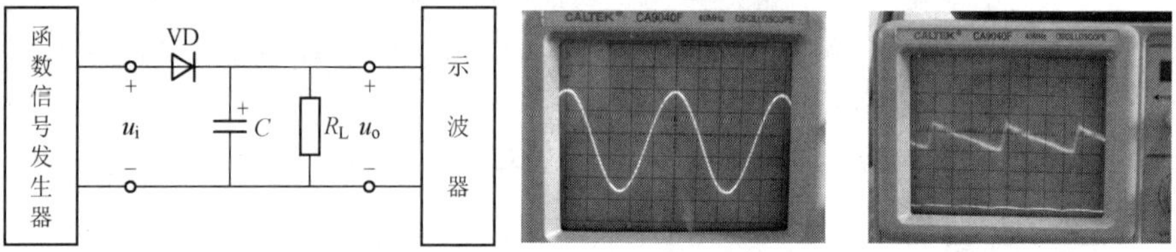

(a) 演示实验原理图　　(b) 输入波形　　(c) 输出波形

图 1-19　滤波电路演示实验

想一想

上述实验说明什么问题？

【实验结论】该电路可实现滤波功能，即滤除脉动直流电中的交流成分，使输出波形更平缓。

学一学

滤波电路有哪些种类？它们是如何工作的呢？让我们进入以下学习单元吧！

无论哪种整流电路，它们的输出电压都含有较大的脉动成分，除了在一些特殊的场合可以直接用作放大器的电源外，通常都需要采取一定的措施尽量降低输出电压的脉动成分，以及保

留其中的直流成分，使输出电压接近于理想的直流电压。

电容和电感是基本的滤波元件，它们在二极管导通时储存一部分能量，然后再逐渐释放出来，从而得到比较平缓的波形。下面介绍几种常用的滤波电路。

知识链接一　电容滤波电路

滤波的结果是将单向脉动电流变成平滑的电流。主要是利用储能元件，在脉动电流的波峰时储能，在波谷时释放能量，以保证负载得到的电流平滑。

常见的滤波电路有电容滤波、电感滤波、复式滤波电路。电容滤波是在负载两端并联一只大容量的电解电容，主要应用于负载较轻，且负载变化较小的场合。电感滤波是在负载回路中串入一只大电感，主要应用于负载较重，且负载变化较大的场合。要想取得更好的滤波效果，则应选复式滤波电路。常用滤波电路特性比较见表 1-3。

表 1-3　常用滤波电路特性比较

比较项目滤波电路		电容滤波	电感滤波	RC π 滤波	LC π 滤波
电路结构		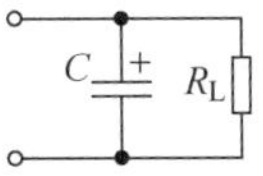	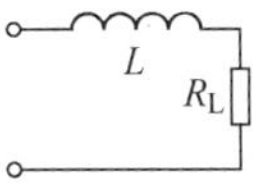	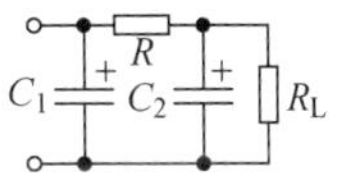	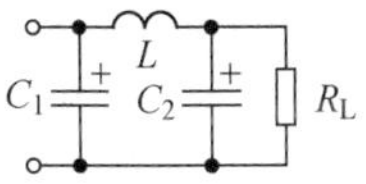
负载电压	半波	较高 $U_o=U_2$	低 $U_o=0.45U_2$	较高 $U_o=U_2$	较高 $U_o=U_2$
	桥式	高 $U_o=1.2U_2$	较高 $U_o=0.9U_2$	高 $U_o=1.2U_2$	高 $U_o=1.2U_2$
输出电流		较小	大	小	大
负载能力		差	好	差	较好
滤波效果		较好	较差	较好	较好
对整流管的冲击		大	小	大	较大
主要特点		输出电压波形平滑。 输出电压值提高。 通电瞬间对整流管冲击大，负载能力差	输出电压波形比较平滑。 输出直流电流大，负载能力好，通电瞬间对整流管无冲击	负载电流小时，滤波效果好，有降压限流作用。 直流电压损耗大，负载能力差	负载能力强，负载电流大时，滤波效果好。 电感体积较大，但直流电压损耗小
适用范围		负载较轻，对直流稳定度要求不高的场合	负载较重，对直流稳定度要求不高的场合	负载较轻，对直流稳定度要求较高的场合	负载较重，对直流稳定度要求较高的场合

知识链接二　电感滤波电路

桥式整流电感滤波电路如图 1-20（a）所示。电路中电感 L 与负载 R_L 串联，利用电感中的电流不能突变的特性来实现滤波。

电路的工作原理为：当负载电流 i_L 增大时，电感线圈中的自感电动势 e_L 与电流 i_L 反向，限制电流的增加，将一部分电能转换为磁场能量储存在磁场中。负载电流 i_L 减小时，电感线圈中的自感电动势 e_L 与电流 i_L 同向，阻止电流的减小，即释放能量。因此流过负载 R_L 的电流的脉动成分受到抑制而变得平缓。电感值 L 越大，滤波效果越好。其波形如图 1-20（b）所示。

电感的作用是使整流后电压的交流分量的大部分降在它的上面，而直流分量基本输出给负载。虽然整流输出电压没有提高，但其稳定性得到了改善。

电感滤波主要适用于大电流负载或负载经常变化的场合。

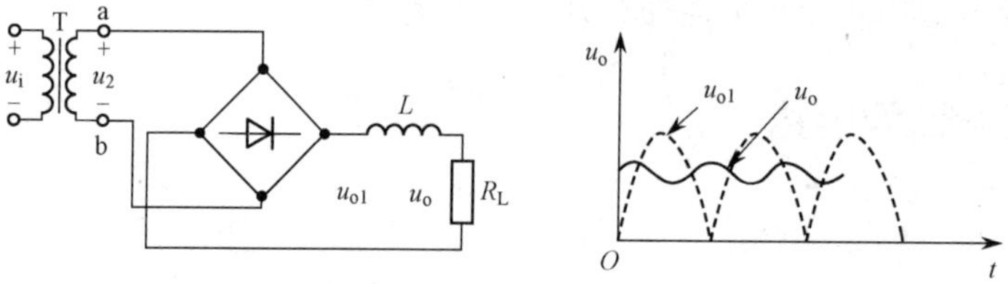

（a）电路图　　（b）工作波形

图 1-20　桥式整流电感滤波电路及工作波形

知识链接三　复式滤波电路

1. L 型滤波

在电容 C 滤波之前串接一个电感 L，如图 1-21（a）所示，即组成 L 型滤波器。整流后的脉动直流中的大部分交流分量降在电感 L 上，再经过电容 C 的进一步滤波后，负载 R_L 得到更加平滑的电流、电压波形。

2. π 型滤波

在 L 型滤波器前并联一个电容器，如图 1-21（b）所示，即组成 LC π 型滤波器，它使滤波效果进一步改善。如果是小电流负载时，可将电感用一个电阻 R 代替，组成 RC π 型滤波器，如图 1-21（c）所示。

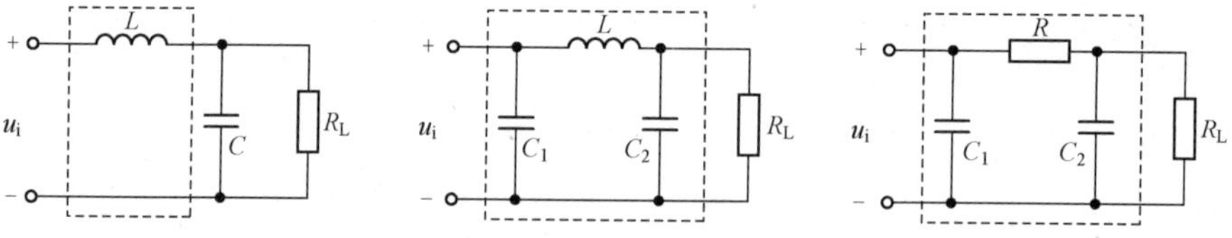

（a）L型滤波电路　　（b）LC π型滤波　　（c）RC π型滤波

图 1-21　常用的几种复式滤波器

查一查

查阅各种资料，了解滤波电路的应用实例。

技能实训　搭接与测试滤波电路

【实训目标】

（1）能搭接电容滤波电路；

（2）会观察滤波电路输入电压与输出电压的波形；

（3）能正确使用万用表测量滤波电路输入电压的有效值与输出电压的平均值；

（4）感受滤波电路的奇妙功能，培养学生学习电子技术的兴趣。

【实训设备与器材】

学生分为若干组，每组提供函数信号发生器与示波器各一台，万用表一块，通用面包板一块，470μF/100V 的电解电容一个，1N4007 型二极管一只，5.1kΩ 电阻器一个，连接导线若干。

【实训内容与步骤】

1. 搭接电容滤波电路

按照图 1-22 所示搭接半波整流电容滤波电路。

2. 观察滤波电路输出电压的波形

调节函数信号发生器，输出 50Hz，20V（峰峰值）的正弦信号。用示波器观察 u_i 和 u_o 的波形，并在图 1-23 中画出。

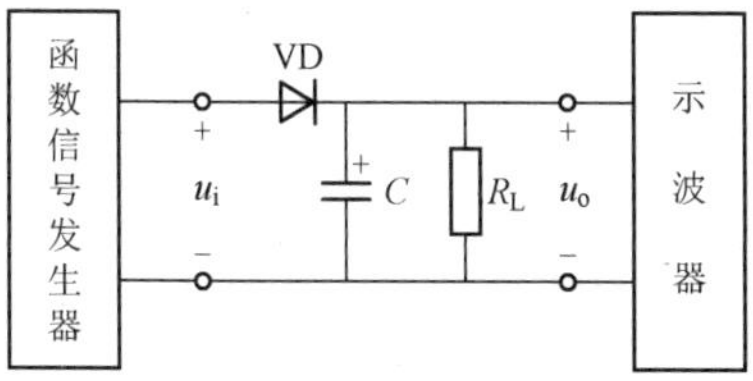

图 1-22　半波整流电容滤波电路

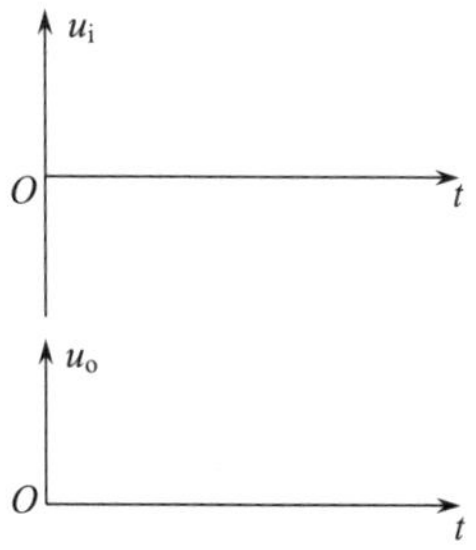

图 1-23　u_i 和 u_o 的波形

3. 测量滤波电路的输入、输出电压

用万用表的交流电压挡测量 u_i 的有效值 U_i，用万用表的直流电压挡测量 u_o 的平均值 U_o，记录数据：U_i=＿＿＿＿＿＿＿＿；U_o=＿＿＿＿＿＿＿＿＿。

【实训考核】

考核要求和考核表样式参见附录 A。

练一练

习题 1.3

1. 电容滤波电路的工作原理利用了电容器的何种特性？滤波电容怎样与负载进行连接？

2. 电感滤波电路的工作原理利用了电感器的何种特性？滤波电感怎样与负载进行连接？

3. 桥式整流电容滤波电路中，变压器二次侧电压的有效值 $U_2=20V$，负载电阻 $R_L=500\Omega$。试求：（1）电路输出电压的平均值 U_o；（2）电路输出电流的平均值 I_o。

4. 电容滤波电路是利用电容的（　　）进行滤波的。

　A. 充电原理　　　　B. 放电原理

　C. 充放电原理　　　D. 端电压不变

5. 判断题

（1）在二极管的半波整流电路中，加电容 C 滤波后，二极管承受的最高反向电压值与不加电容滤波时一样。（　　）

（2）电感滤波电路适用于负载较重的场合。（　　）

任务四　整流、滤波电路的装接与测试

【学习目标】

◇ 在焊接训练的基础上，能焊接整流、滤波电路
◇ 会用万用表和示波器测量相关电量参数和波形
◇ 通过实训，了解滤波元件参数对滤波效果的影响

技能实训　装接与测试整流、滤波电路

【实训目标】

（1）会清点与检测元器件；
（2）能在印制电路板上完成整流、滤波电路的焊接；
（3）能正确使用示波器与万用表观测电路的输入电压与输出电压；
（4）能根据测试数据，分析滤波电容参数对滤波效果的影响；
（5）增强专业意识，培养良好的职业道德和职业习惯。

【实训设备与器材】

学生分为若干组，每组提供函数信号发生器、示波器各一台，万用表一块，电路装接所用的元器件及器材见表 1-4（学生自备焊接工具）。

表 1-4　装接与测试整流、滤波电路项目元器件及器材清单

序　号	名　称	型 号 规 格	数　量	配 件 图 号	测 试 结 果	元件粘贴区
1	金属膜电阻器	RJ－0.25－5.1kΩ	1 个	R_L		
2	电解电容器	CD－16V－220μF	2 个	C_1		
3				C_2		
4	二极管	1N4007	4 只	VD_1		
5				VD_2		
6				VD_3		
7				VD_4		
8	拨动开关		2 个	S_1		
9				S_2		
10	印制电路板	配套	1 块			
11	焊锡、松香		若干			
12	连接导线		若干			

【实训内容与步骤】

1．清点与检测元器件

根据元器件及材料清单清点并检测元器件。将测试结果填入表 1-4 中，元器件正常的在“测试结果一栏中”画“√”，如元器件有问题，及时提出并更换。将正常的元器件对应粘贴在表 1-4 中。

2. 装接整流、滤波电路

整流、滤波电路的电路图与装配图，分别如图 1-24、图 1-25 所示。根据电路图和装配图完成电路装接。

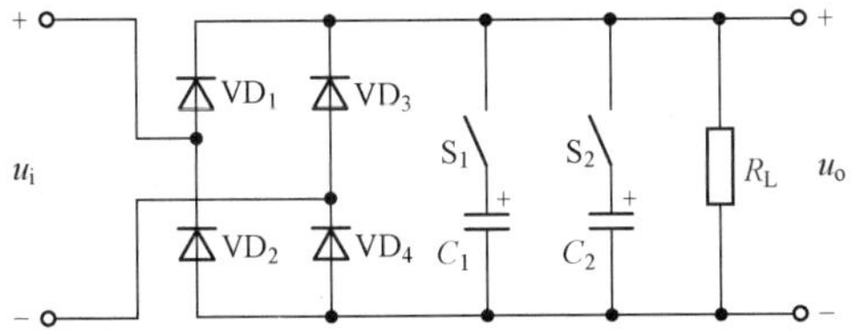

图 1-24　整流、滤波电路的电路图

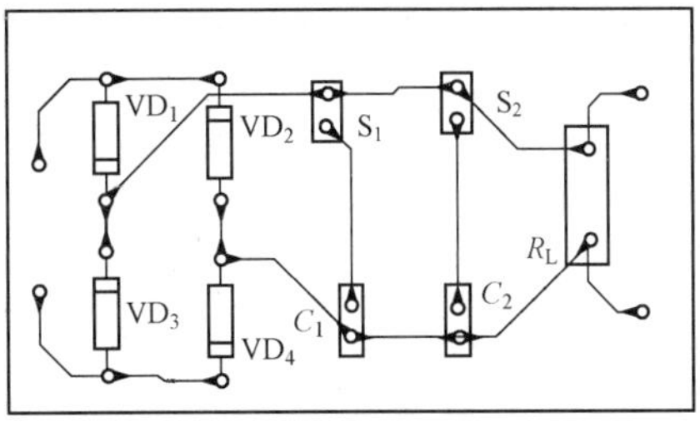

图 1-25　整流、滤波电路的装配图

【实训注意事项】

（1）按装配图进行装接，不漏装、错装，不损坏元器件；

（2）焊接电解电容与二极管时，一定要注意极性；

（3）无虚焊、漏焊和搭锡；

（4）元器件排列整齐并符合工艺要求。

3. 测试整流、滤波电路

调节函数信号发生器，输出 50Hz、20V（峰峰值）的正弦信号。检查各元器件装配无误后，进行以下测试。

1）S_1、S_2 均断开

用示波器观察 u_i 和 u_o 的波形，并在图 1-26 中画出。用万用表的交流电压挡测量 u_i 的有效值 U_i，用万用表的直流电压挡位测量 u_o 的平均值 U_o，记录数据：U_i=______________；U_o=______________。

2）S_1 闭合、S_2 断开

用示波器观察 u_i 和 u_o 的波形，并在图 1-27 中画出。用万用表的交流电压挡测量 u_i 的有效值 U_i，用万用表的直流电压挡测量 u_o 的平均值 U_o，记录数据：U_i=______________；U_o=______________。

3）S_1、S_2 均闭合

用示波器观察 u_i 和 u_o 的波形，并在图 1-28 中画出。用万用表的交流电压挡测量 u_i 的有效值 U_i，用万用表的直流电压挡测量 u_o 的平均值 U_o，记录数据如下：U_i=______________；U_o=______________。

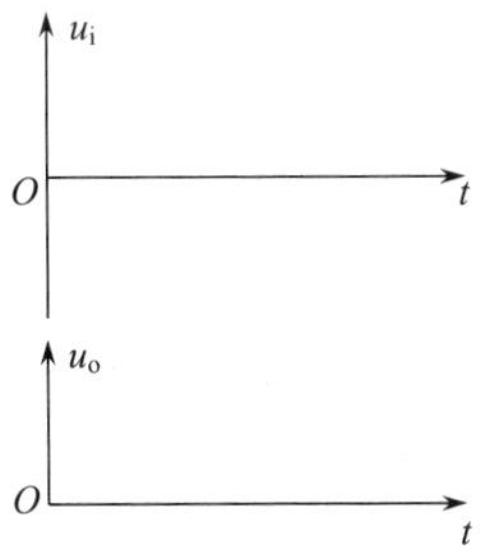

图 1-26　S_1、S_2 均断开

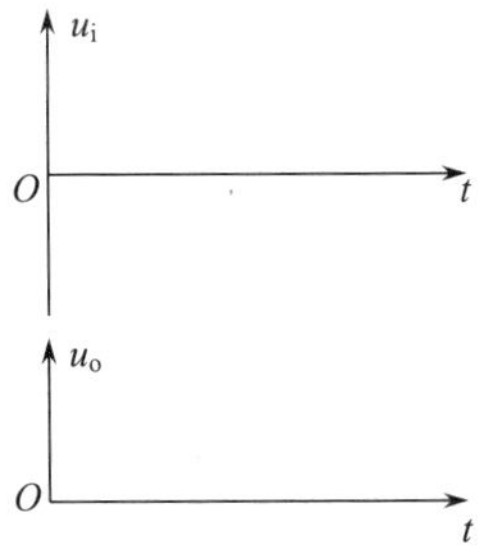

图 1-27　S_1 闭合、S_2 断开

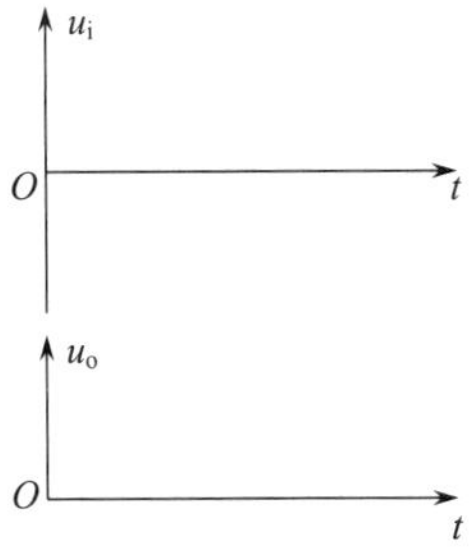

图 1-28　S_1、S_2 均闭合

【实训注意事项】

（1）电路装接好之后才可通电，不能带电改装电路；

（2）交流侧的电路“接地”与直流侧的电路“接地”不同。这一点，在对电路进行测试时尤需注意，以免损坏仪器仪表。

想一想

（1）滤波电容值的大小与滤波效果之间有什么关系？

（2）电容滤波电路适用于电阻值大的还是小的负载？为什么？

【实训考核】

考核要求和考核表样式参见附录 A。

模块小结

（1）二极管是一种具有单向导电性的半导体器件，其伏安特性呈非线性。锗管的死区电压约为 0.1V，导通压降约为 0.3V；硅管的死区电压约为 0.5V，导通压降约为 0.7V。二极管的种类繁多，用途广泛。利用万用表的欧姆挡，可对二极管的质量和极性进行粗略的检测。

（2）利用二极管的单向导电性，可实现整流，将交流电转变为脉动直流电。常见的整流电路有半波整流电路与桥式整流电路。

（3）利用电感与电容的储能不能跃变的性质，可对脉动直流电进行滤波。在滤波电路中，电感需与负载串联，电容需与负载并联。通过复式滤波，可获得更为平缓的直流电压。

教学微视频

扫一扫

模块二　三极管及放大电路基础

任务一　三极管的识别与检测

【学习目标】

◇ 通过三极管日常应用实例，了解三极管电流放大特性
◇ 掌握三极管的结构及符号，能识别引脚
◇ 了解三极管的特性曲线、主要参数和温度特性
◇ 在实践中能合理使用三极管
◇ 会用万用表判别三极管的引脚和质量

读一读

日常家电产品一般分为两类：家用电子产品与家用电器产品。像电视机、计算机等属于家用电子产品，而电冰箱、空调器等则属于家用电器产品，如图 2-1 所示。这两类产品又是怎样划分的呢？我们通常是看产品的功能体现，是否主要利用了电子线路的工作。如果是，则为电子产品；否则，即为电器产品。

（a）家用电子产品

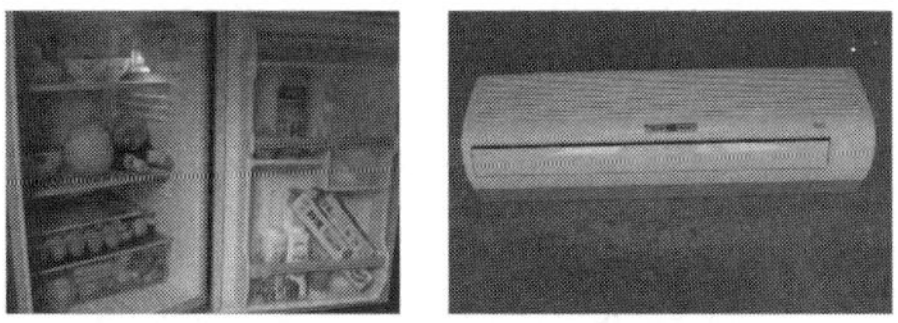

（b）家用电器产品

图 2-1　常见家电产品

其实，即使是家用电器产品，其电路中也常见到电子元器件。三极管作为电子元器件中的

一种重要类型，在电路中得到了广泛的应用。

学一学

三极管是一种怎样的器件？怎样才能合理选用三极管？如何识别与检测三极管呢？让我们进入以下学习单元吧！

知识链接一　三极管的结构、符号与外形

晶体三极管也称半导体三极管，俗称三极管，它是在一块本征半导体中按特定方式进行掺杂，构成三个杂质区、两个 PN 结（发射结、集电结），每个杂质区各引出一个电极引脚（发射极、基极、集电极），然后封装而成的。

三极管分为 NPN 和 PNP 两个基本类型，各自的结构示意图和电路中的符号，如图 2-2（a）、（b）所示。三极管符号中的箭头，表示发射结加正向偏置时的电流方向。三极管的文字符号一般用 VT 表示。

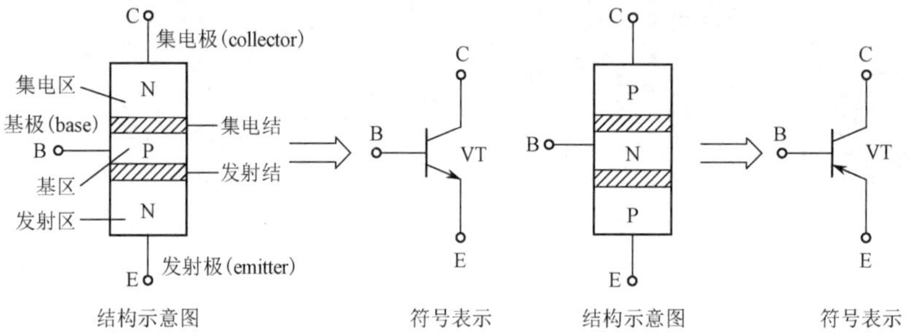

（a）NPN型三极管的结构与符号　　（b）PNP型三极管的结构与符号

图 2-2　三极管的内部结构示意图与符号

知识链接二　三极管的特性

三极管特性曲线是反映三极管各电极电压和电流之间相互关系的曲线，是用来描述晶体三极管工作的特性曲线，常用的特性曲线有输入特性曲线和输出特性曲线。了解载流子的导电机理会有助于理解三极管的外特性，详情可扫描章后二维码查阅“阅读材料 2：三极管的掺杂工艺要求与工作原理”。

图 2-3 所示共射电路中，三极管 B、E 极所在回路为输入回路，C、E 极所在回路为输出回路。至于 PNP 型三极管，只需改变各极电流、电压的参考方向，其特性便与 NPN 型三极管一致。

1. 输入特性曲线

输入特性是指 U_{CE} 一定时，发射结外加电压 U_{BE} 与基极电流 I_B 之间的对应关系。图 2-4 所示为三极管的共射输入特性曲线。

当 U_{CE} 一定时，输入特性曲线与二极管的正向伏安特性曲线具有相同的变化规律。若保持 U_{BE} 不变，则随着 U_{CE} 的增大，I_B 便减小，工作点由 Q_1 移到 Q_2；当 $U_{CE}\geqslant 1V$ 时，I_B 基本不变。

2. 输出特性曲线

输出特性是指 I_B 一定时，U_{CE} 与 I_C 之间的关系。图 2-5 所示为三极管的共射输出特性曲线。由图可见，对应于不同的 I_B 取值，均有一条变化规律相同的输出特性曲线。现以 $I_B=20\mu A$ 的输出特性曲线为例，加以说明。

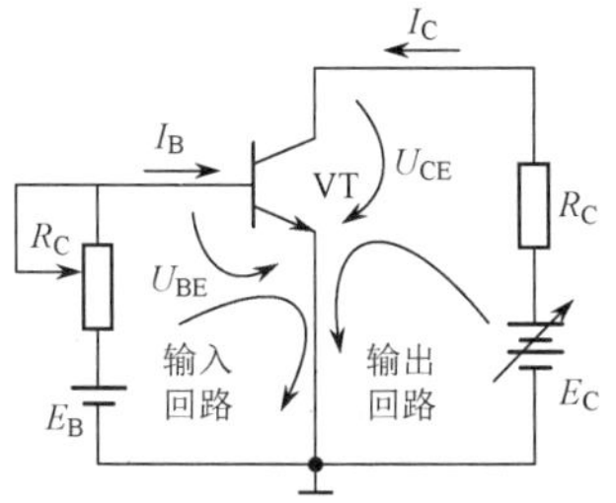

图 2-3　共射电路

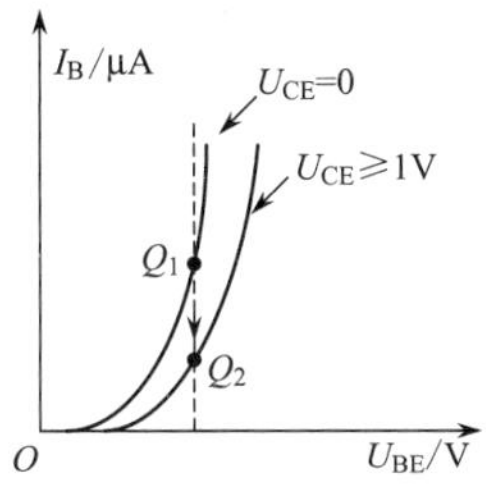

图 2-4　三极管的共射输入特性曲线

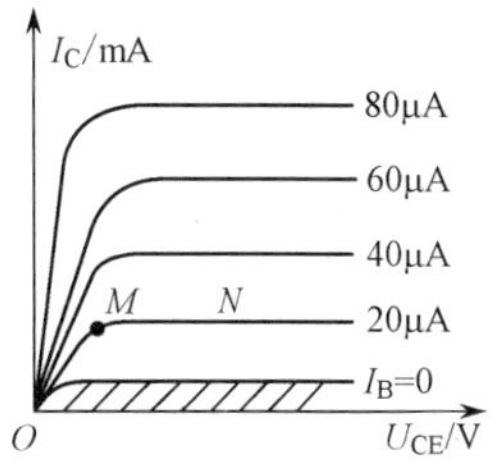

图2-5　三极管的共射输出特性曲线

根据输出特性曲线，三极管的工作状态分为三个区域。

（1）饱和区　在起始段 *OM*，随着 U_{CE} 的增大，I_C 显著上升，此时 I_C 受 U_{CE} 影响很大。

（2）放大区（又称恒流区、线性区）　当 U_{CE} 增大到一定值以后，进入 *MN* 段，曲线变得平坦，I_C 基本恒定。

（3）截止区　$I_B\leq 0$ 的区域（如图中阴影线所示），此时的发射结无正偏电压（通常外加的是反偏电压），$I_B\approx 0$，$I_C\approx 0$，三极管不导通。

三极管在不同工作状态下的特点见表 2-1。

表 2-1　三极管工作状态的特点

工作状态	饱和	放大	截止
处在输出特性曲线的范围	U_{CE} 较小，I_C 接近直线上升部分	特性曲线簇平坦等距部分	$I_B=0$ 曲线以下的区域
电路条件	发射结正偏，集电结正偏	发射结正偏，集电结反偏	发射结反偏，集电结反偏
特点	I_B 失去对 I_C 的控制作用，如同开关闭合	I_C 受 I_B 控制，具有电流放大作用	$I_B=0$、$I_C=0$ 时，三极管无电流放大作用，如同开关断开

注意：三极管工作于饱和区时，U_{CE} 很小。通常，硅管的饱和管压降 U_{CES} 为 0.3V；锗管的饱和管压降 U_{CES} 为 0.1V。

知识链接三　三极管的主要参数

三极管的参数是用来表示三极管性能优劣和适用范围的，它是选用三极管的重要依据。在使用三极管时，绝对不允许超过极限参数。

1. 共射电流放大系数 $\overline{\beta}$ 和 β

1）直流电流放大系数 $\overline{\beta}$

三极管对应于某一工作点下的集电极电流与基极电流的比值，称为它在该点下的直流电流放大系数，用 $\overline{\beta}$ 表示，即 $\overline{\beta}=\frac{I_C}{I_B}$。

2）交流电流放大系数 β

当三极管的工作点发生位移时，集电极电流的变化量 ΔI_C 与基极电流的变化量 ΔI_B 的比值，就称为它的交流电流放大系数，用 β 表示，即：$\beta=\frac{\Delta I_C}{\Delta I_B}$。

通常，$\overline{\beta}$ 与 β 近似相等，且值在 20～200。

2. 极间反向电流 I_{CBO} 和 I_{CEO}

1）集基反向饱和电流 I_{CBO}

I_{CBO} 是指三极管的发射极开路（$I_E=0$），集电结外加反向偏置电压时所形成的反向饱和电流。I_{CBO} 可用图 2-6 所示的电路进行测量。

I_{CBO} 的大小标志着集电结的质量，它越小越好。小功率锗管的 I_{CBO} 约为 10μA，而硅管的 I_{CBO} 通常小于 1μA。

2）集射反向饱和电流 I_{CEO}

I_{CEO} 是指三极管基极开路（$I_B=0$），在 C、E 间外加集电结的反偏电压时所形成的饱和电流，它又称为穿透电流。I_{CEO} 可用图 2-7 所示电路进行测量。

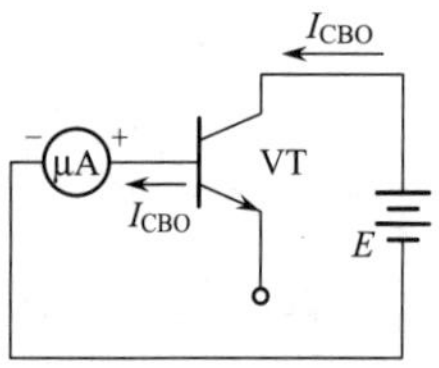

图 2-6　I_{CBO} 的测量电路

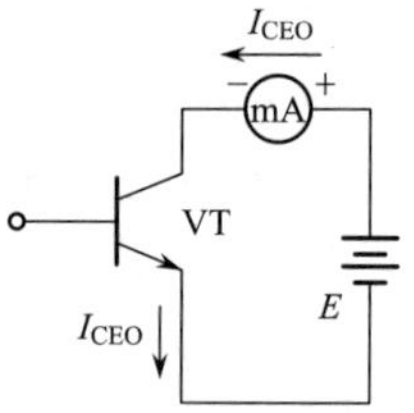

图 2-7　I_{CEO} 的测量电路

对于三极管，其电流分配公式为：$I_C=\beta I_B+(1+\beta)I_{CBO}$。那么当 $I_B=0$ 时，则有 $I_{CEO}=(1+\beta)I_{CBO}$。

由于 I_{CEO} 远大于 I_{CBO}，测量起来比较容易，所以通常用 I_{CEO} 作为衡量三极管质量的重要依据。

I_{CEO}、I_{CBO} 都是随温度升高而增加的，而且由于 β 也随温度升高而增大，所以 I_{CEO} 受温度影响更明显。I_{CEO} 大的三极管热稳定性差。

3. 极限参数 I_{CM}、$U_{(BR)CEO}$ 和 P_{CM}

1）集电极最大允许电流 I_{CM}

对于三极管，当 I_C 上升至一定值以后，β 将显著下降。I_{CM} 是指三极管的 β 值下降不超过允许范围时的集电极最大电流。

当 $I_C>I_{CM}$ 时，三极管的电流放大性能明显变差，甚至有可能烧毁三极管。

2）集射反向击穿电压 $U_{(BR)CEO}$

$U_{(BR)CEO}$ 是指基极开路（$I_B=0$），造成集电结反向击穿时所加的 C、E 间电压。

三极管使用时，要求 $U_{CE}<U_{(BR)CEO}$。

3）集电极最大耗散功率 P_{CM}

P_{CM} 是指在规定的使用环境下，三极管集电结上所允许的功率损耗最大值。

三极管的集电极耗散功率（又称管耗）$P_C = I_C U_{CE}$，当 $P_C > P_{CM}$ 时，三极管会因过热而烧毁。这一点，在使用时尤需注意！

综上所述，三极管的安全工作区由以下 3 个极限参数所决定：I_{CM}、$U_{(BR)CEO}$ 和 P_{CM}。使用时，要求：$I_C < I_{CM}$；$U_{CE} < U_{(BR)CEO}$；$P_C < P_{CM}$。

知识链接四　三极管的种类与型号

1. 三极管的种类

三极管的种类较多。按三极管制造的材料来分，有硅管和锗管两种；按三极管的内部结构来分，有 NPN 和 PNP 两种；按三极管的工作频率来分，有低频管和高频管两种；按三极管允许耗散的功率来分，有小功率管、中功率管和大功率管。

2. 三极管的型号

与二极管的型号组成一样，我国国家标准的三极管型号由五部分所组成，详见附录 B。

技能实训　识别与检测三极管

【实训目标】

（1）能根据封装外形确定引脚名称；

（2）能借助资料识读三极管的型号；

（3）会用万用表判别晶体三极管的管型、引脚、材料类型以及质量优劣。

【实训设备与器材】

学生分为若干组，每组提供指针式万用表一块，3DG6A、9018H、3AX31C 型三极管各 1 个，型号未知（可用不透明胶带封住）的三极管 1 个。

【实训内容与步骤】

1. 识别三极管

读一读

三极管的识别方法

通过识读三极管的型号，查阅相关资料，可了解三极管的管型、材料类型、应用场合及有关参数等。同时，根据三极管的封装外形，可判别其引脚分布情况。

虽然三极管的封装外形各式各样，但其引脚排列是有一定规律的。几种常用三极管的特点及识别见表 2-2。

表 2-2　常用三极管的特点及识别

种类	特点	外形
小功率三极管	通常情况下，集电极最大允许耗散功率 P_{CM} 在 1W 以下	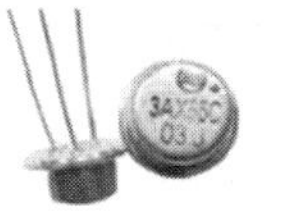 （a）金属封装 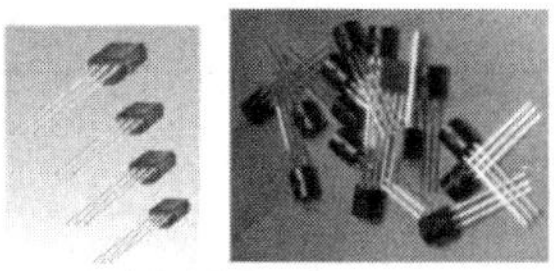 （b）塑料封装

续表

种类	特点	外形
中功率三极管	通常情况下，集电极最大允许耗散功率 P_{CM} 在 1～10W。主要用在驱动和激励电路，为大功率放大器提供驱动信号	 （a） 塑料封装  （b）金属封装
大功率三极管	集电极最大允许耗散功率 P_{CM} 在 10W 以上	 （a）金属封装  （b）塑料封装
贴片三极管	采用表面贴装技术 SMT 的三极管称为贴片三极管。贴片三极管有三个引脚的，也有四个引脚的	

做一做

（1）根据封装外形，确定引脚名称。

（2）借助资料，查找 3DG6A、9018H、3AX31C 型三极管的主要参数，并记录如下：

3DG6A：____________________________________。

9018H：____________________________________。

3AX31C：____________________________________。

（3）明确各三极管的管型与材料，填入表 2-3。

表 2-3　识别与检测已知型号的三极管

型号	B、E 间阻值		B、C 间阻值		C、E 间阻值		管型
	正向	反向	正向	反向	正向	反向	
3DG6A							
9018H							
3AX31C							

2．三极管的检测

读一读

三极管的检测方法

测试三极管的性能可用专用电子仪器——晶体管特性图示仪进行。以下介绍的方法，是使用指针式万用表来完成对三极管的简易测试。

1）引脚及管型的判别

若不知道引脚的排列规律，可通过万用表的欧姆挡测试来判别。次序是：先判别出基极，同时得到管型；再判别集电极和发射极。

（1）基极的判别与管型的确定。

用万用表的欧姆挡（测小功率管选 $R\times1\text{k}$ 挡；测大功率管选 $R\times1$ 挡或 $R\times10$ 挡）判别三极管的基极，其判别原理在于 PN 结的单向导电性（正向电阻远小于反向电阻）。将三个引脚分别作为假设的基极，进行下述测试与判断。

先用黑表笔搭接第一个假设基极，红表笔分别搭接另两极，若两次测试时的指针偏转角均较大（正向电阻小），则黑表笔所接为基极且管型为 NPN。如图 2-8 所示为用“假设基极法”判别基极与管型。

若指针偏转情况不是这样，再试第二、第三个假设基极。三个假设基极全部试完，指针偏转仍不符合要求，则说明该管为 PNP 型管，基区为 N 区。再用红表笔搭接假设基极，黑表笔分别搭接另两极，当指针偏转符合要求时，红表笔所接为基极。

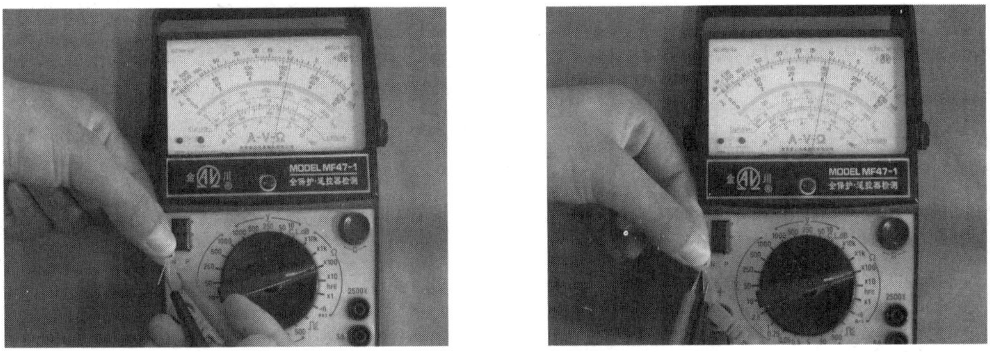

图 2-8　用“假设基极法”判别基极与管型

（2）集电极与发射极的判别。

在明确了管型和基极之后，再判别三极管的集电极和发射极。在图 2-9（a）、（b）所示的两个电路中，NPN 型管与 PNP 型管都工作于放大状态（发射结正偏、集电结反偏），集电极电流较大，万用表指针偏转角较大。若对调各图中的两支表笔，则指针偏转角较小。这样，对于确定管型的三极管，将剩下的两个引脚先后假设为集电极，在基极与假设集电极之间接入人体电阻，用欧姆挡测试。然后根据两次测试下的指针偏转角大小，判别出实际的集电极和发射极。

人体电阻的接入方法是：将手指捏在基极与假设集电极之间。以 NPN 型管为例，用“假设集电极法”判别集电极与发射极的过程如图 2-10 所示。

2）材料判别

在判别出三极管的管型和各引脚名称之后，通过测量 PN 结的正向导通电压（硅管约为

0.7V，锗管约为 0.3V）或 PN 结的正向电阻（锗管的正向直流电阻为几百欧姆，硅管在几千欧姆），可判别出三极管的材料类别。

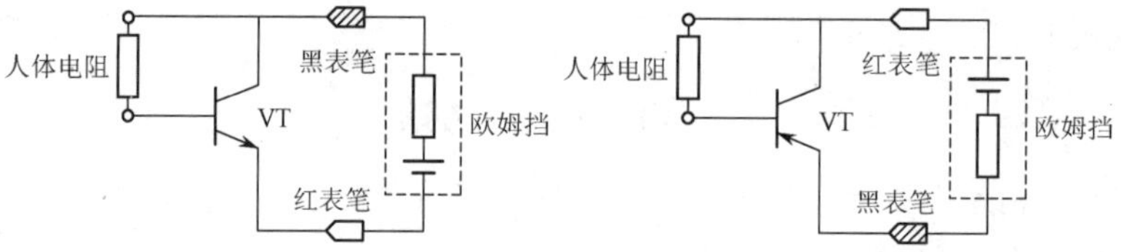

（a）NPN型管的判别　　（b）PNP型管的判别

图 2-9　用“假设集电极法”判别集电极与发射极的示意图

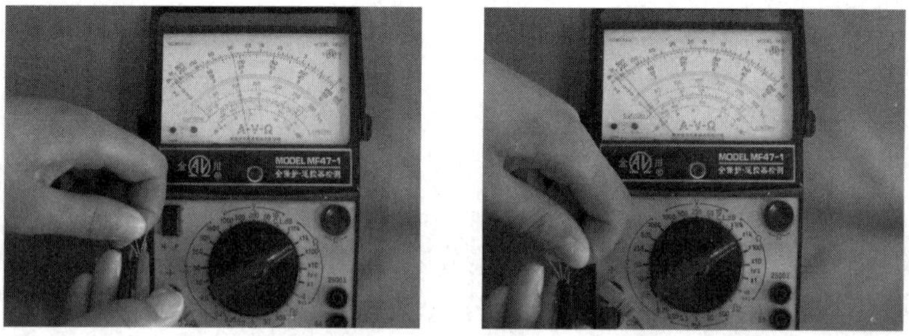

图 2-10　用“假设集电极法”判别 NPN 型管的集电极与发射极

数字万用表检测三极管

（1）判定基极。

将数字万用表置于二极管挡，红表笔固定任接某个引脚，用黑表笔依次接触另外两个引脚，如果两次显示值均小于 1V 或都显示溢出符号“1”，则红表笔所接的引脚就是基极。如果在两次测试中，一次显示值小于 1V，另一次显示溢出符号“1”，表明红表笔接的引脚不是基极 B，此时应改换其他引脚重新测量，直到找出基极为止。

（2）判定 NPN 管与 PNP 管。

使用数字万用表的二极管挡。按上述操作确认基极之后，将红表笔接基极，用黑表笔先后接触其他两个引脚。如果都显示 0.500～0.800V，则被测管属于 NPN 型；若两次都显示溢出符号“1”，则表明被测管属于 PNP 管。

（3）判定集电极 C 与发射极 E（兼测 h_{FE} 值）。

区分晶体管的集电极 C 与发射极 E，需使用数字万用表的 h_{FE} 挡。如果假设被测管是 NPN 型管，则将数字万用表拨至 h_{FE} 挡，使用 NPN 插孔。把基极插入 B 孔，剩下两个引脚分别插入 C 孔和 E 孔中。若测出的 h_{FE} 为几十至几百，说明管子属于正常接法，放大能力较强，此时 C 孔插的是集电极 C，E 孔插的是发射极 E，如图 2-11 所示。

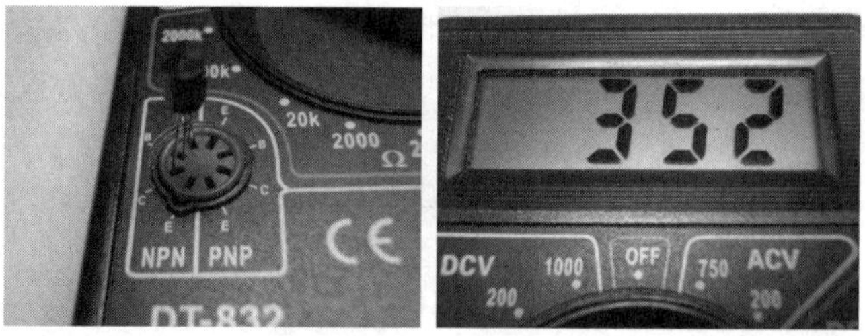

图 2-11　三极管 C、E 极的判定

若测出的 h_{FE} 值只有几至十几，则表明被测管的集电极 C 与发射极 E 插反了，这时 C 孔插的是发射极 E，E 孔插的是集电极 C。

做一做

1）检测型号已知的三极管

分别测量 3DG6A、9018H、3AX31C 的两极间正、反向电阻，并将测量结果填入表 2-3。

2）检测型号未知的三极管

（1）用“假设基极法”判别基极与管型。

（2）用“假设集电极法”判别集电极和发射极。

揭开胶带，识读型号，查阅资料，验证所测是否正确。

【实训注意事项】

（1）在测试三极管的正、反向电阻（尤其是反向电阻）时，一定要避免人体电阻的接入，以免误差过大；

（2）如果弯折引脚，一定要注意弯折点与引脚根部的距离不少于 1.5mm，以免引脚根部断掉；

（3）在测三极管两极间的电阻时，引脚要刮除氧化层，防止表笔与引脚接触不良，且刮脚时应距引脚根部有一定距离（一般为 3mm 左右）。

【实训考核】

考核要求和考核表样式参见附录 A。

练一练

习题 2.1

1．画出两种类型（NPN 型与 PNP 型）的三极管电路符号，标明各极名称。

2．写出三极管的电流分配关系式。

3．三极管的工作状态有哪几种？各自的 PN 结偏置条件是什么？

4．下列型号的三极管中，哪些是硅管？哪些是锗管？哪些是 NPN 型管？哪些是 PNP 型管？3AX、3BG、3DG、3BX。

5．I_{CBO} 与 I_{CEO} 有何关系？分别如何测量？画出测量 I_{CBO} 与 I_{CEO} 的原理图。

6．三极管的安全工作区由哪几个参数所划定？实际电路中，对三极管的电流、电压和功率分别有何限定？

7. 硅材料与锗材料做成的三极管，在反向饱和电流 I_{CBO} 和 I_{CEO}、发射结正向导通电压 U_{BE}、发射结正向电阻等方面有何差异？

8．填空题

随着温度的上升，三极管的下列参数所发生的变化是 β________（增大/减小）；I_{CBO}____________（增大/减小）；I_{CEO}____________（增大/减小）。

9．判断题

（1）三极管的穿透电流越大则质量越好。　　（　　）

（2）三极管基极电流为零时的集电极电流叫作穿透电流。（　　）

10. 选择题

三极管工作在饱和状态时，是指（　　）。

A. 集电结反偏，发射极正偏

B. 集电结正偏，发射极正偏

C. 集电结反偏，发射极反偏

D. 集电结正偏，发射极反偏

任务二　放大电路的认识

【学习目标】

◇ 了解小信号放大电路的性能指标（放大倍数、输入电阻、输出电阻、通频带）的含义

◇ 能识读和绘制基本共射放大电路

◇ 从实例入手，理解共射放大电路主要元件的作用

◇ 通过比较，了解共射、共集和共基 3 种放大电路的电路构成特点

读一读

用来表示某一方面信息随时间而变化的电流、电压，称为电信号，简称信号。电子技术，其实就是一门利用电子电路实现信号产生与处理的技术。

信号的处理，通常包括信号传输、信号放大、信号变换等，这其中的信号放大尤为常见。如收音机天线所接收的电信号、扩音机电路的输入音频信号、自动控制系统的控制信号等，这些微弱的电信号功率很小，不能直接驱动最终负载，这时就需通过放大电路（又称放大器）对它进行放大。

学一学

放大器是如何构成的？它为什么能实现对信号的放大？放大器有哪些方面的性能指标？常用的三极管放大器有哪些组态？各自的特点如何？让我们进入以下学习单元吧！

知识链接一　放大器及其性能指标

1. 放大器简介

放大器（Amplifier，A），是指能够实现信号放大的电路。这里所说的放大，是指信号经电路作用后，其功率增大。图 2-12 所示为放大器的框图，信号输入是以输入电压 u_i 和输入电流 i_i 的形式来体现的，信号输出是以输出电压 u_o 和输出电流 i_o 的形式来体现的。对于放大器，应满足输出功率大于输入功率。

放大器是一种二端口网络，它有输入端口（左边的回路）与输出端口（右边的回路）。放大器件是放大器的核心部件。三极管是一种常用的放大器件，利用三极管构成的放大器有三种

组态：共射极、共基极和共集极，分别如图 2-13（a）、(b)、(c）所示。

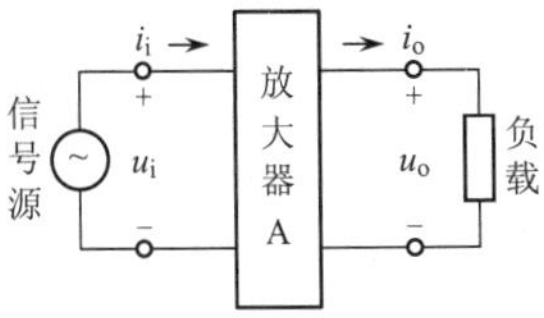

图 2-12　放大器框图

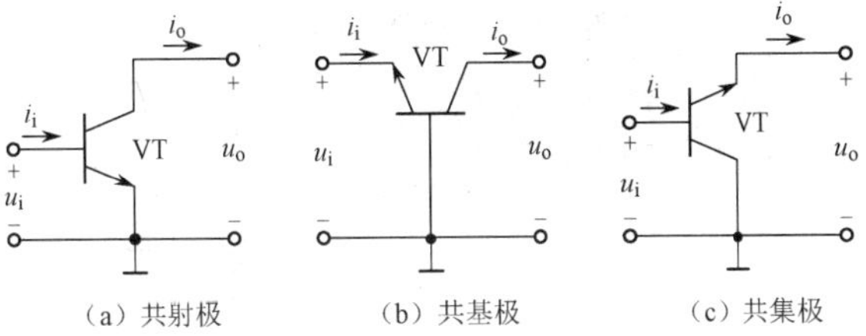

图 2-13　三极管放大器的三种组态

需要说明的是，放大器实质上是一种功率转换器，它将电源提供的一部分直流功率转换为信号功率，从而提升了信号功率，但它自身并不具备“发电”功能。

2．放大器的性能指标

放大器的性能优劣主要通过以下指标来衡量：放大倍数 A、输入电阻 r_i、输出电阻 r_o 以及通频带 BW。

1）放大倍数 A

放大器的信号放大能力是用放大倍数 A 来表示的，它包括电压放大倍数 A_u、电流放大倍数 A_i 和功率放大倍数 A_P。

（1）电压放大倍数 A_u　是指放大器输出电压的瞬时值与输入电压瞬时值的比值。即

$$A_u=\frac{u_o}{u_i}=|A_u|\angle\varphi_{au}$$

其中，$|A_u|=\frac{U_o}{U_i}$，表示放大器的电压放大能力；$\varphi_{au}=\varphi_{uo}-\varphi_{ui}$ 指 u_o 与 u_i 的相位差，称为放大器的相移，它表示放大器输出电压 u_o 与输入电压 u_i 之间的相位关系。

（2）电流放大倍数 A_i　是指放大器输出电流的瞬时值与输入电流的瞬时值的比值。即

$$A_i=\frac{i_o}{i_i}=|A_i|\angle\varphi_{ai}$$

其中，$|A_i|=\frac{I_o}{I_i}$，表示放大器的电流放大能力。

（3）功率放大倍数 A_P　是指放大器输出功率与输入功率的比值。即

$$A_P=\frac{P_o}{P_i}$$

A_P 体现了放大器的功率放大能力。

A_P、A_u、A_i 之间的关系分析如下。

$$A_P=\frac{P_o}{P_i}=\frac{U_oI_o}{U_iI_i}=|A_u|\times|A_i|$$

在电子工程中，放大器的放大倍数有时很大，有时又很小，表示起来不方便。所以，通常将放大倍数用对数形式来表示，称为增益（Gain，G），且单位用分贝（dB）来表示。即

功率增益 $G_P=10\lg A_P$（dB）

电压增益 $G_u=20\lg|A_u|$（dB）

电流增益 $G_i=20\lg|A_i|$（dB）

G_P、G_u、G_i 三者关系为：$G_P=\frac{G_u+G_i}{2}$

【例 2-1】 某放大器的输入电压有效值 $U_i=20\text{mV}$，输入电流有效值 $I_i=40\mu\text{A}$，输出电压与电流的有效值分别为 2V 和 0.4mA，试求：（1）该放大器的放大倍数$|A_u|$、$|A_i|$和 A_P；（2）该放大器的增益 G_u、G_i和 G_P。

解：（1）求解放大倍数

$$|A_u|=\frac{U_o}{U_i}=\frac{2\text{V}}{20\text{mV}}=100$$

$$|A_i|=\frac{I_o}{I_i}=\frac{0.4\text{mA}}{40\mu\text{A}}=10$$

$$A_P=|A_u|\times|A_i|=100\times10=1000$$

（2）求解增益

$$G_u=20\lg|A_u|=20\lg100=40\text{dB}$$

$$G_i=20\lg|A_i|=20\lg10=20\text{dB}$$

$$G_P=10\lg A_P=10\lg1000=30\text{dB} \text{ 或 } G_P=\frac{G_u+G_i}{2}=\frac{40\text{dB}+20\text{dB}}{2}=30\text{dB}$$

还需说明一点：若电路的放大倍数 $A>1$ 或增益 $G>0$，则该电路称为放大器（如电压放大器的$|A_u|>1$ 或 $G_u>0$）；若放大倍数 $A=1$ 或增益 $G=0$，则该电路称为跟随器（如电压跟随器的$|A_u|=1$ 或 $G_u=0$）；若 $A<1$ 或 $G<0$，则该电路称为衰减器。

2）输入电阻 r_i 与输出电阻 r_o

放大器是整个电子设备的一个中间环节，图 2-12 也说明了这一点。相对于前接的信号源来说，放大器是负载，从输入端“看进来”可等效为一个电阻，这就是放大器的输入电阻 r_i；相对于后接的负载，放大器是一个电压（或电流）信号源，从输出端“看进来”可等效为一个实际电压（或电流）源，其内阻也就是放大器的输出电阻 r_o。

也就是说，图 2-12 所示的框图可等效为图 2-14 所示的电路模型。u'_o 是放大器空载（R_L 开路）下的输出电压，它受 u_i 控制。

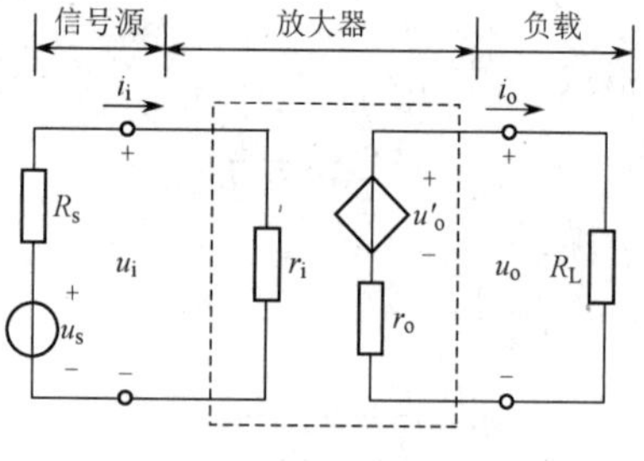

图 2-14　放大器的等效电路模型

（1）输入电阻 r_i。输入电阻 r_i 的大小，体现了放大器对信号源的影响程度。r_i 越大，一方面 u_i 越接近 u_s，另一方面 i_i 越小（信号源的负担越轻）。因此，当放大器以电压放大为主要目标时，它的输入电阻 r_i 总是越大越好。

r_i 是一种交流等效电阻，它体现了放大器对电流变化所起的阻碍作用。

（2）输出电阻 r_o。输出电阻 r_o 的大小，体现了放大器的带负载能力。作为电压放大器，r_o 越小，则输出电压 u_o 受负载的影响就越小，u_o 越稳定，电压放大器的带负载能力便越强。

需要说明的是：与 r_i 一样，r_o 也是交流等效电阻。

3）通频带 BW

放大器对不同频率的信号的放大能力往往存在着一定差异。所谓的通频带，是指信号通过放大器时，能够得到有效放大的频率范围，常称为带宽（Band Width，BW）。

放大器电压放大倍数$|A_u|$与频率 f 之间的关系，称为放大器的幅频特性。图 2-15 所示为阻容耦合共射放大器的幅频特性曲线。

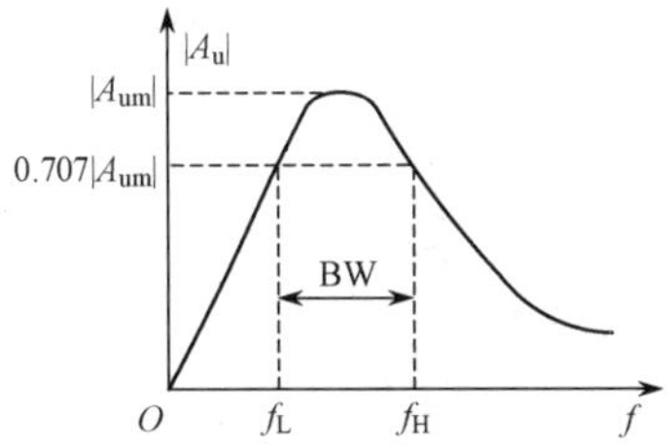

图 2-15　阻容耦合共射放大器的幅频特性曲线

放大倍数$|A_u|$下降到最大值的 0.707 倍时所对应的两个频率，分别称为通带的上限频率 f_H 和下限频率 f_L，两者的差值就是放大器的通频带（又称带宽）BW，即 $BW=f_H-f_L$，如图 2-15 所示。

实际电子产品中的信号通常都存在一定的频率范围（如音频为 20Hz～20kHz），这就要求放大器能有合适的通频带，以对信号的各频率分量实现相同倍数的放大。通频带过窄，会频率失真；通频带过宽，选择性又会变差。

知识链接二　基本共射放大器

1．电路介绍

图 2-16 所示为基本共射放大器的电路图。VT 为放大管；V_{CC}、R_B、R_C 构成固定偏置电路；C_1、C_2 为耦合电容。

偏置电路用来为放大器件提供合适的静态（电路无信号输入时的状态）偏置电流与偏置电压，以保证动态（电路有信号输入时的状态）下的放大器件能始终工作于线性放大状态。

耦合电路则用来将电信号以尽可能小的衰减、不失真地由一级传送到下一级。

2．电压放大原理

在分析该电路电压放大原理之前，先对本书中电流、电压符号的使用做如下约定：大小、方向均随时间而变的交流量，用小写字母和小写下标来表示（如 u_i、u_o 等）；大小、方向均不随时间而变的直流量，用大写字母和大写下标来表示（如 U_{BEQ}、I_{BQ}、I_{CQ}、U_{CEQ} 等）；对于由交流量与直流量合成的复合量，用小写字母和大写下标来表示（如 u_{BE}、i_B、i_C、u_{CE} 等）。

对于图 2-16 所示的电路，输入正弦信号 u_i 经 C_1 耦合，$u_{BE}=U_{BEQ}+u_i$，其大小将发生变化，从而造成 i_B、i_C、u_{CE} 随之发生变化，C_2 隔离 u_{CE} 中的直流分量，输出 u_o 的振幅 U_{om} 远大于 u_i 的振幅 U_{im}，这样就实现了电压放大（同时，u_o 与 u_i 反相）。这一过程可用图 2-17 来反映。动态下工作点的移动是分析的关键所在，它在 u_i 一个周期内的移动次序是：$Q\rightarrow Q'\rightarrow Q\rightarrow Q''\rightarrow Q$。

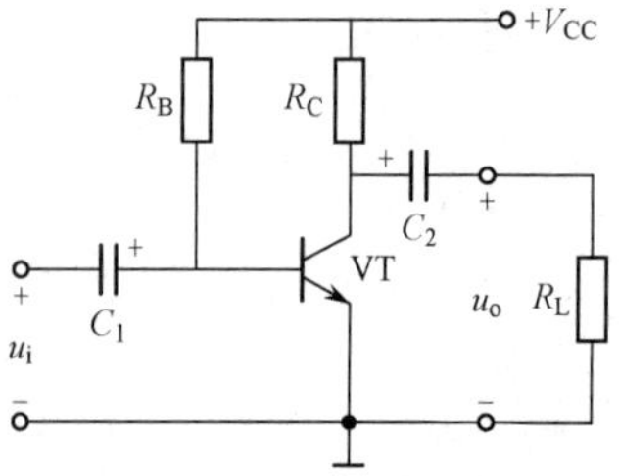

图 2-16　基本共射放大器的电路图

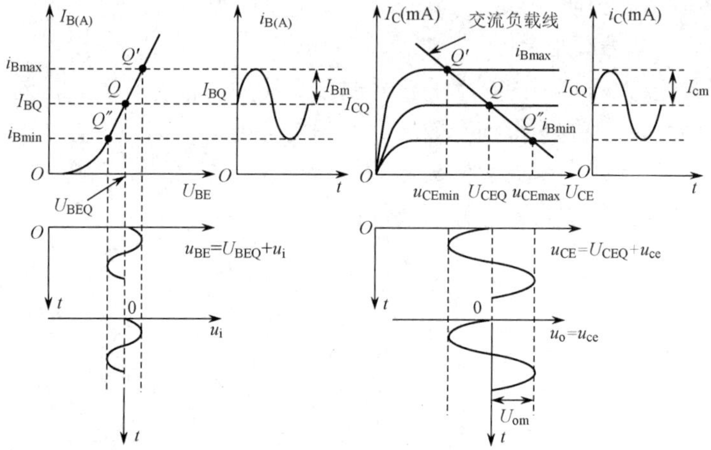

图 2-17　基本共射放大器的电压放大示意图

知识链接三　三种组态放大器的性能比较

1. 共基放大器简介

图 2-18 所示为共基放大器的电路图。C_1、C_2 为耦合电容，C_B 为基极旁路电容，它们的电容量均较大。V_{CC}、R_{B1}、R_{B2}、R_E、R_C 构成分压式偏置电路。信号由发射极输入，集电极输出，故为共基组态。

2. 共集放大器简介

图 2-19 所示为共集放大器的电路图。C_1、C_2 为耦合电容。V_{CC}、R_B、R_E 构成偏置电路。信号由三极管的基极输入，由发射极输出，故为共集组态。这种电路同时又被称为射极输出器。

共集放大器的电压放大倍数 A_u 稍小于 1，且 u_o 与 u_i 同相。这说明该电路的电压跟随性能好，故共集放大器又称为射极跟随器，简称射随器。共集放大器在电子线路中应用很广泛。

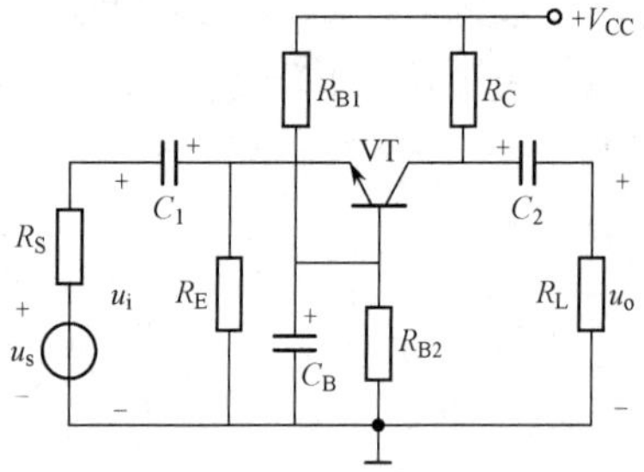

图 2-18　共基放大器的电路图

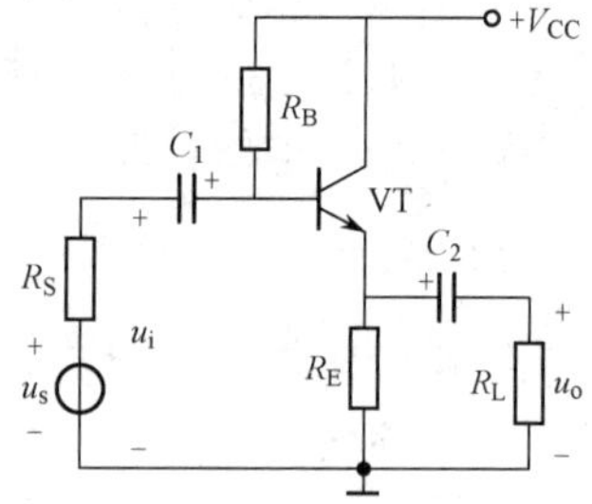

图 2-19　共集放大器的电路图

3. 三种组态放大器的性能比较

三种组态的放大电路在交流特性上存在着较大差异，这也就使它们在应用上有所区别。表 2-4 列出了这三种电路的组成、性能指标、主要用途，以供比较。

表 2-4　三种组态放大器的性能比较

比较项	共射放大器		共集放大器	共基放大器
	固定偏置	分压式偏置		
电路图	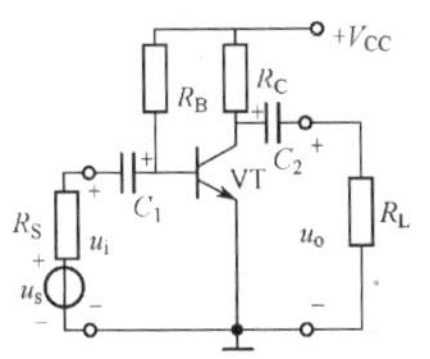	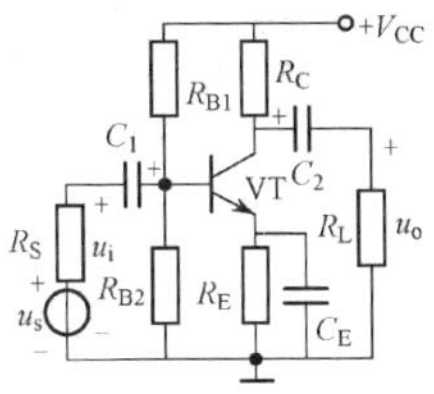	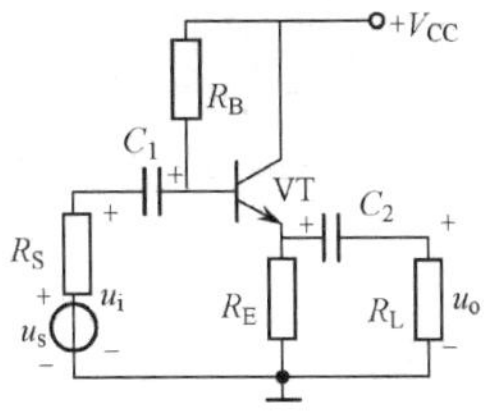	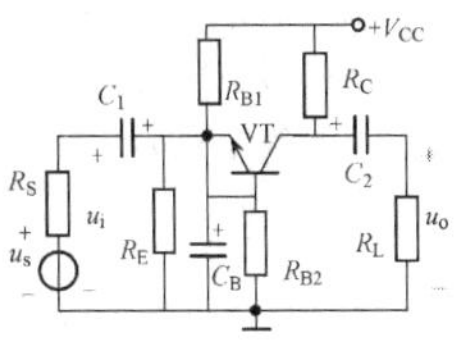
$\lvert A_u \rvert$	大（几十至几百）		小（稍小于 1）	大（几十至几百）
$\lvert A_i \rvert$	大（几十，但小于 β）		大（几十，但小于 $1+\beta$）	小（稍小于 1）
A_P	最大（几千）		较小（几十）	较大（几十至几百）
r_i	一般（几百欧至几千欧）		最大（几十千欧）	很小（十几欧至几十欧）
r_o	R_C（几千欧）		很小（十几欧至几十欧）	R_C（几千欧）
BW	较窄		较宽	最宽
输入输出信号相位	反相		同相	同相
高频特性	差		较好	好
稳定性	较差		较好	较好
主要用途	多级放大器的中间级，输入级		多级放大器的输入级、输出级、缓冲级	高频电路，宽频带放大器

练一练

习题 2.2

1．从放大倍数 A 及增益 G 上看，什么是功率放大器？什么是电压跟随器？什么是电流衰减器？

2．某放大器的输入信号与输出信号有效值分别为：$U_i=2\text{mV}$，$I_i=50\mu\text{A}$，$U_o=2\text{V}$，$I_o=5\text{mA}$，试求：（1）放大器的放大倍数$|A_u|$、$|A_i|$、A_P 及其增益 G_u、G_i、G_P；（2）放大器的输入电阻 r_i。

3．三极管放大器的组态有共______极、共______极与共______极三种。其中，具有电压放大能力的是共______极与共______极；具有电流放大能力的是共______极与共____极；功率增益最大的是共______极；电压跟随性能最好的是共____极；输入电阻最大的是共______极；高频特性最好的是共______极。

4．选择题

（1）以下关于放大器交流通路说法错误的是（　　）。

A．电容视为短路　　　　B．电感视为开路

C．直流电源视为开路　　D．直流电源视为短路

（2）用示波器观察正常工作的单管基本共发射极放大电路的波形，基极波形和集电极波形的相位应该是（　　）。

A．同相　　B．反相　　C．相差 90 度　　D．不一定

5．判断题

（1）共发射极放大电路的输入电阻较小，输出电阻较大，电压放大倍数较高，且输入输出

信号的相位相同。 （ ）

（2）三极管在电路中连接方式有3种：共基极、共发射极和共集电极。由于有这几种接法的不同，三极管的实际电流方向将随这几种接法的改变而变化。 （ ）

任务三 放大电路的测试与分析

【学习目标】

◇ 了解放大器的直流通路与交流通路
◇ 会使用万用表调试三极管的静态工作点
◇ 会测试放大器的主要性能指标
◇ 会使用公式估算静态工作点、输入电阻、输出电阻和电压放大倍数

学一学

三极管工作于放大区是放大器实现对信号线性放大的前提。那么，在三极管放大器中是如何保证这一点的呢？

一个放大器的性能优劣是通过多方面的指标来衡量的。那么，在实际应用中，是如何实现对放大器的性能指标进行测试的呢？电路分析时，又是怎样计算这些性能指标的呢？

让我们进入以下学习单元吧！

知识链接一 放大器的静态工作点与调整方法

1．放大器的直流通路与交流通路

放大器没有信号输入（即 $u_i=0$）时的状态称为静态。静态下，电流通过的路径称为直流通路（又称直流等效电路）。直流通路的画法是：电容看作开路，电感看作短路。

放大器输入信号时的状态称为动态。此时，电路对交流信号的作用可用交流通路（又称交流等效电路）表示。交流通路的画法是：直流电压源和耦合电容交流短路。

对于图2-20（a）所示的基本共射放大器，其直流通路与交流通路分别如图2-20（b）、（c）所示。

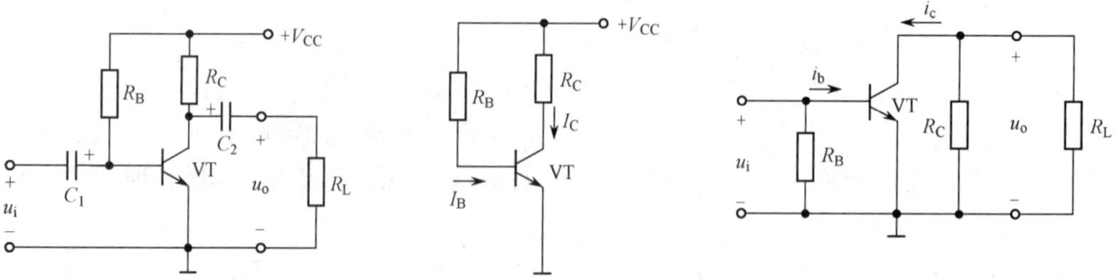

（a）电路图 （b）直流通路 （c）交流通路

图2-20 基本共射放大器

例题　判断如图 2-21 所示的放大电路能否正常放大信号。

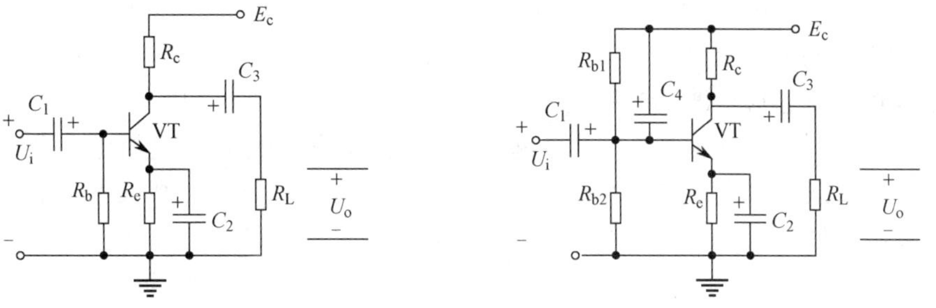

（a）　　　　　　　　　　（b）

图 2-21　例题图

【分析】判断放大电路能不能正常放大信号，要从静态工作点和交流信号通路两个方面来进行，这两个方面缺一不可。首先看电路的静态工作点是否恰当，若电路图中有元件参数就要通过计算来确定工作点是否合适；若电路图中没有元件参数，则看电路中有没有导致三极管工作在饱和或截止状态的因素。只有电路的静态工作点正常，才能进行交流信号通路的检查。画出电路的交流通路，看信号能不能顺利从输入端到达输出端。

解：在图 2-21（a）中，可以很明显地看出，三极管 VT 在静态时基极电压为 0，三极管静态时处于截止状态。若输入信号幅度小于三极管的死区电压，则三极管在信号的整个周期内都截止而无信号输出。若输入信号幅度大于三极管的死区电压，则三极管在信号的整个周期内都将得到一个截止失真的信号输出。所以，该电路不能正常地放大信号，解决办法是增加一个基极上偏置电阻。

在图 2-21（b）中，从静态工作点看，该电路的静态工作点是正常的。但在交流通路中，输入信号将由 $U_i+ \rightarrow C_1 \rightarrow C_4 \rightarrow E_c+ \rightarrow \mathrm{GND} \rightarrow U_i-$ 形成一个信号回路，这说明输入信号并没有加到三极管的发射结，而是被 C_4 通过直流电源短路了，所以，该电路不能正常放大信号，解决方法是将 C_4 开路或将 C_4 的负极改到接地端。

2．静态工作点 Q 及其设置的必要性

共射放大器中的三极管工作时，输入回路及输出回路中的电流与电压，分别决定了输入特性曲线和输出特性曲线上的一个点，这个点就称为工作点。图 2-22（a）、（b）中所示的 Q、Q'、Q'' 点均为工作点。以 Q 点为例，U_{BEQ} 与 I_{BQ} 决定了输入特性曲线上的 Q 点；I_{CQ} 与 U_{CEQ} 决定了输出特性曲线上的 Q 点。

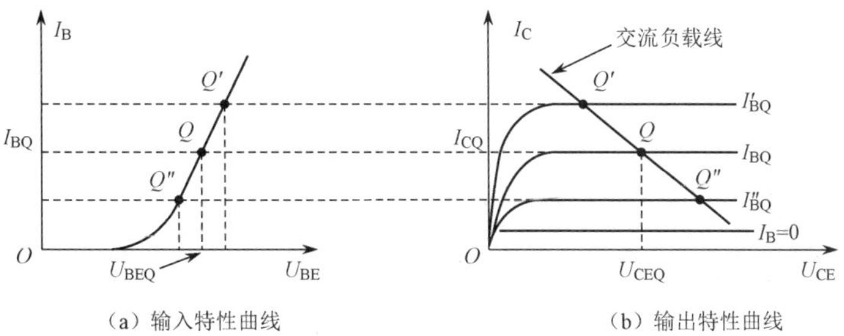

（a）输入特性曲线　　　　（b）输出特性曲线

图 2-22　三极管工作点

静态下，三极管的工作点就称为静态工作点，用 Q 来表示。当电路输入正弦信号 u_i 时，

使得 U_{BE} 发生变化，从工作点的角度来看，将以 Q 点为中心沿交流负载线在 Q' 与 Q'' 之间上、下移动。

要想使动态下的工作点始终处于线性放大区中，合理设置静态工作点 Q 的位置就很重要了。否则，有可能引起输出波形产生失真。

（1）工作点设置过低（I_B 过小）会引起截止失真，可以通过增大基极电流来解决；

（2）工作点设置过高（I_B 过大）会引起饱和失真，可以通过减小基极电流来解决；

（3）若输出波形出现正负半周均失真，则是因为输入信号过大，可以通过减小输入信号的幅度来解决。

对于用 NPN 型三极管构成的共射放大器，两种类型的非线性失真输出波形，如图 2-23（a）、（b）所示。

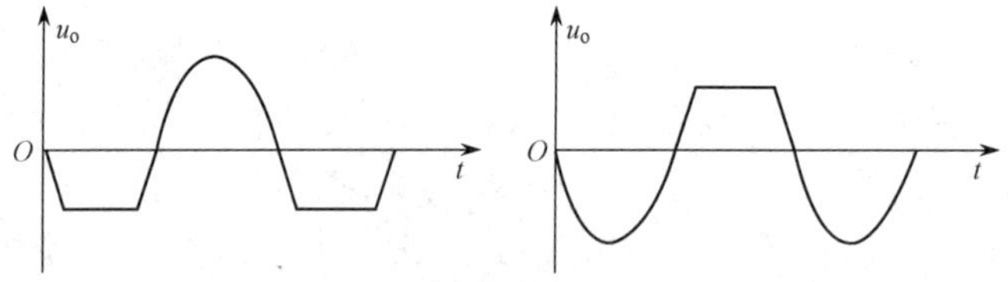

（a）饱和失真——下平顶现象　　（b）截至失真——上平顶现象

图 2-23　NPN 管构成的共射放大器输出波形的失真

怎样才能获得合适的静态工作点呢？这需通过选择一定结构的偏置电路和合理选择元件参数来实现。

3．放大器静态工作点的估算与调整

（1）固定偏置电路。图 2-24 所示的是固定偏置电路。该电路静态工作点的估算公式如下：

$$I_{BQ}=\frac{V_{CC}-U_{BEQ}}{R_B},\ I_{CQ}=\beta I_{BQ}\approx\beta I_{BQ},\ U_{CEQ}=V_{CC}-R_C I_{CQ}$$

关于 U_{BEQ} 的取值，做如下说明：若无特别说明，硅管（通常为 NPN 型）发射结正偏导通时，取 0.7V；锗管（通常为 PNP 型）发射结正偏导通时，U_{BEQ} 取 0.3V。

在该电路中，V_{CC} 一般远大于 U_{BEQ}，近似计算时 $I_{BQ}\approx\frac{V_{CC}}{R_B}$。也就是说，三极管的基极偏置电流与三极管的参数几乎无关，所以称它为固定偏置电路。

该电路静态工作点的调整，一般通过调节基极偏置电阻 R_B 的阻值来实现。

（2）分压式偏置电路。图 2-25 所示的是分压式偏置电路。该电路中，I_1 通常远大于 I_{BQ}，这样，近似分析时就认为：上偏置电阻 R_{B1} 与下偏置电阻 R_{B2} 串联分压，来为三极管提供合适的基极对地电压 U_B。

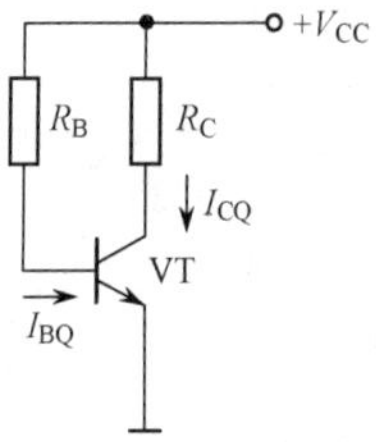

图 2-24　固定偏置电路

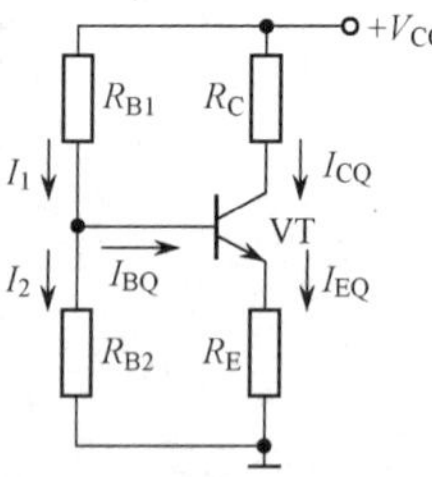

图 2-25　分压式偏置电路

该电路静态工作点的估算公式如下：

$$U_B=\frac{R_{B2}}{R_{B1}+R_{B2}}V_{CC},\ I_E=\frac{U_B-U_{BEQ}}{R_E},\ I_{BQ}=\frac{I_E}{1+\beta},\ I_{CQ}\approx I_E,\ U_{CEQ}\approx V_{CC}-(R_C+R_E)I_{CQ}$$

该电路静态工作点的调整，一般通过调节上偏置电阻 R_{B1} 的阻值来实现。

技能实训　调试基本共射放大器的静态工作点

【实训目标】

（1）会调试基本共射放大器的静态工作点；

（2）会测试放大器的静态工作点；

（3）增强专业意识，培养良好的职业道德和职业习惯。

【实训设备与器材】

学生分为若干组，每组提供直流稳压电源、函数信号发生器、示波器各一台，万用表一块，基本共射放大器的电路模板（电路如图 2-26 所示）一块。

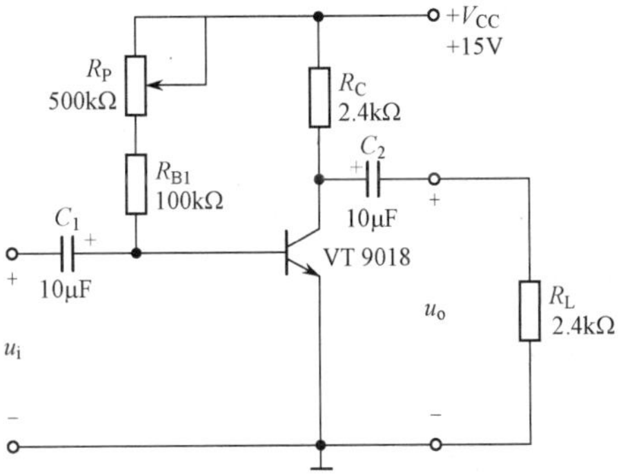

图 2-26　调试基本共射放大器静态工作点的模板电路

【实训内容与步骤】

1. 调整静态工作点

接通+15V 直流电源，输入 $f=1\text{kHz}$ 的正弦信号 u_i，用示波器监测 u_o 波形。反复调整 R_P 的阻值及信号源的输出幅度，使放大器输出电压达到最大不失真幅值。

2. 测试静态工作点 Q

取走信号源，用万用表直流电压挡测量三极管各极对地电压，填入表 2-5 中。计算 U_{BEQ}、U_{CEQ} 及 I_{CQ} 值，填入表 2-5 中。

表 2-5　共射放大器的静态工作点 Q 测试数据表

U_{EQ}（V）	U_{BQ}（V）	U_{CQ}（V）	U_{BEQ}（V）	U_{CEQ}（V）	I_{CQ}（mA）

想一想

（1）该电路的偏置类型是什么？

（2）电路静态工作点调整好以后，根据静态工作点的测试结果，试求解三极管的 β 值。

【实训考核】

考核要求和考核表样式参见附录 A。

知识链接二　共射放大器性能指标的估算

图 2-27 所示为固定偏置共射放大器的电路图。该电路性能指标的估算公式如下：

$$A_u = -\beta\frac{R_C /\!/ R_L}{r_{BE}},\quad r_i = R_B /\!/ r_{BE} \approx r_{BE},\quad r_o = R_C$$

其中，三极管共射等效输入电阻 r_{BE} 的估算公式为：

$$r_{BE} = 300\Omega + (1+\beta)\frac{26\text{mV}}{I_E} = 300\Omega + \frac{26\text{mV}}{I_{BQ}}$$

图 2-28 所示为分压式偏置共射放大器的电路图。该电路性能指标的估算公式如下：

$$A_u = -\beta\frac{R_C /\!/ R_L}{r_{BE}},\quad r_i = R_{B1} /\!/ R_{B2} /\!/ r_{BE} \approx r_{BE},\quad r_o = R_C$$

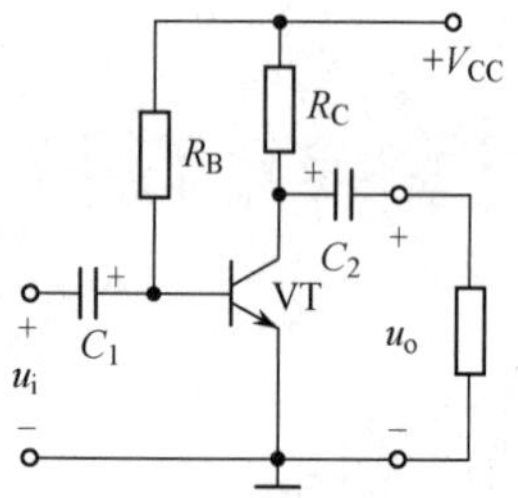

图 2-27　固定偏置共射放大器的电路图

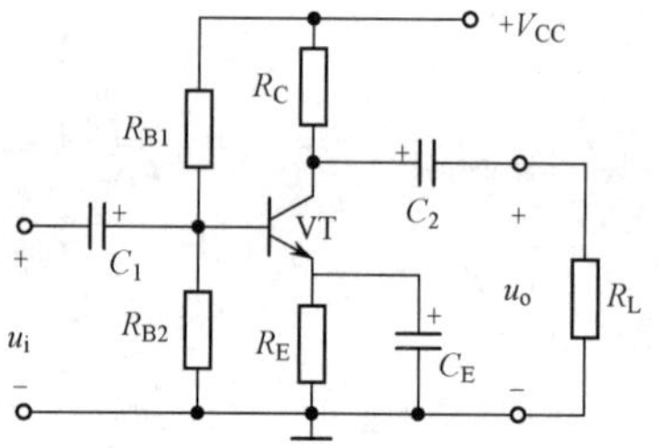

图 2-28　分压式偏置共射放大器的电路图

知识链接三　温度对放大器静态工作点的影响

对于共射放大器，其静态基极电流 I_{BQ} 固定。但随着温度的变化，三极管的 β 值及穿透电流 I_{CEO} 均发生变化，最终将造成静态工作点 Q 的位移，使原本设计合理的静态工作点变得不合理了。以温度升高为例，简析如下：

温度升高→β↑，I_{CEO}↑→Q 上移→I_{CQ}↑，U_{CEQ}↓→易形成饱和失真。

同理，当温度下降时，Q 将下移，易形成截止失真。

知识链接四　稳定静态工作点的措施与常用电路

稳定静态工作点的常见措施是在电路中引入直流负反馈（反馈的概念将在模块二任务五中介绍）。图 2-29 及图 2-30 所示为两种常用的偏置电路：分压式偏置电路与集电极-基极偏置电路，它们都具有比较稳定的静态工作点。

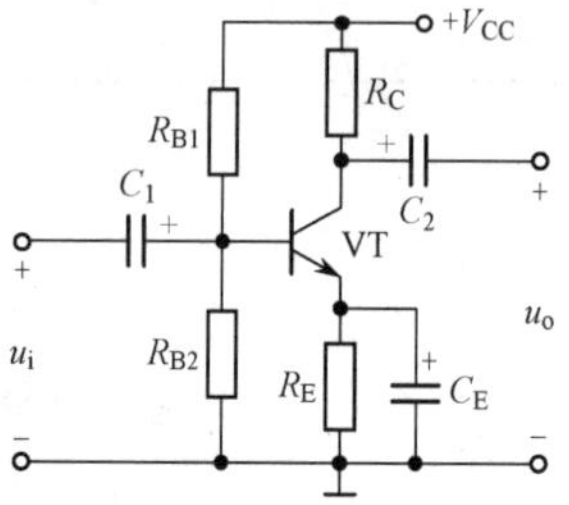

图 2-29　分压式偏置共射放大器

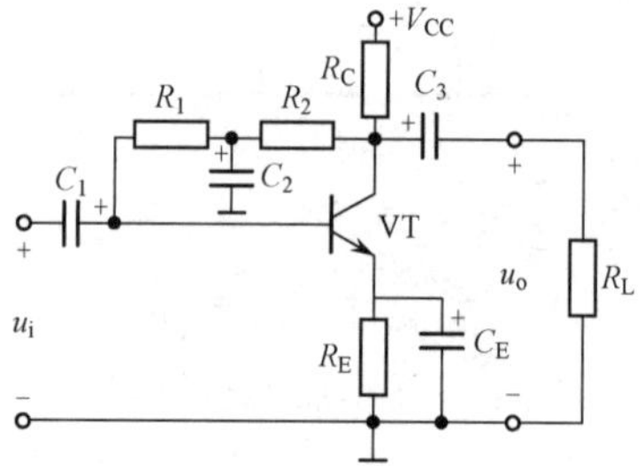

图 2-30　集电极-基极偏置共射放大器

下面以分压式偏置电路为例，简述其稳定静态工作点的原理。

某种因素（温度变化或更换三极管）→ $I_{CQ}\uparrow$ → $I_{EQ}\uparrow$ → $U_E\uparrow$ → $U_{BE}\downarrow$ → $I_{BQ}\downarrow$ → $I_{CQ}\downarrow$

练一练

习题 2.3

1．放大器中为什么要有偏置电路？

2．常见的两种偏置电路分别是什么？画出各自的直流通路，写出求解静态工作点的计算公式。

3．固定偏置共射电路中，$V_{CC}=9\text{V}$，$R_B=300\text{k}\Omega$，$R_C=3\ \text{k}\Omega$，$R_L=2\ \text{k}\Omega$，$\beta=50$。（1）画出直流通路，求解静态工作点 Q；（2）画出交流通路；（3）求出电路的 A_u，r_i，r_o。

4．对于固定偏置电路，随着温度的下降，三极管的 β 值将________（增大/减小），穿透电流 I_{CEO} 将________（增大/减小），静态工作点将________（上移/下移），电路易产生________（饱和/截止）失真。

5．常见稳定静态工作点的偏置电路类型是：________偏置电路与________偏置电路。

6．选择题

放大电路设置静态工作点的目的是（　　）。

A．提高放大能力

B．避免非线性失真

C．获得合适的输入电阻和输出电阻

D．输出信号电压大，电流小

任务四　多级放大器的制作与测试

【学习目标】

◇ 能区分多级放大器的级间耦合方式

◇ 通过比较，了解三种耦合方式的优缺点

◇ 通过电子产品的实例，了解幅频特性指标的重要性

◇ 了解多级放大器的增益和输入、输出电阻的概念及在工程中的应用

◇ 了解反馈及其分类

◇ 理解负反馈对放大器性能的影响

读一读

电子产品中的电路通常都是由若干单元电路级联而成的，信号经一级电路处理后，送到下一级电路，直至最终的负载。

在实际电路中，当一级放大器的放大倍数不够时，常采用多级放大器。

学一学

多级放大器中的信号是如何顺利“传送”的？整个多级放大器的性能指标又与各级电路的性能指标存在何种关系？放大器中的反馈电路有哪些类型？负反馈电路的引入对电路的性能会形成怎样的影响呢？

通过下面的学习，我们将找到答案！

知识链接一　放大器的级间耦合方式

信号的级间“传送”，称为耦合。级间耦合通常有 3 种方式：阻容耦合、直接耦合与变压器耦合，分别如图 2-31（a）、（b）、（c）所示。下面对这 3 种常见耦合电路的特点和应用做简要说明。

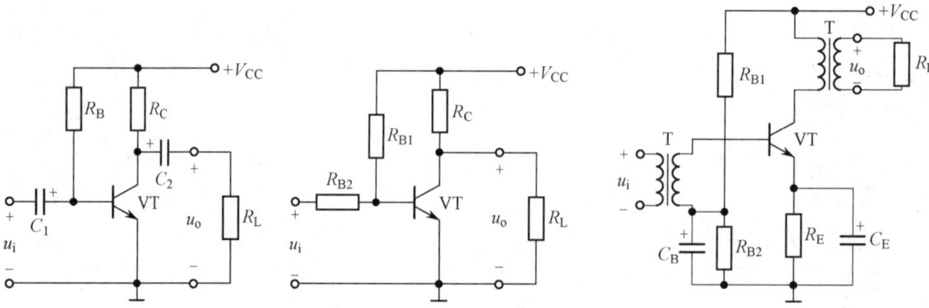

（a）阻容耦合　（b）直接耦合　（c）变压器耦合

图 2-31　常见的级间耦合方式

1. 阻容耦合

利用电容器的隔直通交特性，一方面实现对交流信号的传送；另一方面也使得各级电路的静态工作点相互独立、互不影响，为偏置电路的设计提供了方便。电子线路与最初的信号源及最终的负载之间，往往采用阻容耦合方式。

阻容耦合电路的缺点是要使用大容量的耦合电容（以减小低频信号在电容上的衰减），这在集成电路中难以实现。同时，这种电路的低频特性差（频率越低，衰减越大，电路的电压放大倍数越小）。

在选用电解电容作为耦合电容时，连接时一定要注意电容的极性，以免电解电容被击穿。

2. 直接耦合

直接耦合的级与级之间没有电抗元件，所以具有良好的频率特性，对缓慢变化的信号也能进行放大，它常用于集成电路。但它存在着两方面的问题：一是各级静态工作点相互影响、相互牵制，为偏置电路的设计带来了不便；二是存在着“零点漂移”问题（在后面的集成运放中会谈到）。

3．变压器耦合

采用变压器耦合，一方面可使各级静态工作点相互独立；另一方面还能通过阻抗变换来达到级间的阻抗匹配，从而输出最大功率。此外，由于变压器的线圈直流电阻很小，当它作为三极管的集电极负载时，电源功耗小。因此，这种耦合方式多用于大功率放大器的耦合。但是，变压器的体积大，频率特性（尤其是高频特性）差，同时还有电感，在集成电路中不宜使用。

知识链接二　多级放大器的性能指标

在多级放大电路中，前级电路构成后级电路的信号源，后级电路为前级电路的负载。也就是说，各级电路的工作是相互影响的。下面以图 2-32 所示的三级放大器为例，简要讨论整个放大器的性能指标。

1．电压放大倍数 A_u

图 2-32 所示电路的电压放大倍数 $A_u=\frac{u_o}{u_i}=\frac{u_o}{u_{o2}}\times\frac{u_{o2}}{u_{o1}}\times\frac{u_{o1}}{u_i}=A_{u1}A_{u2}A_{u3}$，即多级放大器的电压放大倍数应等于各级放大器电压放大倍数的乘积。用表达式表示如下：$A_u=A_{u1}A_{u2}\cdots A_{un}$ 或 $G_u=G_{u1}+G_{u2}+\cdots+G_{un}$（对于 n 级放大器）。

在工程应用中，单级放大器的电压增益难以做得很高。若要获得很高的电压增益，常采用多级放大器。

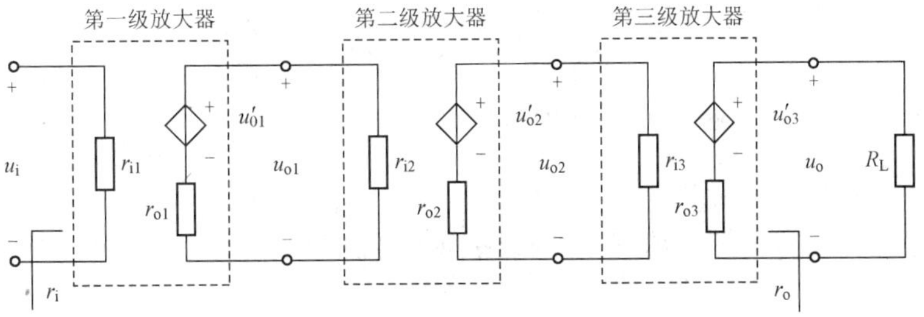

图 2-32　三级放大器的交流等效电路模型

2．输入电阻 r_i 与输出电阻 r_o

观察图 2-32 所示电路可知：多级放大器的输入电阻即为首级放大器的输入电阻，多级放大器的输出电阻即为末级放大器的输出电阻。用表达式表示如下：$r_i=r_{i1}$、$r_o=r_{on}$（对于 n 级放大器）。在工程应用中，射极跟随器（共集放大器）常用作多级放大器的输入级或输出级，其目的正是为了提高整个电路的输入电阻或降低整个电路的输出电阻。

3．通频带 BW

对于多级放大器，其通频带不会比其中任何一级电路的通频带更宽。用表达式表示如下：$\mathrm{BW}\leqslant\min\left[\mathrm{BW}_1，\mathrm{BW}_2，\cdots，\mathrm{BW}_n\right]$（对于 n 级放大器）。

对于很多电子产品（如各种音视频电子产品）来说，电路所处理的信号都存在着一定的频率覆盖范围，这就要求整个电路有足够宽的通频带。否则，信号中的各频率分量不能得到相同的放大倍数，势必导致信号失真。相应地各级电路均要有足够宽的通频带。

知识链接三　反馈的基本概念

1．反馈的定义

将电路输出量（电压或电流）的一部分或全部，经过一定的路径“回送”到它的输入端，这种信号反向传送的方式就称为反馈（Feedback）。信号反馈所经过的路径，称为反馈网络。有些反馈网络，只能实现直流量的“回送”，这种反馈就称为直流反馈。而所谓交流反馈，是指反馈网络只能实现交流量的“回送”。

2．反馈放大器的组成

由基本放大器和反馈网络所组成的电路，称为反馈放大器。其组成框图如图 2-33 所示。x 泛指电压或电流信号：x_i 是指整个电路的输入信号；x_{ia} 是指基本放大器的“净”输入信号；x_o 是指电路的输出信号；x_f 是经反馈网络“回送”至输入端的反馈信号。

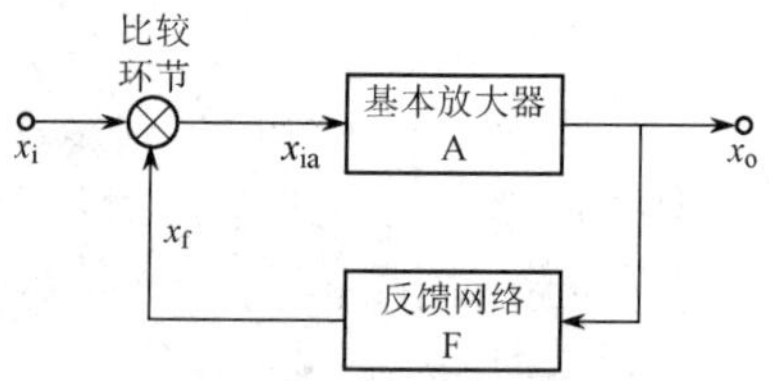

图 2-33　反馈放大器的组成框图

3．反馈极性

从本质上讲，基本放大器与反馈网络都是信号变换电路。各自的变换系数（输出量与输入量之比）分别为放大倍数 A 和反馈系数 F，即 $A=x_o/x_{ia}$，$F=x_f/x_o$。若 A 或 F 大于零，说明各自的输出信号与输入信号同相；若 A 或 F 小于零，说明各自的输出与输入反相。

反馈信号 x_f 在输入端与电路的输入信号 x_i 比较后，形成基本放大器的“净”输入信号 x_{ia}（$x_{ia}=x_i+x_f$）。这种“比较”通常分为两种情况：当 x_f 与 x_i 同相时，x_{ia} 相对于 x_i 得到增强（$|x_{ia}|=|x_i|+|x_f|$），此时的反馈称为正反馈；当 x_f 与 x_i 反相时，x_{ia} 相对于 x_i 被削弱（$|x_{ia}|=|x_i|-|x_f|$），这种反馈称为负反馈。

4．闭环放大倍数

基本放大器与反馈网络共同构成一个环路。整个反馈放大器对信号的作用用闭环放大倍数 A_f 表示

$$A_f=\frac{x_o}{x_i}=\frac{x_o}{x_{ia}-x_f}=\frac{1}{\frac{1}{A}-F}=\frac{A}{1-AF}$$

AF（$AF=x_f/x_{ia}$）被称为环路增益，用它可以衡量信号从送入基本放大器直至“回送”到输入端这一过程中环路对信号的作用。下面针对环路增益 AF 的不同取值情况，分别做简要说明。

（1）若 $AF<0$，即 x_f 与 x_{ia} 或 x_i 反相，则有 $|A_f|=\frac{|A|}{1+|AF|}<|A|$。此时，电路所引入的是负反馈，它造成了电路增益的下降。

（2）若 $0<AF<1$，即 x_f 与 x_{ia} 或 x_i 同相，则有 $|A_f|=\frac{|A|}{1-|AF|}>|A|$。此时，电路引入的是正反馈，它使电路增益得到提高。

（3）若 $AF=1$，即 $x_f=x_{ia}$，则即使此时撤去信号输入（$x_i=0$），电路仍将维持信号的等幅输出，这样就构成了稳幅振荡电路。

（4）若 $AF>1$，此时 x_f 与 x_{ia} 或 x_i 同相，且 $x_f>x_{ia}$，则将形成增幅振荡电路。

有关振荡的概念，将在模块五中加以介绍。

5．反馈放大器的电路类型

含有单环反馈放大器的整个电路，可用图 2-34 所示的框图表示。根据反馈放大器在输入回路中的信号比较方式，以及在输出回路中反馈网络的信号取样方式，可将反馈分为串联/并联反馈和电压/电流反馈，组合起来有 4 种类型：电压串联反馈、电流串联反馈、电压并联反馈和电流并联反馈。

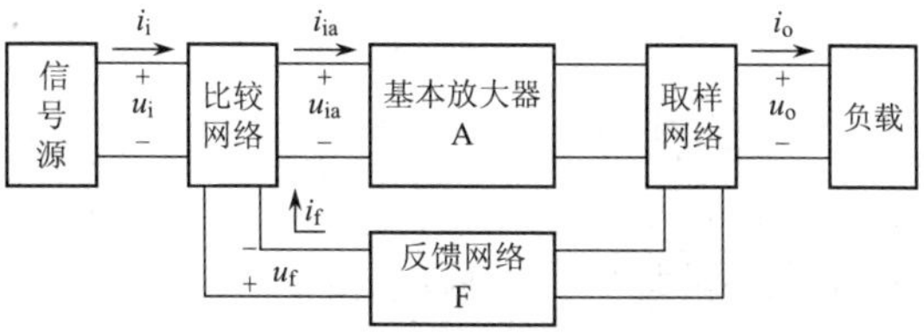

图 2-34　含有单环反馈放大器的电路框图

（1）按输入电路形式分为串联反馈与并联反馈，如图 2-35（a）、（b）所示为反馈放大器的两种输入电路形式。其判断依据可简记为：“并联、串联看输入”。

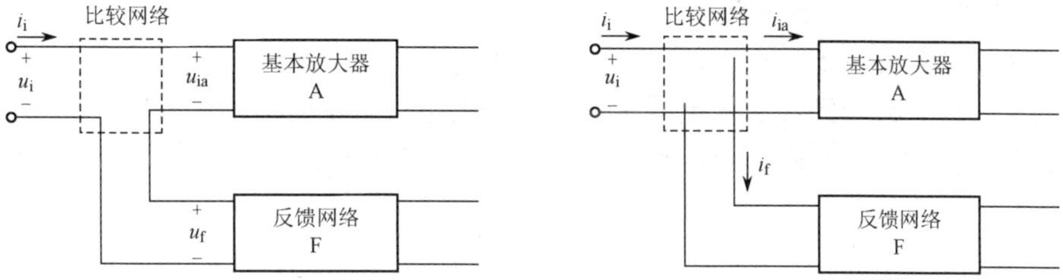

（a）串联反馈　　　　（b）并联反馈

图 2-35　反馈放大器的两种输入电路形式

显然，串联反馈时，反馈信号与电路输入信号的比较是以电压形式来进行的。而并联反馈时，反馈信号与电路输入信号则是以电流形式来比较的。

（2）按输出电路形式分为电压反馈与电流反馈，图 2-36（a）、（b）所示为反馈放大器的两种输出电路形式。若将电路的输出电压作为反馈网络的输入信号，则为电压反馈，此时反馈信号与电路的输出电压成正比；若将电路的输出电流作为反馈网络的输入信号，则为电流反馈，此时的反馈信号与电路的输出电流成正比。其判断依据可简记为：“电压、电流看输出”。

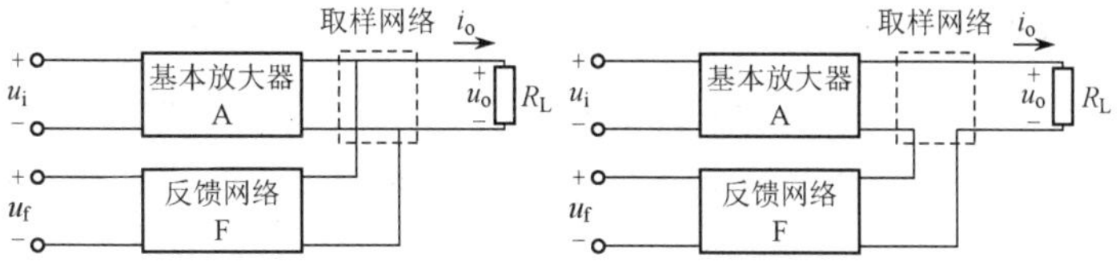

（a）电压反馈　　　　（b）电流反馈

图 2-36　反馈放大器的两种输出电路形式

知识链接四　负反馈对放大器性能的影响

前面已分析过，对于负反馈放大器，其闭环放大倍数 $|A_f|=\dfrac{|A|}{1+|AF|}<|A|$，即负反馈的引

入将造成电路增益的下降。

环路增益 $|AF|\geqslant 1$，称为深度负反馈，此时 $|A_f|=\dfrac{1}{|F|}$。也就是说，深度负反馈下的放大器，其闭环增益基本由反馈网络的反馈系数 F 所决定。

放大器引入负反馈后，电路的增益将下降。但与此同时，又能改善电路多方面的性能。下面分别加以简要说明。

1．提高电路工作的稳定性

引入直流负反馈，可稳定电路的静态工作点。如分压式偏置共射放大器中的射极电阻 R_E，引入了电流串联直流负反馈，电路的 I_{CQ} 可得到稳定，进而实现了静态工作点 Q 的稳定。

引入交流负反馈，可稳定电路的增益，对应的输出量得到稳定。

2．扩展了电路的通频带

引入负反馈，电路对各种频率信号的放大能力均下降了，电路的幅频特性曲线将发生如图 2-37 所示的变化，由此可见电路的通频带得到了扩展。

3．减小了放大器的非线性失真

如果在合理设置静态工作点 Q 之后，放大器出现非线性失真，那么主要原因就在于输入信号过强。以电压放大器为例，引入电压负反馈前后的电路电压传输特性曲线如图 2-38 所示。负反馈的引入，使得电压增益下降，但同时也扩展了不失真放大下的输入电压允许范围，也就减小了同样输入下的非线性失真。

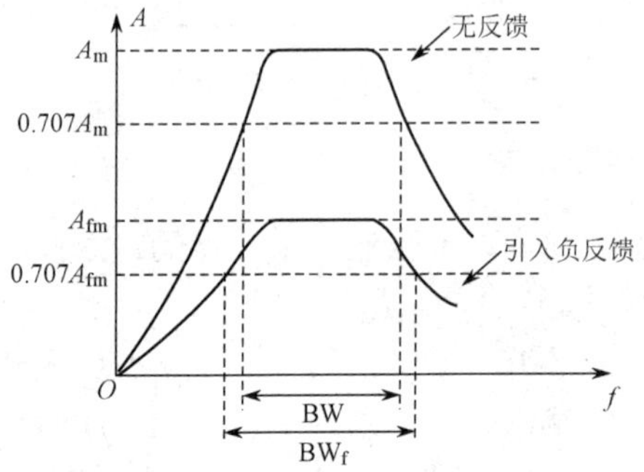

图 2-37　负反馈对幅频特性曲线的影响

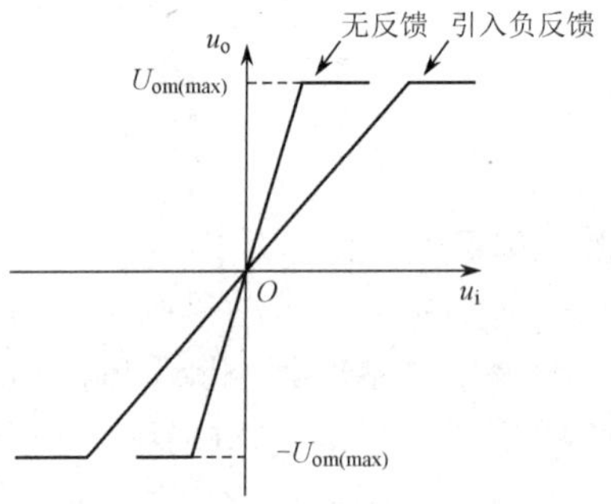

图 2-38　负反馈对电压传输特性曲线的影响

4．抑制了环内噪声

当负反馈放大器中的放大器件产生噪声时，可等效为基本放大器有一个噪声输入。那么，经过负反馈网络“回送”至输入端的反馈信号中也就包含有反相的噪声，从而实现了补偿作用，削弱和抑制了环内所产生的噪声。

5．改变了电路的输入电阻和输出电阻

（1）输入电阻 r_i 的改变。

串联负反馈的引入将使电路的输入电阻增大，并联负反馈的引入将使电路的输入电阻减小。

（2）输出电阻 r_o 的改变。

电压负反馈的引入将使电路的输出电阻减小，电流负反馈的引入将使电路的输出电阻增大。

练一练

习题 2.4

1．填空题

（1）级间耦合方式通常有__________耦合、__________耦合与__________耦合3种。其中，各级静态工作点相互独立的是__________耦合与__________耦合；可实现阻抗匹配的是__________耦合；频率特性最好的是__________耦合；集成电路中常用__________耦合。

（2）多级放大器的电压放大倍数等于各级电压放大倍数的________；多级放大器的输入电阻等于__________级电路的输入电阻；多级放大器的输出电阻等于________级电路的输出电阻；多级放大器的通频带__________（大于/等于/小于）各级电路的通频带。

（3）反馈放大器的两个基本组成部分是：__________________和________________。

（4）反馈放大器按输入电路的形式分类，有__________反馈与__________反馈两种；按输出电路的形式分类，有____________反馈与______________反馈两种。

（5）反馈放大器按反馈极性划分，有______反馈放大器与______反馈放大器两种。其中，反馈的引入，造成电路增益下降的是______反馈放大器。

（6）欲稳定电路的静态工作点，需引入__________________反馈；欲减轻信号源的负担，需引入__________________反馈；欲增强电压放大器的带负载能力，需引入______________反馈；欲稳定电路的电流增益，需引入____________反馈。

2．判断题

（1）引入负反馈后，放大器产生的非线性失真就一定会被消除，所以在任何放大器中，我们都会引入负反馈。（　　）

（2）负反馈用来改善放大器的性能，正反馈常用于振荡电路。（　　）

（3）电流负反馈使放大器的输出电阻减小，电压负反馈使放大器的输出电阻增大。（　　）

3．选择题

（1）放大器引入负反馈后，其频带f_{bw}、A_u、信号失真情况为（　　）。

A．f_{bw}变窄、A_u增大、信号失真减小

B．f_{bw}展宽、A_u下降、信号失真减小

C．f_{bw}展宽、A_u下降、信号失真增大

D．f_{bw}展宽、A_u下降、信号失真程度不变

（2）电路如图2-39所示，R_f构成（　　）。

A．电流串联负反馈　　B．电流并联负反馈

C．电压串联负反馈　　D．电压并联负反馈

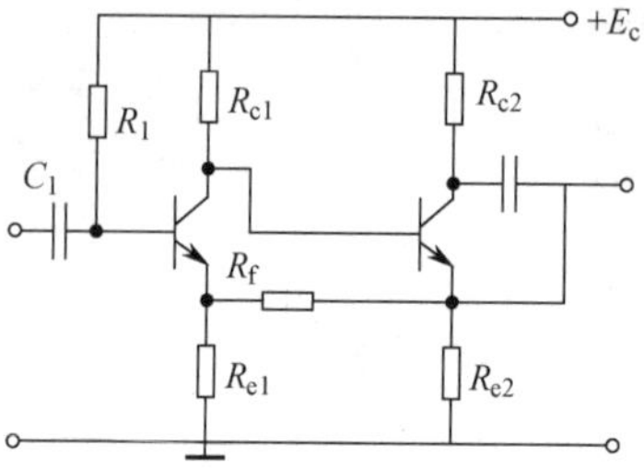

图 2-39　习题图

模块小结

（1）三极管是一种电流控制型器件。当发射结正偏、集电结反偏时，三极管工作于放大状态，具有电流放大功能。此时，它通过较小的基极电流变化达到控制较大的集电极电流变化的目的，且$\frac{\Delta I_C}{\Delta I_B}=\beta$为一定值。

选用三极管时，应先根据具体电路的要求来确定三极管的类型，然后根据三极管的主要参数进行选择。

三极管的种类繁多，用途广泛。利用万用表的欧姆挡，可对三极管的引脚及管型进行判别。

（2）放大器是一种能够实现信号功率提升的电路。放大器的性能指标有放大倍数（或增益）、输入电阻、输出电阻、通频带等。一个放大器通常由放大器件、偏置电路、耦合电路 3 部分组成。根据信号的输入、输出方式划分，放大器有共射、共集与共基三种组态。

（3）通过合理设置静态工作点，可使三极管动态下工作于线性放大区，放大器获得较大的动态范围。静态工作点的调整，通常通过调节基极偏置电阻来达到。

（4）温度变化将使三极管的参数发生变化，造成放大器静态工作点发生位移，影响电路工作的稳定性。通过引入分压式偏置电路或集电极-基极偏置电路，可解决这一问题。

（5）多级放大器中的级间耦合方式通常有阻容耦合、直接耦合与变压器耦合 3 种。阻容耦合可使各级电路的静态工作点相互独立，但低频特性差；直接耦合时的各级电路静态工作点相互牵制，但频率特性最好，常用于集成电路中；变压器耦合可使各级电路静态工作点相互独立，还可解决阻抗匹配问题，但它体积大、频率特性（尤其是高频特性）差。

反馈极性有正、负之分。反馈放大器通常分为 4 种类型：电压串联、电压并联、电流串联与电流并联。引入负反馈，将造成放大器的增益下降，但同时能改善电路多方面的性能。

教学微视频

扫一扫

模块三　常用放大器

任务一　低频功率放大器的装接与调试

【学习目标】

- ◇ 能列举低频功率放大器的应用，了解低频功率放大器的基本要求和分类
- ◇ 能识读 OTL、OCL 功率放大器的电路图
- ◇ 了解功率放大器的安全使用知识
- ◇ 能按工艺要求装接与调试 OTL 功率放大器
- ◇ 了解典型集成功率放大器的引脚功能，能正确识读常用集成功率放大器的引脚
- ◇ 能按工艺要求装接与测试集成 OCL 功率放大器

读一读

功率放大器的应用举例

图 3-1 所示的是便携式扩音器的实物与结构方框图。

(a) 实物图

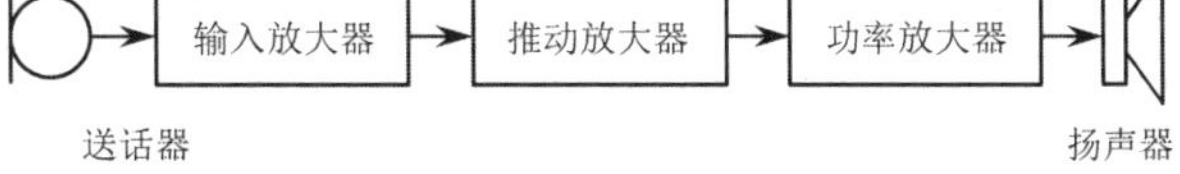

(b) 结构方框图

图 3-1　便携式扩音器的实物与结构方框图

便携式扩音器的用途是把人讲话时较弱的声音放大成较强的声音。它具有体积小、质量轻、使用方便等优点，常被室外活动的组织者、导游及参观活动的讲解员等使用。

在生活和生产实际中，常常需要用电路的输出信号去控制或驱动一些设备工作，例如使电动机转动、扬声器发声、仪表指针偏转、继电器动作等，因此需要输出信号有较大的功率。能

使输出的低频信号具有较大功率的放大器，称为低频功率放大器，简称功放。

看一看

低频功率放大器有什么作用？

观察教师的演示实验。

（1）按图3-2（a）、（b）所示连接电路；

（2）在图3-2（a）、（b）所示电路中分别加入同样的输入信号（f=1kHz、$U_{\text{iP-P}}$=100mV），观察图3-2（a）、（b）所示电路中扬声器的工作情况。

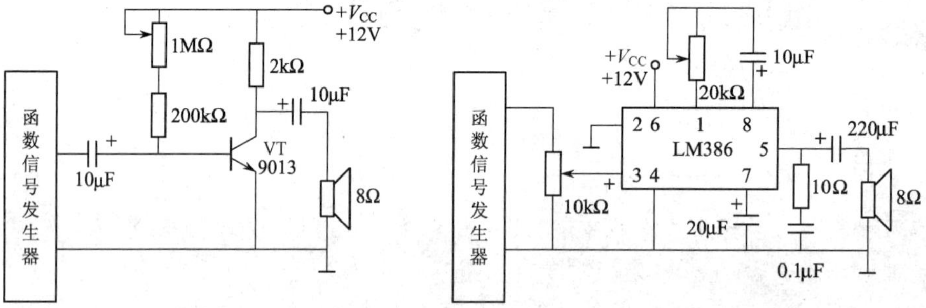

（a）　　　　（b）

图3-2　实验原理图

想一想

上述实验说明什么问题？

【实验结论】图3-2（b）所示电路中的扬声器可发出清晰的声音，说明该电路输出功率更大，即具有功率放大作用。

学一学

功率放大器与电压放大器有何区别？对功率放大器有哪些基本要求？低频功率放大器有哪些常见类型？典型的低频功率放大器是如何工作的？如何正确选用集成功率放大器？

让我们进入以下学习单元吧！

知识链接一　低频功率放大器的特点、基本要求和分类

1. 低频功率放大器的特点及其基本要求

由于工作任务的不同，功率放大器和电压放大器在工作特性上是有区别的。电压放大器的主要任务是把微弱的电压信号进行放大，一般输入、输出的电压和电流都较小，三极管常工作在线性状态，是小信号放大器。电压放大器输出信号的功率小，消耗能量少、信号失真小。功率放大器的主要任务是输出较大的信号功率，它的输入、输出电压和电流都较大，三极管常工作在临近极限状态，是大信号放大器。功率放大器输出信号的功率大，消耗能量多，信号容易失真。因此研究功率放大器时应特别注意效率、输出功率、信号失真，以及三极管的耗散功率和击穿电压等问题。

一个性能良好的功率放大器应满足信号失真小、有足够的输出功率、效率高、散热性能好等基本要求。

2．低频功率放大器的分类

1）按三极管静态工作点的位置分类

如图 3-3 所示，根据功率放大三极管（以下简称功放管）的静态工作点 Q 在交流负载线 AB 上的位置不同，可分为甲类、乙类、甲乙类 3 种。

（1）甲类功放。Q 点在交流负载线的中点，如图 3-3（a）所示。

其工作特点：在输入信号的整个周期内，三极管都处于放大状态，因而输出波形几乎没有失真，但静态电流大，效率低。

（2）乙类功放。Q 点在交流负载线和 $I_B=0$ 输出特性曲线交点处，如图 3-3（b）所示。

其工作特点：在输入信号的整个周期内，三极管是半个周期处于放大状态，半个周期处于截止状态，因而只有半波输出，输出波形失真大，但静态电流几乎为零，效率高。如果采用互补对称的两个不同类型（一个 NPN 型和一个 PNP 型）的三极管组合起来交替工作，可得到全波输出。

（3）甲乙类功放。Q 点在交流负载线上略高于乙类工作点处，如图 3-3（c）所示。

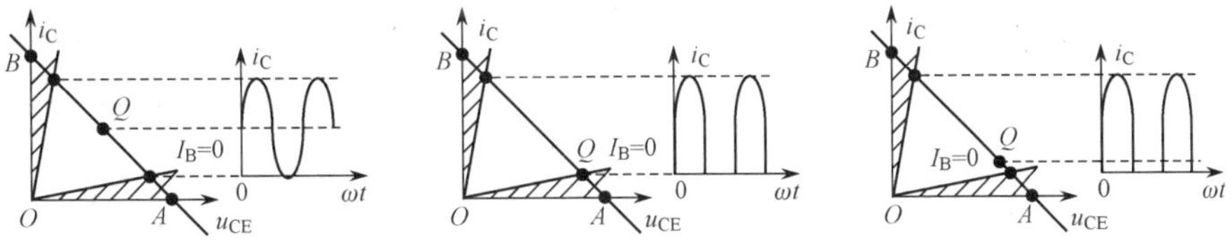

（a）甲类　　（b）乙类　　（c）甲乙类

图 3-3　低频功率放大器的 3 种工作状态

其工作特点：在输入信号的整个周期内，三极管是多于半个周期处于放大状态，不到半个周期处于截止状态，因而输出波形失真较大，但静态电流较小，效率较高。如要得到全波输出，仍需采用互补对称的两个不同类型的三极管组合起来交替工作。

2）按功率放大器输出端结构特点分类

根据功率放大器输出端结构特点不同可分为有输出变压器功放电路、无输出变压器功放电路（OTL 功放电路）、无输出电容功放电路（OCL 功放电路）、桥接无输出变压器功放电路（BTL 功放电路）4 种。

知识链接二　互补对称功率放大器

1．无输出电容（Output Capacitorless，OCL）功率放大器

1）乙类 OCL 功放

乙类 OCL 功放电路如图 3-4 所示。由于静态下三极管 VT_1、VT_2 均不导通（$u_i=0$ 时，$V_A=0$，两个三极管均截止），故电路工作于乙类状态。又因 VT_1 与 VT_2 管型互补、参数对称，故又称这种电路为互补对称电路。

当 u_i 处于正半周时，VT_1 导通、VT_2 截止，VT_1 的集电极电流流过负载 R_L，负载 R_L 上有正半周输出。当 u_i 处于负半周时，VT_1 截止、VT_2 导通，VT_2 的集电极电流流过负载 R_L，负载 R_L 上有负半周输出。

可见，在输入信号的一个周期内，功放管 VT_1、VT_2 轮流交替工作，共同完成对输入信号的放大工作，使负载上得到完整波形的输出信号。

在理想条件下，其输出信号波形与输入信号波形一致。但实际上，由于功放管截止区的存在，当输入信号变化到零点附近数值较小时，会使三极管 VT_1、VT_2 都处于截止状态而没有输出。这种在互补对称电路中，由于输入信号过零，使两个三极管交替工作时因截止而引起的输出波形失真叫交越失真，如图 3-5 所示。

在理想条件下，乙类 OCL 功放的输出电压振幅最多可达 V_{CC}，对应的最大输出功率为 $P_{o(max)}=\frac{1}{2}\frac{U_{om(max)}^2}{R_L}=\frac{1}{2}\frac{V_{CC}^2}{R_L}$，效率 $\eta=\frac{P_o}{P_G}$的最高值 $\eta_{max}=\frac{\pi}{4}=78.5\%$，最大管耗 $P_{c(max)}=0.4P_{o(max)}$，每管的最大管耗为 $0.2P_{o(max)}$。

2）甲乙类 OCL 功放

为克服交越失真，通常在乙类 OCL 功放电路中加入偏置电路，给功放管设置较低的静态工作点，使两只功放管静态下微导通，工作于甲乙类状态。图 3-6 所示电路，是一个带有前置放大级的甲乙类 OCL 功放。VT_1 为前置放大管，VT_2、VT_3 为互补对称的功放管，利用 R_P 和 R 为两只功放管提供偏压，以使它们静态下微导通。前置放大级为共射电路，它具有一定的电压与电流放大能力。这样，整个电路就具有较大的功率增益。

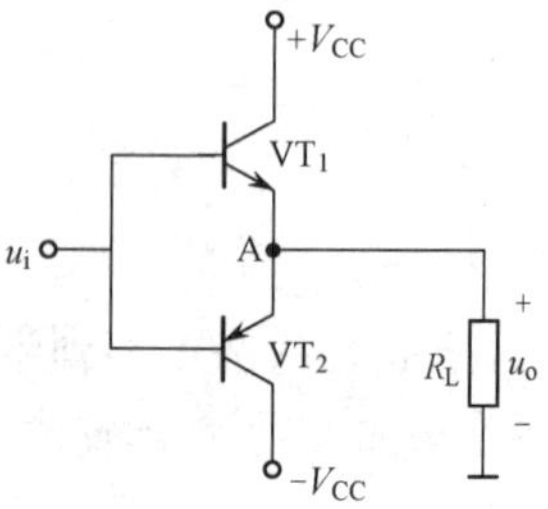

图 3-4　乙类 OCL 功放

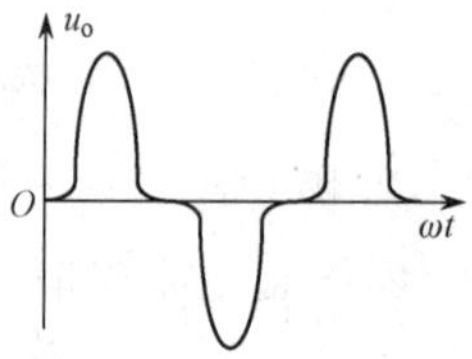

图 3-5　交越失真

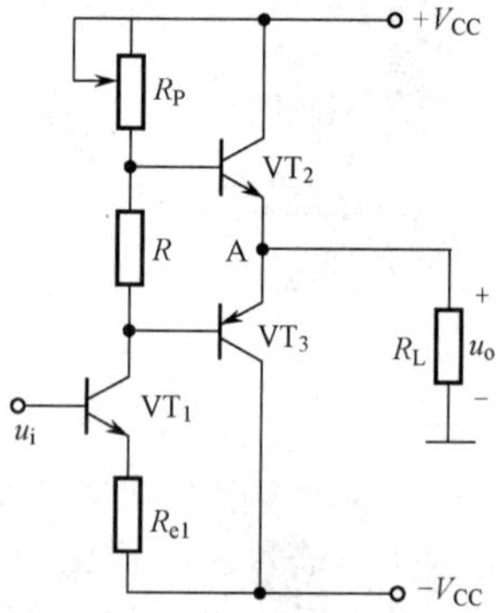

图 3-6　带有前置放大级的甲乙类 OCL 功放

需要说明的是，因温度变化对功放管与二极管 PN 结的影响是一致的，该电路中的电阻 R 如用二极管来替代，则可保持 VT_2、VT_3 静态下的微导通状态不受温度影响，即电路具有温度补偿作用，效果更好。

2．输出无变压器（Output Transformerless，OTL）功率放大器

1）乙类 OTL 功放

乙类 OTL 功放电路如图 3-7 所示。类似于乙类 OCL 功放，静态时功放管 VT_1、VT_2 均截止，电路工作于乙类状态。且 VT_1 与 VT_2 互补对称，故也是互补对称电路。与乙类 OCL 功放不同的是电路中少一个电源，输出端增加了耦合电容 C。由于电路结构对称，静态时中点 A 的电位 $V_A=V_{CC}/2$，电容 C 的端电压 $U_C=V_{CC}/2$。因此，输出耦合电容 C 在 VT_2 工作时起到一个值为 $V_{CC}/2$ 的直流电源的作用。

当 u_i 处于正半周时，VT_1 导通、VT_2 截止，VT_1 的集电极电流自电源 V_{CC} 经 VT_1 的 C、E 极给电容 C 充电，再通过负载 R_L，在负载 R_L 上有正半周输出。当 u_i 处于负半周时，VT_1 截止、VT_2 导通，VT_2 的集电极电流由电容 C 经 VT_2 的 E、C 极向负载 R_L 放电，负载 R_L 上有负半周

输出。

可见，OTL 功放中，两只功放管也交替工作，共同完成对输入信号的放大。

理想条件下，乙类 OTL 功放的输出电压振幅最多可达 $V_{CC}/2$，对应的输出功率最大值为 $P_{o(max)}=\frac{1}{2}\frac{U_{om(max)}^2}{R_L}=\frac{1}{8}\frac{V_{CC}^2}{R_L}$，效率 $\eta=\frac{P_o}{P_G}$的最高值 $\eta_{max}=\frac{\pi}{4}=78.5\%$，最大管耗 $P_{c(max)}=0.4P_{o(max)}$，每管的最大管耗为 $0.2P_{o(max)}$。

2）甲乙类 OTL 功放

乙类 OTL 功放同样会存在交越失真问题，实用中常使用工作在甲乙类的 OTL 电路。图 3-8 为带有前置放大级的甲乙类 OTL 典型电路。VT_1、R_{P1}、R_1、R_2、C_2、R_3、R_4、R_{P2} 构成的前置放大级是共发射极放大器，为功率放大级提供足够的驱动信号；VT_2、VT_3、R_3、R_4、R_{P2}、C_3 构成甲乙类 OTL 功放；R_4、C_4 构成"自举电路"；C_1 是输入耦合电容；R_L 是负载。

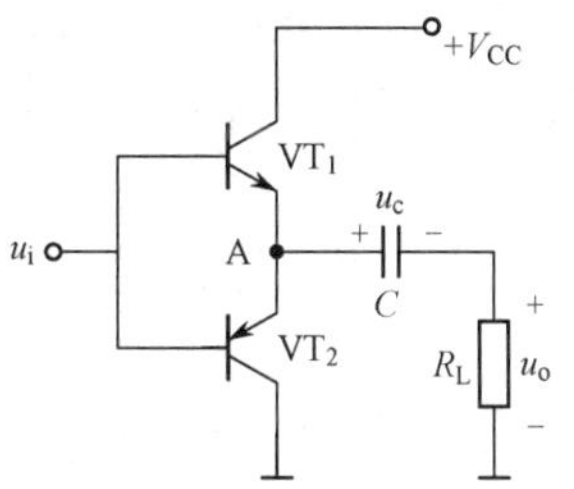

图 3-7　乙类 OTL 功放

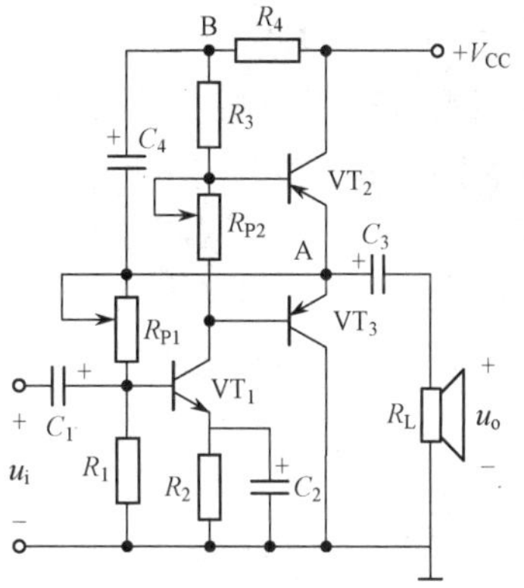

图 3-8　带有前置放大级的甲乙类 OTL 功放

R_{P1} 的作用：实现对静态时中点电位的调整，原理如下：

$R_{P1}\uparrow\rightarrow V_{B1}\downarrow\rightarrow I_{E1}\downarrow\rightarrow I_{C1}\downarrow\rightarrow I_{R3}(\approx I_{C1})\downarrow\rightarrow V_{B2}(=V_{CC}-R_4I_{R3}-R_3I_{R3})\uparrow\rightarrow V_A(=V_{B2}-U_{BE2})\uparrow$

同理，调小 R_{P1} 的值，将使中点电位 V_A 下降。

R_{P2} 的作用：通过调节 R_{P2} 可以改变两只功放管的基极电位之差，使之满足静态工作点的需要，从而达到减小交越失真的目的。

C_3 的作用：减少耦合低频交流信号时的损耗和兼作 VT_3 的直流电源。

R_4、C_4 构成"自举电路"。其作用是：对交流信号而言，使 VT_2、VT_3 所构成的放大器呈共发射极接法，从而提高电路的功率增益。

与 OCL 功放性能相比，OTL 功放只需单电源供电，但输出端有大容量的电解电容，由于容量大，电容器内铝箔卷绕圈数多，故电感效应大，对不同频率的信号产生不同的相移，使输出信号有附加失真。OCL 功放无附加失真问题，但需要双电源供电，也给使用带来不便。

3．功放管的安全使用知识

为确保功放管的正常工作，使用前必须认真查阅产品手册，了解其性能、参数和使用条件，特别是散热条件。事实上，功放管常常因过热而损坏，过热的重要原因（主要是集电结温度）是其实际耗散功率超过额定数值 P_{CM}。因而改善功放管的散热条件，可在同样的结温下提高集电极最大耗散功率 P_{CM}，也可提高输出功率。

在大功率放大电路中，功放管通常要加散热器，且常把散热器表面钝化、涂黑以利于热辐射，将散热器垂直或水平放置以利于通风，增强散热效果。常见的散热器外形和在电路中的安装方式如图 3-9 所示。在小功率放大电路中，功放管一般不加散热器。

图 3-9　常见的散热器外形和在电路中的安装方式

知识链接三　集成功率放大器及其应用

1．集成电路及其种类

集成电路是用各种不同的方法，把许多三极管等半导体元件、电阻、小容量电容及连接导线等集中制造在一小块半导体基片上形成的具有特定功能的电路器件。由于集成电路实现了元件、电路和系统的三结合，因此它的元件密度高、引线短、外部焊点和接线大为减少，从而使电子设备体积大为减小、质量大为减轻、可靠性大为提高、装配和安装更加灵活与方便，成本大为降低，为电子技术的应用开辟了一个崭新的时代。

集成电路的家族庞大、种类很多。一般按它实现的功能、制作工艺、集成度（一块基片上所集中制造出的电子元器件数量）及封装形式等来分类。

（1）按集成电路的功能分类有模拟集成电路、数字集成电路和模数混合集成电路等。

（2）按集成电路的制作工艺分类有半导体集成电路、膜集成电路和混合集成电路等。其中，半导体集成电路应用最为广泛，根据导电类型的不同，又将它分为双极型（放大元件是三极管）和单极型（放大元件是场效应管）两类。

（3）按集成电路的封装外形分类有圆壳式、单列直插式、扁平式及双列直插式四类。各类集成电路的封装外形如图 3-10 所示。

（a）圆壳式　　（b）单列直插式

（c）扁平式　　（d）双列直插式

图 3-10　集成电路封装外形

（4）按集成电路的集成度分类有1～10个等效门/片或10～100个元件/片的小规模集成电路（SSI）、10～100个等效门/片或100～1000个元件/片的中规模集成电路（MSI），10^2～10^4个等效门/片或10^3～10^5个元件/片的大规模集成电路（LSI），10^4个以上个等效门/片或10^5个以上个元件/片的超大规模集成电路（VSI）。

2．集成功率放大器及其应用

集成功率放大器具有体积小、工作稳定、易于安装和调试的优点，了解其外特性和外电路的连接方法，就能组成各种实用电路，因而应用广泛。下面举例介绍几种常用的集成功率放大器。

1）LM386及其应用

（1）LM386简介。LM386是小功率音频集成功放，其外形如图3-11（a）所示，采用8脚双列直插式塑料封装。其引脚排列如图3-11（b）所示。当输入信号从2脚输入时，构成反相放大器；从3脚输入时，构成同相放大器。其每个输入端的输入阻抗都为50kΩ，对地直流电位接近于0。其额定工作电压为4～16V。当电源电压为6V时，静态工作电流为4mA，适合用电池供电；在1、8脚之间外接电阻、电容元件可调节电压增益；频响范围较宽，可达数百kHz；最大允许功耗为660mW（25℃），且不需要散热片。工作电压为4V，负载电阻为4Ω时，输出功率（失真为10%）是300mW；工作电压为6V，负载电阻为4Ω、8Ω、16Ω时，输出功率分别是340mW、325mW、180mW。

（2）用LM386组成OTL应用电路。图3-12所示为用LM386组成的OTL应用电路。2脚接地，信号从同相输入端3脚输入，5脚通过220μF电容向扬声器R_L提供信号功率。7脚接20μF去耦电容，也可不用。1、8脚之间接10μF电容和20kΩ电位器，用来调节增益；电阻越小，电压增益越大；这两脚间也可开路使用。5脚所接电阻、电容串联网络是为防止电路自激振荡，常可省去，即LM386作音频功放时，最简单的电路只需外接输出电容和扬声器。如需要更高增益，可在1、8脚之间再接一只10μF的电容。

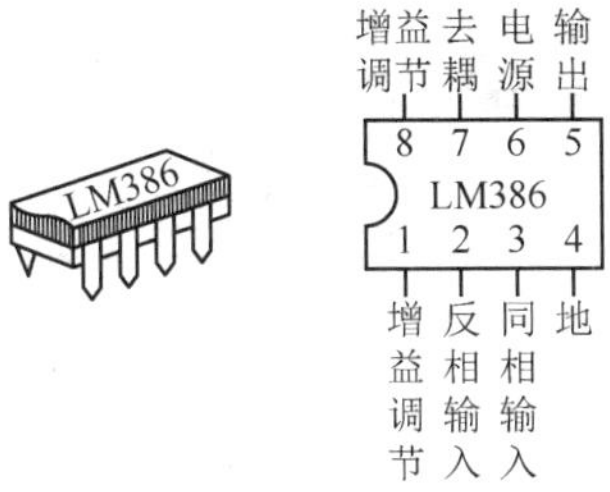

（a）外形图 （b）引脚排列图

图3-11 LM386外形及引脚排列

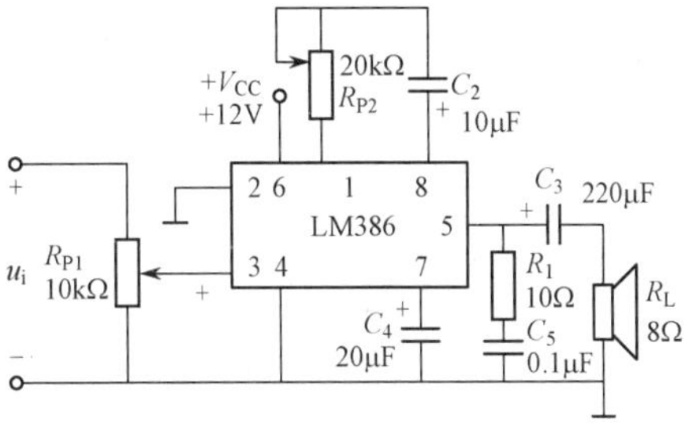

图3-12 用LM386组成的OTL电路

（3）用LM386组成BTL应用电路。图3-13所示为用LM386组成的BTL电路。两集成功放LM386的4脚接地，6脚接电源，3脚与2脚互为短接，输入信号从一组（3脚和2脚）输入，负载R_L接在两5脚之间。BTL电路的输出功率一般为OTL、OCL的四倍，是目前大功率音响电路中较为流行的音频放大器。图中电路最大输出功率可达3W以上。其中，500kΩ电位器用来调整两集成功放输出直流电位的平衡，一般情况下输出端电位相差不大，该电位器可省去。

2）TDA2030及其应用

（1）TDA2030简介。TDA2030是一种质量较好的超小型5引脚单列直插式塑封集成音频功放。它的特点是外引脚和外接元件少；瞬态失真低，频响较宽；内部有完善的过载保护电路，输出过载时不会损坏；可单电源使用，也可双电源使用；单电源使用时，散热片可直接固定在金属板上与地线相连，十分方便。因此，这种集成功放常被用在高保真组合音响中。

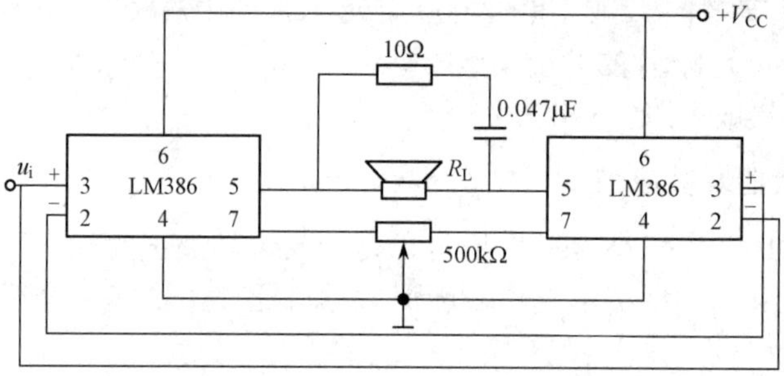

图 3-13　用 LM386 组成 BTL 电路

TDA2030 外形及引脚如图 3-14（a）所示。其电源电压范围为±6～±18V，静态电流小于 60μF，频响为 10Hz～140kHz，谐波失真小于 0.5%。在电源电压为±14V，负载为 4Ω 时，输出功率为 14W。

（2）用 TDA2030 组成 OCL 功放电路。图 3-14（b）所示为用 TDA2030 组成的 OCL 应用电路。VD_1、VD_2 组成电源极性保护电路，防止电源极性接反而损坏集成功放。C_3、C_5 与 C_4、C_6 为电源滤波电容，100μF 电容并联 0.1μF 电容是为了消除 100μF 电解电容的电感效应。

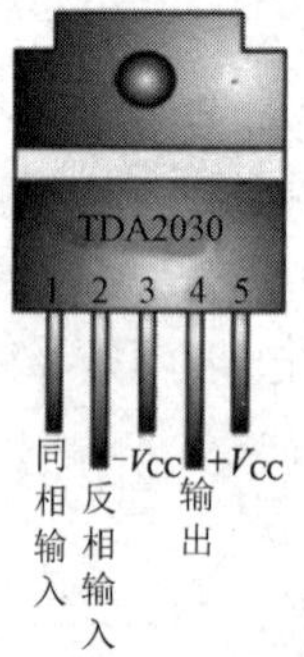

（a）外形及引脚排列

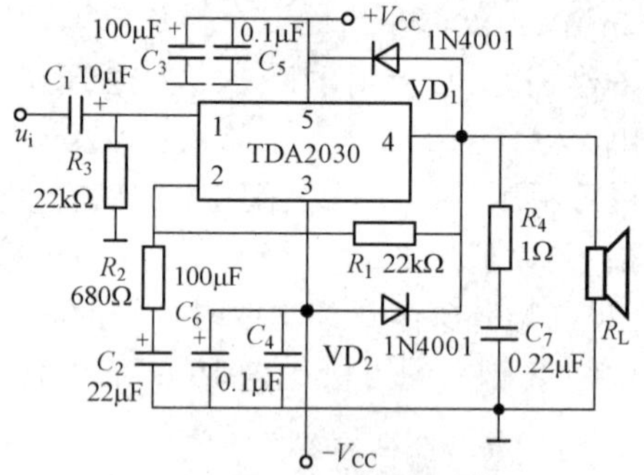

（b）用TDA2030组成的OCL电路

图 3-14　TDA2030 的外形、引脚排列及用其组成的 OCL 电路

查一查

查阅各种资料，了解功放电路的应用实例，了解集成功放的类型和功用。

做一做

集成功率放大器的识别

（1）查阅资料，识读表 3-1 中所列各集成功放的型号，了解各集成功放的主要技术参数。

（2）查阅资料，识读表 3-1 中所列各集成功放的引脚，填写表 3-1。

表 3-1　集成功放的引脚号与引脚功能

型　号	引脚号与引脚功能
TDA7294	

续表

型　　号	引脚号与引脚功能
LM1876	
LM386N-1	
LM3886TF	
LM478	

（3）在图 3-15 中画出 TDA7294 和 LM3886 的引脚排列。

（a）TDA7294　　（b）LM3886

图 3-15　引脚排列示意图

技能实训　装接与测试用 TDA2030 组成的 OCL 功率放大器

【实训目标】

（1）能正确识读用 TDA2030 组成的 OCL 功放电路；

（2）熟悉常用电子元器件的常用检测方法和电子电路的一般工艺要求；

（3）进一步了解 TDA2030 的引脚功能和 OCL 功放电路的工作原理及主要性能；

（4）正确使用双路直流稳压电源、双踪示波器、函数信号发生器、交流毫伏表、万用表等仪器设备。

【实训设备与器材】

多功能电路板 1 块，双路直流稳压电源 1 台，双踪示波器 1 台，函数信号发生器 1 台，交流毫伏表 1 台，万用表 1 块，镊子 1 把，电烙铁等焊接工具一套，元器件一套（详见表 3-2）。

【实训内容与步骤】

做一做

（1）识读图 3-14（b）所示电路。

（2）根据元器件及材料清单，清点并检测元器件。将测试结果填入表 3-2 中，正常的填“√”，如元器件有问题，及时提出并更换。将正常的元器件对应粘贴在表 3-2 中。

表 3-2　装接 TDA2030 构成 OCL 功放电路的元器件及材料清单

序　　号	名　　称	型 号 规 格	数　　量	配 件 图 号	测 试 结 果	元件粘贴区
1	电阻器	22k /0.125～0.25W	2 个	R_1		
2				R_3		
3		680 /0.125～0.25W	1 个	R_2		

续表

序　　号	名　　称	型 号 规 格	数　　量	配 件 图 号	测 试 结 果	元件粘贴区
4		1 /0.125～0.25W	1 个	R_4		
5	电解电容器	10 F/25V	1 个	C_1		
6		22 F/25V	1 个	C_2		
7		100 F/25V	2 个	C_3		
8				C_6		
9	涤纶电容器	0.1 F	2 个	C_4		
10				C_5		
11		0.22 F	1 个	C_7		
12	二极管	1N4001	2 只	VD_1		
13				VD_2		
14	集成块	TDA2030	1 个			
15	铝散热片	U 形或指叉形	1 个			
16	扬声器	8Ω/2W	1 个	R_L		
17	电路板接插件	2P（插头带引线）	1 对			
18	松香、焊锡丝、导线		若干			

（3）对元器件成形时要注意元器件成形尺寸符合多功能电路板插孔间距。

（4）参照图 3-16，画出装配图后，在多功能电路板上进行电路装接。接好后复查。

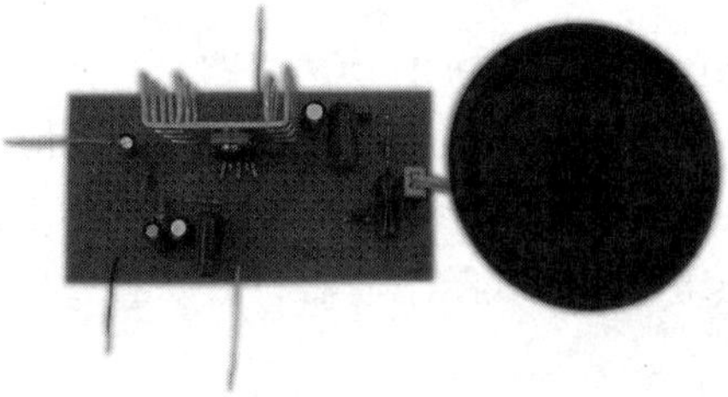

图 3-16　用 TDA2030 组成的 OCL 功放电路实物

（5）检查无误后，接通±9 V 电源。

（6）用镊子触碰 C_1 的负极，听扬声器是否随镊子的触碰发出“喀啦”声。如无，说明电路有故障，需加以排除。

故障排除过程：________________________________。

（7）在无输入信号情况下，用示波器观察有无输出波形，以确定是否存在自激振荡现象。若有，可适当增大 C_4 的容量，直至自激振荡现象消失。

（8）用万用表直流电压挡测量 TDA2030 各引脚的电压值并记入表 3-3 中。

表 3-3　TDA2030 各引脚的电压值实测数据记录表

引　脚　号	1	2	3	4
直流电压（V）				

（9）测算最大不失真功率。

①用函数信号发生器输入 1kHz 的 u_i 正弦信号，用示波器监测 u_o 波形，并缓慢增大输入信号的幅值，直至输出信号刚好达到最大不失真波形；

②用交流毫伏表测出输出电压 U_o；

③利用 $P_{om}=\dfrac{U_o^2}{R_L}$计算出最大不失真功率。

（10）测算功率放大电路的效率 η。

①在功率放大电路输出最大不失真信号状态下，用万用表直流电流挡测量电源电流 I_{CC}，并记录；

②计算电源供给功率 $P_{CC}=I_{CC}V_{CC}$；

③利用 $\eta=\dfrac{P_{om}}{P_{CC}}$计算出电路的效率。

（11）适当改变输入 u_i 信号的频率和幅值，比较扬声器发出声音的变化。

（12）保持输入 u_i 信号的频率和幅值不变，把电源电压改变为±6 V，用交流毫伏表测出此时的输出电压 U_o，同时注意扬声器发出的音量变化，并分别与电源电压为±9 V 时的情况比较。

【实训注意事项】

（1）电路装接要按工艺要求实施，布局合理，走线美观；

（2）电解电容、二极管的电极和集成功放的引脚不能接错，以免损坏元器件；

（3）散热片不得与其他元器件金属部分相碰，以免造成短路；

（4）TDA2030 的工作电压范围为±6～±18 V，但这里因负载的额定功率较小，故务必不可调大电源电压值；

（5）电路装接好，经检查无误后，才可通电，且不能带电改装电路。

想一想

OCL 功放电路的输出功率与哪些因素有关？

【实训考核】

考核要素和考核表样式参见附录 A。

练一练

习题 3.1

1．什么是功率放大器？它有哪些基本要求？

2．功率放大器有哪些常见类型？常用的集成功放有哪些？

3．什么是 OCL 电路？什么是 OTL 电路？它们各有什么优缺点？

4．判断题

（1）OTL、OCL 功率放大器的中点电压是判断电路工作是否正常的关键点。其中 OTL 功率放大器的中点电压为 $V_{CC}/2$，OCL 功率放大器的中点电压为 0V。　（　　）

（2）功率放大器除放大电压外，不能放大电流。　（　　）

5．选择题

（1）甲类功率放大器的效率最高可达（　　）。

A．30%　　B．50%　　C．78.5%　　D．79.5%

（2）互补对称乙类功率放大器的效率最高，但会存在（　　）失真。

A．饱和失真　　B．两边失真　　C．交越失真　　D．频率失真

任务二　集成运算放大器应用电路的安装与使用

【学习目标】

◇ 了解集成运放的电路结构及抑制零点漂移的方法，理解差模与共模、共模抑制比的概念

◇ 掌握集成运放的符号，能识读集成运放器件的引脚并知道其功能

◇ 了解集成运放的主要参数，了解集成运放的理想特性

◇ 能识读由理想集成运放构成的常用电路（反相输入、同相输入、差分输入运放电路和加法、减法运算电路），会估算输出电压值

◇ 了解集成运放的使用常识，会根据要求正确选用元器件

◇ 会安装和使用集成运放组成的应用电路

◇ 了解负反馈应用于运放电路中的类型

看一看

集成运放电路的主要特点是什么？

观察教师的演示实验。

（1）按图 3-17（a）、（b）所示连接电路；

（2）用函数信号发生器产生 f=1kHz 的交流信号作为输入，并保持不变，调节图 3-17（a）中（$R_{f1}+R_{P1}$）值分别为 10kΩ、50kΩ、100kΩ，用示波器观察输出电压的波形，并记录每种情况下 U_o 的值，分别计算放大倍数；

（3）把 $R_{f1}+R_{P1}$ 调到 100kΩ，把图 3-17（a）、（b）两个电路的输入并接于函数信号发生器的输出端，保持输入信号大小不变，改变其频率，用双踪示波器分别观察图 3-17（a）、（b）两个电路输出电压 u_o 波形的幅度变化情况。

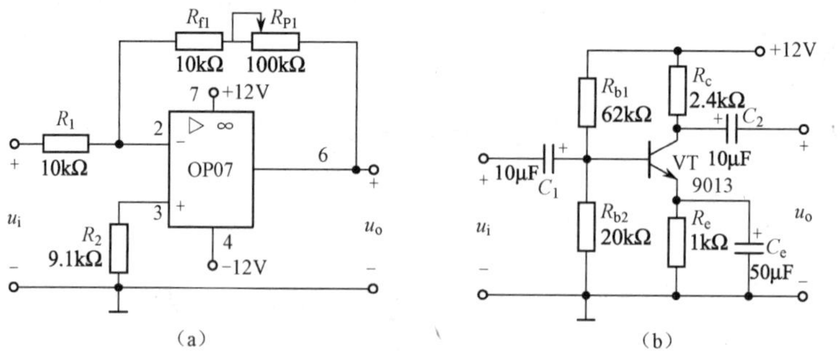

图 3-17　实验原理图

想一想

上述实验说明什么问题？

【实验结论】

（1）图 3-17（a）电路的放大倍数基本等于（$R_{f1}+R_{P1}$）$/R_1$，与电路的其他参数基本无关；放大倍数的调节很方便；

（2）图 3-17（a）电路与图 3-17（b）电路相比，通频带大得多。

学一学

集成运算放大器为什么有上述特性呢？它还有哪些特性？它可组成哪些常用电路？如何正确选用它呢？让我们进入以下学习单元吧！

知识链接一　零点漂移及其抑制措施

1. 零点漂移

在测量或控制等实际应用中，常需对一些变化缓慢又无规则的微弱信号，如来自温度传感器的温度变化信号、来自压力传感器的压力变化信号等，进行高放大倍数的放大，这就需要用多级高放大倍数的直流放大器。由于这些信号无法通过电容器和变压器传输，故只能采用直接耦合方式。

对于直接耦合放大器，在输入端短路（输入信号为零）时，输出电压不为零（或起始值），而是产生偏离并上下漂动的现象称为零点漂移，简称零漂，如图 3-18 所示。

产生零漂的原因主要有电源电压波动、温度变化、元器件老化等，其中温度变化是最主要的因素。在高放大倍数的多级直接耦合放大器中，各级的零漂会被逐级放大，在末级输出端产生较大的漂移电压，使信号电压和漂移电压无法区分，严重时漂移电压甚至湮没信号电压。

抑制零漂的有效措施除了精选元件、对元件进行老化处理、选用高稳定度电源的方法外，通常是在直接耦合多级放大器的第一级采用差分放大器（又称差动放大器）。

2. 典型差分放大电路

1）典型差分放大电路的结构

图 3-19 所示为典型差分放大电路。它由两个特性相同的单管放大器组成，元件参数对应相等，电路结构对称；由两组电源供电，两管的发射极连接，有共用的发射极电阻 R_e，输入信号由两管的基极输入，输出信号由两管的集电极输出。

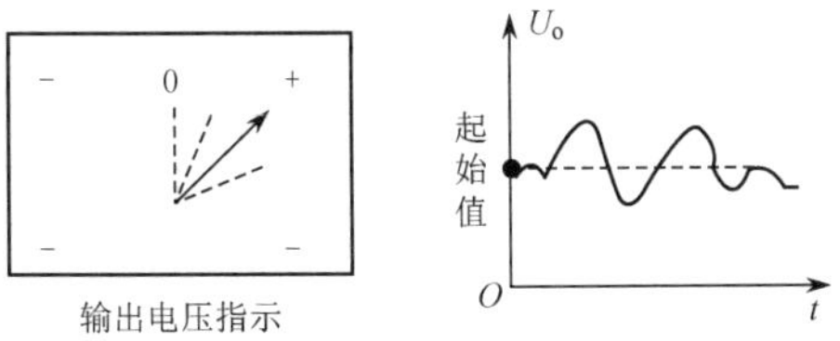

图 3-18　零点漂移现象

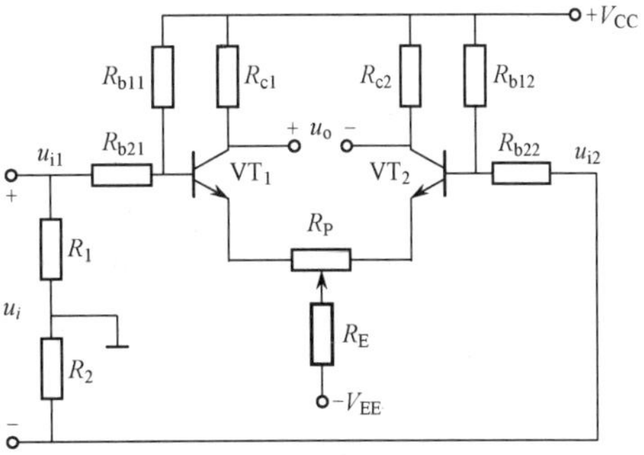

图 3-19　典型差分放大电路

2）典型差分放大器抑制零漂的原理

因电路完全对称，所以在没有输入信号即 $u_i=0$ 时，有 $I_{C1}=I_{C2}$、$U_{O1}=U_{O2}$，输出 $U_O=U_{O1}-U_{O2}=0$。当温度变化时，根据对称原则，两管输出电压的变化量相等，使 $U_{O1}'=U_{O2}'$，输出电压 $U_O'=U_{O1}'-U_{O2}'=0$。可见，两管的零漂在输出端相互抵消，从而有效地消除了整个放大器输出端的零漂。

3）共模抑制比 K_{CMR}

为了衡量差分放大器放大差模信号及抑制共模信号的能力，引入了共模抑制比 K_{CMR}，即差模电压放大倍数 A_{ud} 与共模放大倍数 A_{uc} 的绝对值之比。其定义式为

$$K_{CMR}=\left|\frac{A_{ud}}{A_{uc}}\right|$$

其中，A_{ud} 为差分放大器的差模放大倍数，代表差分放大器对差模信号的放大能力；A_{uc} 为差分放大器的共模放大倍数，代表差分放大器对共模信号的放大能力。

所谓差模信号，即大小相等而极性相反的两个信号。图 3-20（a）中的 u_1 和 u_2 是一对差模交流电压。在图 3-19 所示电路中，输入信号经 R_1 和 R_2 被分解为 u_{i1} 和 u_{i2}，且 $u_{i1}=-u_{i2}=\frac{u_i}{2}$，作为差模信号输入放大器放大。

所谓共模信号，即大小相等且极性相同的两个信号。图 3-20（b）、（c）中的 u_3 和 u_4 是一对共模交流电压。在图 3-20 所示电路中，温度对两个单管放大器产生的影响，相当于给它们加入了一组共模输入信号。

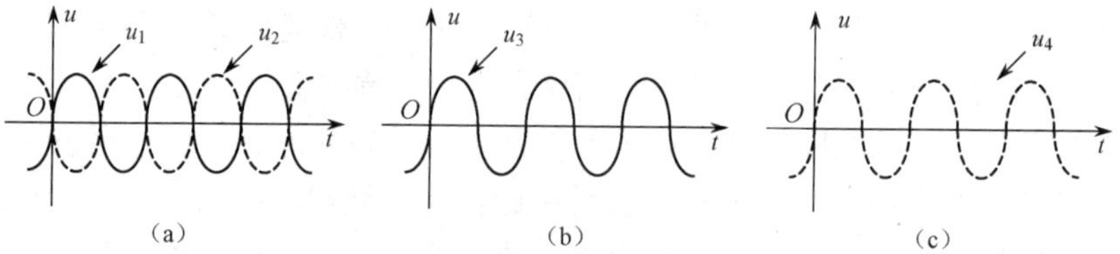

图 3-20　差模信号与共模信号

共模抑制比 K_{CMR} 越大，差分放大器的性能越好。理想差分放大器的 K_{CMR} 为无穷大，即其 A_{uc} 为零。

知识链接二　集成运放及其主要参数

1. 集成运放的结构

集成运算放大器（简称集成运放或运放）是一种内部为直接耦合的高放大倍数的集成电路。虽然它的应用实际上已远远超出数学运算的范围，但仍保留着“运算放大器”的名称。

集成运放内部电路可分为输入级、中间级和输出级三个部分，其结构框图如图 3-21 所示。它的输入级一般采用差分放大器，以抑制零点漂移；中间级一般采用多级共发射极放大器，以提供高的电压放大倍数；输出级常采用射极输出器等电路，以提供较大的输出功率和提高电路带负载能力。

2. 集成运算放大器的外形和符号

集成运放的封装外形主要有圆壳式、双列直插式和扁平式。国产集成运放的封装外形主要采用圆壳式和双列直插式。

国产集成运放的型号，按国标规定的命名方法统一命名。各个品种的型号由字母和阿拉伯数字两部分组成。第一部分统一采用“CF”两个字母，C 表示国标，F 表示线性放大器；第二部分是阿拉伯数字，表示运放的品种。

集成运放的图形符号如图 3-22 所示。图中“▷”代表信号的传输方向；“∞”代表理想情况下的开环差模电压增益 $A_{ud}=\frac{u_o}{u_{id}}$无穷大；信号传输端有三个：左侧用“－”表示的是反相输入端，用“＋”表示的是同相输入端，右侧用“＋”表示的是输出端。如输入信号由同相输入端输入，则输出信号与输入信号同相；如输入信号由反相输入端输入，则输出信号与输入信号反相。集成运放的引脚有多个，在画原理电路图时，通常只画出输入和输出端。

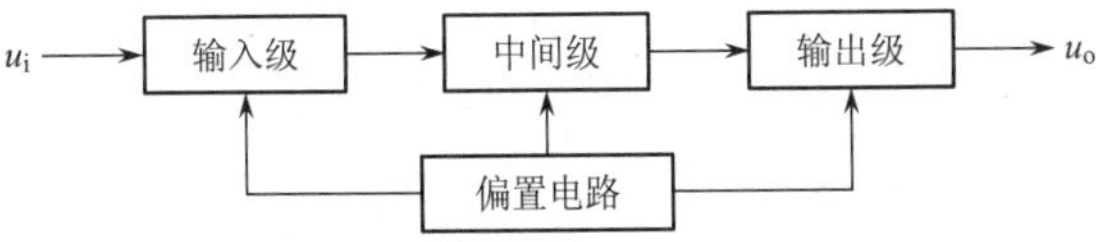

图 3-21　集成运放结构框图

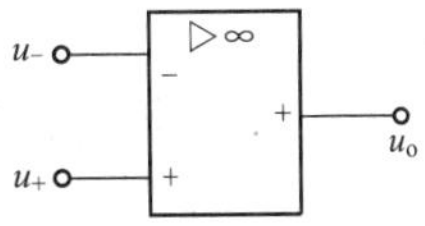

图 3-22　运算放大器的图形符号

集成运放的引脚多少，主要取决于其内部电路的功能，使用时要注意引脚顺序及功能。下面介绍几种常用的集成运放。

1）CF741 通用型单运放

CF741 与国外的 LM741、μA741、MC741 等型号可互换使用，是最通用的集成运放之一，有金属圆壳封装与塑料双列直插式封装两种。图 3-23 所示的是 CF741 的实物外形。图 3-25（a）所示为双列直插式CF741 的引脚及接线图。在引脚向下、标志在左时，引脚序号自下而上逆时针方向排列。7 脚接正电源（＋9～＋18V），4 脚接负电源（－18～－9V），6 脚为输出端，1、4、5 脚外接调零电位器，3 脚为同相输入端，2 脚为反相输入端，8 脚为空脚。

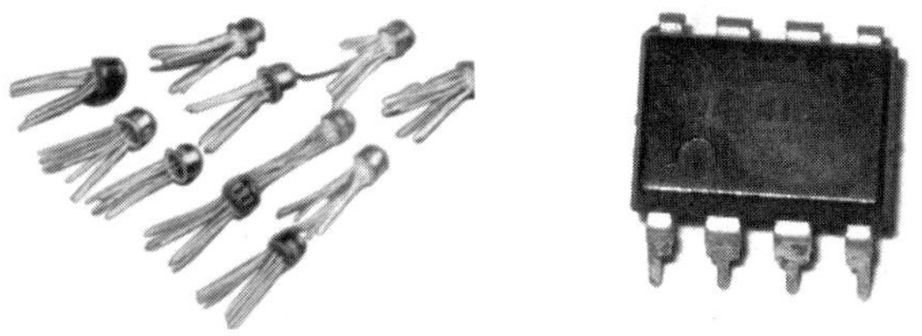

（a）圆壳式　　（b）双列直插式

图 3-23　CF741 的实物外形

2）OP07 低噪声高精度单运放

OP07 具有非常低的输入失调电压（最大为 25μV），在很多应用场合不需要额外的调零措施，且输入偏置电流低（±2nA）、电源电压范围大（±3～±22V）、开环增益高（300V/mV）。这种输入失调电压低、开环增益高的特性使得 OP07 特别适用于高增益的测量设备和放大传感器的微弱信号等方面。它可替代 725、108A、741、AD510 等电路。图 3-24 所示的是 OP07 的实物外形。图 3-25（b）所示为双列直插式 OP07 的引脚及接线图。1、4、8 脚外接调零电位器，2 脚为反相输入端，3 脚为同相输入端，4 脚接负电源，5 脚为空脚，6 脚为输出端，7 脚接正电源。

3）CF747 型双运放

CF747 由两个独立的单运放组成，与国外的 LM747、μA747、MC747 等型号可互换使用。图 3-26 所示为双列直插式 CF747 的实物外形和引脚排列。1、7 脚分别是两运放的反相输入端，2、6 脚分别是两运放的同相输入端，10、12 脚分别是两运放的输出端，9、13 脚分别是两运放的正电源端，4 脚是两运放共用的负电源端，3、5 脚和 8、14 脚分别是两运放的调零端，11 脚是空脚。

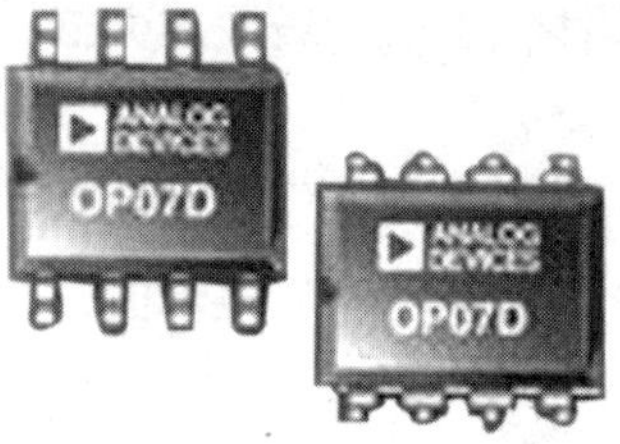

图 3-24　OP07 的实物外形

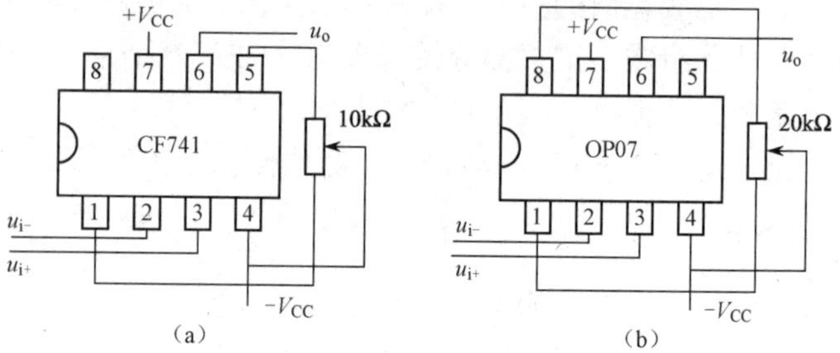

图 3-25　CF741 和 OP07 的引脚及接线

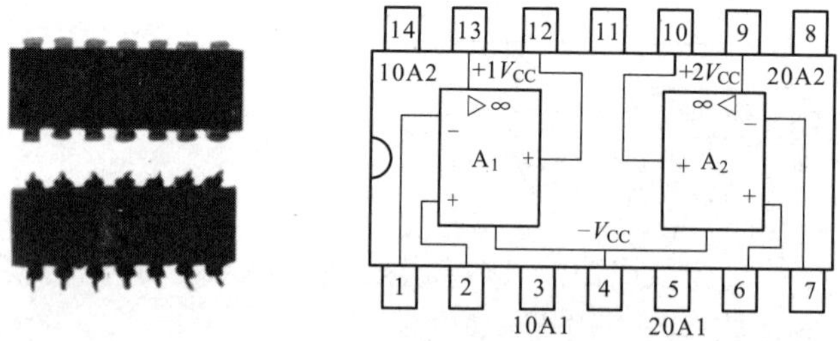

图 3-26　CF747 的实物外形和引脚排列

不同类型运放的引脚排列和引脚功能是不同的，应用时可查阅产品手册来确定。

做一做

借助资料识别集成运放器件的型号、引脚排列和各引脚的功能。

（1）识读表 3-4 中所列各集成运放的型号，了解各集成运放的主要技术参数。

（2）识读表 3-4 中所列各集成运放的引脚，填写表 3-4。

表 3-4　集成运放的引脚号与引脚功能

型号	引脚号与引脚功能
CF741MJ	
μA741	
OP07CP	
CF353CP	
CF747AMJ	
CF224AL	

（3）在图 3-27 中，完成 CF353CP 和 CF224ALJ 的引脚排列示意图。

（a）CF353CP引脚排列示意图　　（b）CF224ALJ引脚排列示意图

图 3-27　集成运放的引脚排列示意图

3．集成运放的主要参数

评价集成运放性能的参数很多，以下为主要参数。具体的参数值可根据运放的型号，从产品手册中查阅。

1）开环电压增益 A_{uo}

A_{uo} 是指集成运放在无外加反馈的开环情况下，工作于线性区时对差模信号的电压增益，通常表示为对数形式 $20\lg A_{uo}$dB。集成运放构成运算电路时很少开环使用，一般都要外加反馈网络。因此，该参数更多地是用来反映运算精度，A_{uo} 越大，运算精度就越高。该参数的理想值为无穷大，实际产品的典型值在 100～120dB。

2）输入电阻 r_i 和输出电阻 r_o

r_i 是指集成运放开环情况下两输入端之间对差模输入信号所体现出的动态电阻。其理想值为无穷大，实际值为几百千欧至几兆欧。该参数越大的运放性能越好。

r_o 是指集成运放开环下的输出端对地的动态电阻。其理想值为零，实际产品的典型值为几十欧。该参数小的运放性能好。

3）共模抑制比 K_{CMR}

K_{CMR} 是指集成运放在开环下工作时的差模电压增益 A_{ud} 与共模电压增益 A_{uc} 之比。它通常表示为对数形式，即 $K_{CMR}=20\lg\left|\dfrac{A_{ud}}{A_{uc}}\right|$dB

K_{CMR} 的大小体现了集成运放抑制零点漂移的能力强弱。其理想值为无穷大，实际值通常可达 80dB 以上。

4．集成运算放大器的理想特性

由于集成运放在性能上的特点，实际应用中，常常把它近似地看作“理想运放”。这样，可大大简化对电路的分析过程。

1）理想运放的特性

①输入信号为零时，输出端恒定地处于零电位；②输入电阻 $r_i=\infty$；③输出电阻 $r_o=0$；④频带宽度 BW 从 $0\to\infty$；⑤开环电压放大倍数 $A_{uo}=\infty$。

2）集成运放线性应用的两个重要推论

（1）虚短。由于理想运放的开环放大倍数为∞，即只需要理想运放两输入端之间有微量的电位差（又称净输入电压），就能实现一定的电压输出。就是说，集成运放的同相输入端与反相输入端的电位相等或近似相等，$u_+\approx u_-$。理想运放的两输入端相当于短路，但不是真正的短路，我们把满足这个条件称为“虚短”。虚短的必要条件是运放引入深度负反馈。

（2）虚断。由于理想运放的输入电阻无穷大，两输入端之间的电位差又很小，表明理想运放几乎不需要从输入端输入电流，$i_+=i_-\approx 0$。就是说，理想运放两输入端相当于断路，但不是真正的断路，故称为“虚断”。

虚短和虚断是理想运放的重要特性，也是对运放电路作应用分析的重要依据。需要注意的是，虚短只适用于运放的线性工作情况，而虚断适用于运放的线性和非线性工作情况。

知识链接三　集成运放的常见应用电路

1．比例运算电路

1）反相比例运算电路

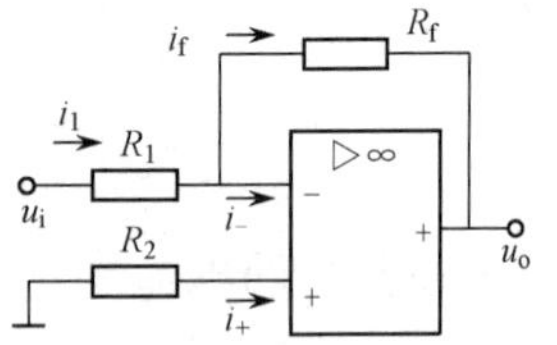

图 3-28　反相比例运算电路

（1）电路的组成。

图 3-28 所示为反相比例运算电路。该电路的放大器件为集成运放，R_f 引入深度电压并联负反馈以使集成运放工作于线性区。

（2）输出电压与输入电压的关系。

由“虚断”知：$i_+=i_-\approx 0$，得 $i_1\approx i_f$ ，$u_+=-R_2i_+\approx 0$。

由“虚短”知：$u_-\approx u_+\approx 0$。反相输入端并没有接地，却具有接地的特点，这一性质称为“虚地”。“虚地”是工作于线性区的理想运放仅采用反相输入时的一个重要特性。

则 $i_1=\dfrac{u_i}{R_1}$，$i_f=-\dfrac{u_o}{R_f}$，即$\dfrac{u_i}{R_1}=\dfrac{R_f}{R_1}$，可得

$$u_o=-\frac{R_f}{R_1}u_i \qquad A_{uf}=\frac{u_o}{u_i}=-\frac{R_f}{R_1}$$

式中：负号表示输出电压与输入电压反相。可见，输出电压与输入电压存在着比例关系，比例系数为 R_f/R_1，闭环增益与集成运放的参数无关，只取决于 R_f/R_1，故该电路称为反相比例运算电路。

还需说明的是：为改善电路性能，集成运放两输入端在外电路中的对地交流电阻要尽可能相等，这也就是 R_2 存在的原因。显然，$R_2=R_1/\!/R_f$。

（3）反相比例运算电路的特例——反相器。

图 3-28 所示电路中，若 $R_1=R_f$，则 $u_o=-u_i$。这表明该电路无电压放大作用，输出电压与输入电压大小相等，但相位相反。电路只是把输入信号进行了一次倒相，因此，把这种电路称为反相器。反相器的符号如图 3-29 所示。

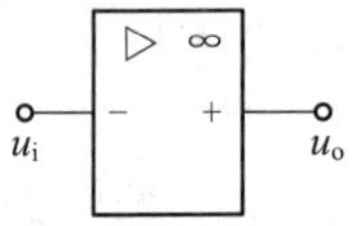

图 3-29　反相器

【例 3-1】　反相比例运算电路如图 3-28 所示。已知，$R_1=7.5\text{k}\Omega$，$R_f=15\text{k}\Omega$，$U_i=-2\text{V}$，试求 U_o 及 R_2 的值。

解：（1）根据式 $u_o=-\dfrac{R_f}{R_1}u_i$ 可得

$$U_o=-15\div 7.5\times(-2)=4\ (\text{V})$$

（2）$R_2=R_1/\!/R_f=7.5\text{k}\Omega/\!/15\text{k}\Omega=5\text{k}\Omega$

2）同相比例运算电路

（1）电路的组成。

图 3-30 所示为同相比例运算电路。电路采用同相输入方式，R_f 引入深度电压串联负反馈以使集成运放工作于线性区，$R_2=R_1/\!/R_f$。

（2）输出电压与输入电压的关系。

由“虚断”和“虚短”易得：$i_1\approx i_f$，$u_-\approx u_+\approx u_i$。

则 $i_1\frac{u_-}{R_1}=\frac{u_i}{R_1}$，$i_f=\frac{u_o-u_i}{R_f}$；即$\frac{u_i}{R_1}=\frac{u_o-u_i}{R_f}$，可得

$$u_o=\left(1+\frac{R_f}{R_1}\right)u_i \qquad A_{uf}=\frac{u_o}{u_i}=1+\frac{R_f}{R_1}\geqslant 1$$

可见，输出电压与输入电压同相且存在着比例关系，比例系数为（$1+R_f/R_1$），闭环增益与集成运放的参数无关，只取决于 R_f/R_1，故该电路称为同相比例运算电路。

（4）同相比例运算电路的特例——电压跟随器。

在图 3-30 所示的同相比例运算电路中，若满足条件 $A_{uf}=1+\frac{R_f}{R_1}=1$，则 $u_o=u_i$，即输出电压的大小和相位都随输入电压的变化而变化。这样的电路就称为电压跟随器。电压跟随器的符号如图 3-31 所示。（实用中 $R_f=0$、$R_1\neq 0$ 或 $R_f\neq 0$、$R_1=\infty$ 也可实现电压跟随器）

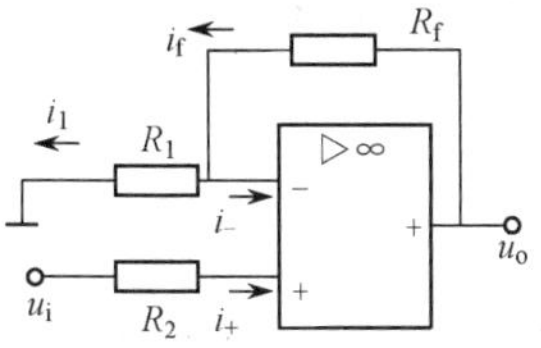

图 3-30　同相比例运算电路

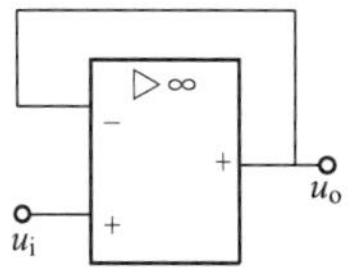

图 3-31　电压跟随器

电压跟随器以其电压跟随性好、输入电阻极大、输出电阻极小等优点，在电子线路中得到了广泛的使用。

【例 3-2】　同相比例运算电路如图 3-30 所示。已知，$R_1=7.5\text{k}\Omega$，$R_f=15\text{k}\Omega$，$U_i=-2\text{V}$，试求 U_o 的值。

解：根据式 $u_o=\left(1+\frac{R_f}{R_1}\right)u_i$ 可得

$$U_o=(1+15\div 7.5)\times(-2)=-6\ (\text{V})$$

2. 加法运算电路

1）电路的组成

图 3-32 所示为反相输入的加法运算电路。R_1、R_2、R_3、R_f 引入深度电压并联负反馈以使集成运放工作于线性区，$R_3=R_1/\!/R_2/\!/R_f$（注：$R_1/\!/R_2/\!/R_f$ 表示并联关系）。

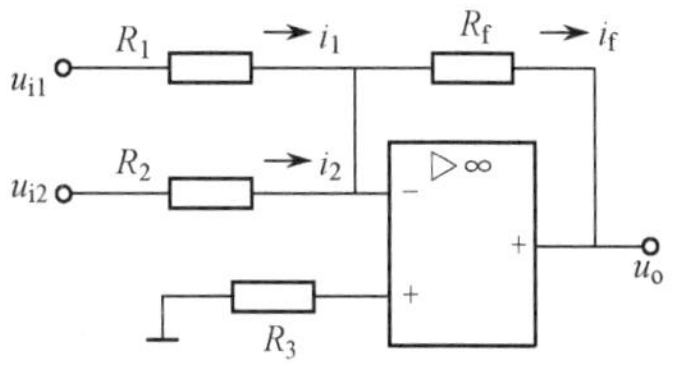

图 3-32　反相输入的加法运算电路

2）输出电压与输入电压的关系

由“虚断”知：$i_1+i_2=i_f$；由反相输入时的“虚地”特性知：$u_-\approx 0$。

则$\frac{u_{i1}}{R_1}+\frac{u_{i2}}{R_2}=-\frac{u_o}{R_f}$，可得 $u_o=-\left(\frac{R_f}{R_1}u_{i1}+\frac{R_f}{R_2}u_{i2}\right)$

特例：当 R_1、R_2、R_f 取值相等时，$u_o=(u_{i1}+u_{i2})$，实现输入信号的反相直接相加。

【例 3-3】　电路如图 3-32 所示。已知，$R_1=7.5\text{k}\Omega$，$R_2=5\text{k}\Omega$，$R_f=15\text{k}\Omega$，试写出输出电压与输入电压的关系式。

解：根据

$$u_o=-\left(\frac{R_f}{R_1}u_{i1}+\frac{R_f}{R_2}u_{i2}\right)$$

代入各已知电阻值，有

$$u_o=-(2u_{i1}+3u_{i2})$$

3. 差分输入运算电路

1）电路的组成

图 3-33 所示为差分输入运算电路。集成运放的两个输入端均有输入信号作用，R_f 引入深度电压负反馈以使集成运放工作于线性区，$R_2 /\!/ R_3=R_1 /\!/ R_f$。

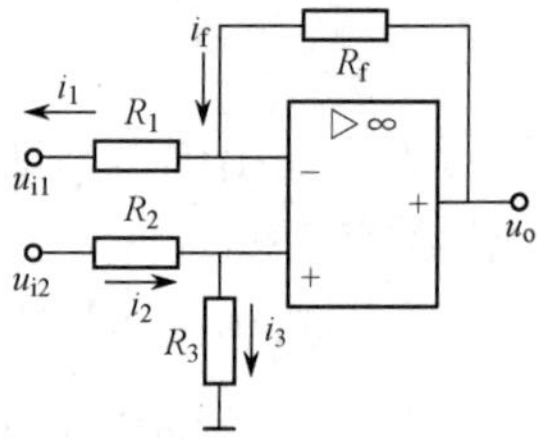

图 3-33　差分输入运算电路

2）输出电压与输入电压的关系

由“虚断”知：$i_2=i_3=\dfrac{u_{i2}}{R_2+R_3}$，$i_1=i_f=\dfrac{u_o-u_{i1}}{R_1+R_f}$

由“虚短”知：$u_-\approx u_+$，即　$R_3\dfrac{u_{i2}}{R_2+R_3}=R_1\dfrac{u_o-u_{i1}}{R_1+R_f}+u_{i1}=\dfrac{R_1}{R_1+R_f}u_o+\dfrac{R_f}{R_1+R_f}u_{i1}$

整理得　$u_o=\dfrac{R_1+R_f}{R_1}\left(\dfrac{R_3}{R_2+R_3}u_{i2}-\dfrac{R_f}{R_1+R_f}u_{i1}\right)$

通常　$R_1=R_2$，$R_3=R_f$，可得　$u_o=\dfrac{R_f}{R_1}(u_{i2}-u_{i1})$

特例　当 $R_1=R_2=R_3=R_f$ 时，$u_o=u_{i2}-u_{i1}$，实现两输入量的直接相减。

知识链接四　集成运放的使用常识

1. 零点调整

运放在使用时，特别是用于运算电路时，为保证精度，必须进行零点调整，简称“调零”。所谓“调零”就是使运放满足当输入为零时输出也为零的条件。调零时，将两输入端短路接地，通过调节外接调零电位器，使输出电压为零。运放的调零电路如图 3-34 所示。值得一提的是，目前已有许多运放产品使用时无须调零。

2. 消除自激振荡

运放的开环放大倍数很大，即使在深度负反馈的工作条件下，也可能出现不稳定，甚至产生自激振荡，这是一种常见现象。为此，常要加阻容补偿网络，来防止这种现象产生，这就是消除自激振荡，简称消振。阻容补偿网络的具体参数和接法可查阅使用说明书。目前，由于大部分集成运放内部已设置了消振电路，故已不需要外加补偿网络了。

3. 保护电路

1）电源极性的保护

利用二极管的单向导电性，可有效防止由于电源极性接反而造成的运放的损坏。如图 3-35 所示，当电源极性接反时，二极管均不导通，相当于电源断路，从而起到保护作用。

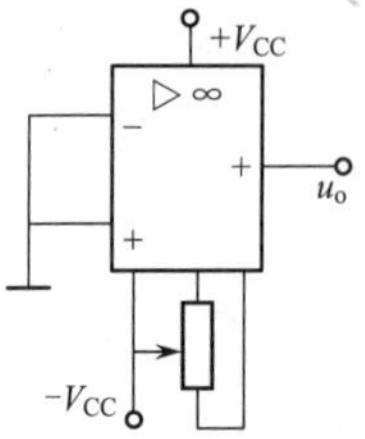

图 3-34　运放的调零电路

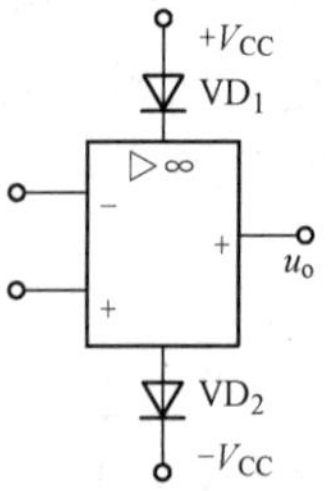

图 3-35　电源极性保护

2）输入端限幅保护

利用二极管的限幅作用对输入信号幅度加以限制，可有效防止因输入信号幅度过高造成的运放的输入级击穿而损坏。如图 3-36 所示，一旦输入信号幅度超限，二极管 VD_1 或 VD_2 就会导通，确保运放的净输入信号幅度不高于二极管的正向压降，起到了保护作用。

3）输出端限幅保护

将稳压管 VD_1 和 VD_2 反向串联后接在运放的输出端和地之间，如图 3-37 所示，若输出电压过高，则可经限流电阻 R 使稳压管击穿。将运放输出端电压限制在稳压管稳压值以内，起到保护作用。稳压管的稳压值应略高于最大输出电压，以免影响正常工作。

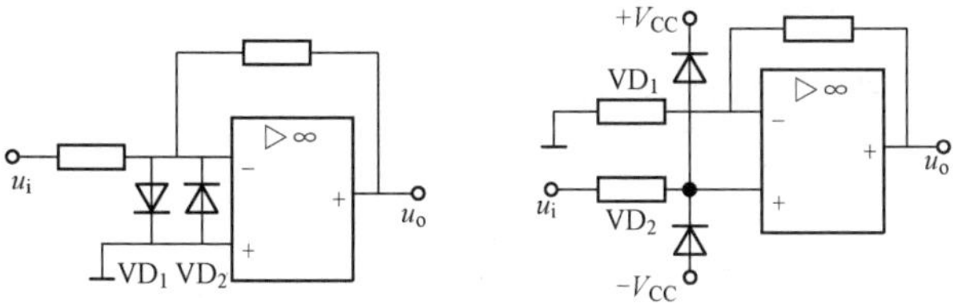

（a）反相输入保护电路　（b）同相输入保护电路

图 3-36　输入端限幅保护电路

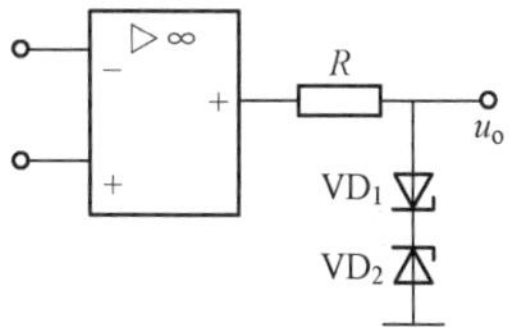

图 3-37　输出端限幅保护电路

查一查

查阅各种资料，了解常用集成运放产品的技术参数，了解集成运放的其他应用电路。

技能实训　安装、调试与检修音频功放电路

【实训目标】

（1）通过音频功放电路安装与调试，进一步熟悉典型集成运放、集成功放器件的性能和使用常识，熟悉电子电路装接工艺的要求；

（2）通过音频功放电路简单故障的判断与检修，了解电子电路故障排除的一般程序与方法；

（3）熟练使用示波器、函数信号发生器、双路直流稳压电源、晶体管毫伏表、万用表等仪器设备。

【实训设备与器材】

双踪示波器 1 台，函数信号发生器 1 台，双路直流稳压电源 1 台，晶体管毫伏表 1 块，万用表 1 块，电烙铁、镊子等装接工具一套，焊锡丝适量，导线若干，元器件及材料一套（详见表 3-5）。

【实训内容与步骤】

1. 识读电路图

读一读

图 3-38 所示电路是由集成运放 OP07CP 和集成功放 LM386N-1 组成的音频功率放大电路。信号发生器产生的音频小信号 u_i 通过耦合电容 C_1 输入到集成运放 OP07CP 的同相输入端 3 脚，电阻 R_1、R_2、R_{P1}、电容 C_2 构成音频功放前置运放电路的负反馈电路，信号电压通过前置运放电路放大后经耦合电容 C_3 和电位器 R_{P2} 输入到集成功放 LM386N-1 同相输入端 3 脚，经

LM386N-1 进行功率放大后由输出端 5 脚通过电容 C_5 耦合驱动扬声器 R_L。

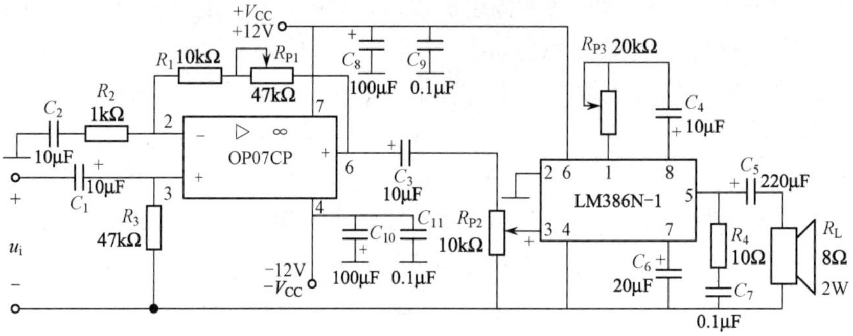

图 3-38　音频功率放大电路

2．安装、调试与检修电路

做一做

1）清点与检测元器件

根据元器件及材料清单，清点并检测元器件。将测试结果填入表 3-5 中，正常的填“√”，如元器件有问题，及时提出并更换。将正常的元器件对应粘贴在表 3-5 中。

表 3-5　选择音频功放电路的元器件及材料清单

序　　号	名　　称	型 号 规 格	数　　量	配 件 图 号	测 试 结 果	元件粘贴区
1	电阻器	10kΩ	2 个	R_1		
2				R_5		
3	电阻器	1kΩ	1 个	R_2		
4	电阻器	47kΩ	1 个	R_3		
5	电阻器	10Ω	1 个	R_4		
6	电位器	47kΩ	1 个	R_{P1}		
7	电位器	10kΩ	1 个	R_{P2}		
8	电位器	20kΩ	1 个	R_{P3}		
9	电解电容器	10μF/16V	4 个	C_1		
10				C_2		
11				C_3		
12				C_4		
13	电解电容器	220μF/16V	1 个	C_5		
14	电解电容器	20μF/16V	1 个	C_6		
15	电解电容器	100μF/16V	2 个	C_8		
16				C_{10}		
17	电容器	0.1μF	4 个	C_7		
18				C_9		
19				C_{11}		
20				C_{12}		
21	运放集成块	OP07CP	1 块			
22	功放集成块	LM386N-1	1 块			
23	扬声器	8Ω/2W	1 个			

续表

序　号	名　称	型 号 规 格	数　量	配 件 图 号	测 试 结 果	元件粘贴区
24	话筒		1个			
25	集成块座	8脚	2个			
26	PCB板		1块			
27	电路板接插件	2P（插头带引线）	1对			
28	松香、焊锡丝、导线等		若干			

2）装接音频功放电路

（1）根据图3-39、图3-40所示装配图，装接电路（C_3正极暂不连接）。

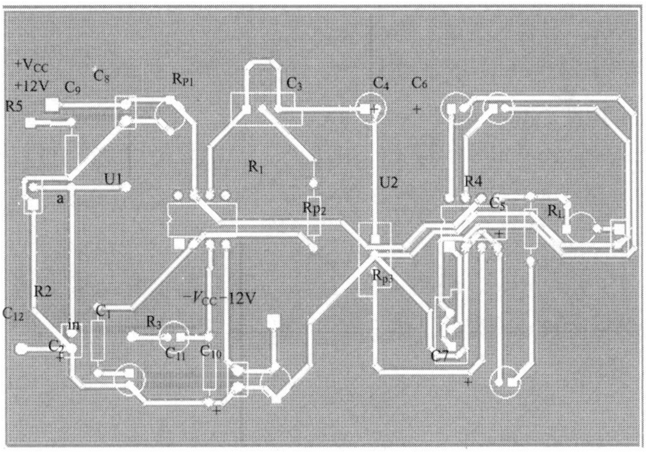

图3-39　音频功放电路的装配图（焊接面）

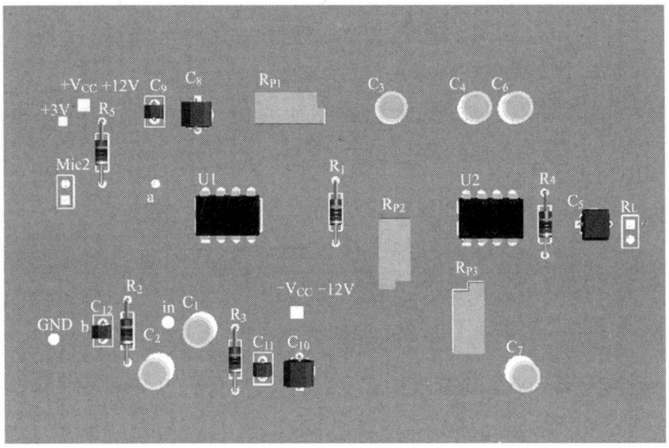

图3-40　音频功放电路的装配图（元件面）

【装接电路时注意】

① 电路的插装、焊接要严格执行工艺规范；

② 电解电容正负极性不能接反；

③ 分清楚OP07CP、LM386N-1的第一引脚，确保电源极性不能接反；

④ 元件要焊接良好。

3）调试音频功放电路

（1）调试前置放大级。

在前置放大级安装完毕后，进行复查，确保无误。

① 接通 $+V_{CC}$ 和 $-V_{CC}$，用信号发生器产生 f=1kHz、U_{iPP}=10mV 的正弦信号，接入电路。

② 用示波器观察 OP07CP 输出端的电压波形，在不失真条件下，用晶体管毫伏表测量其输入、输出电压，求出放大倍数$|A_{u1}|$=____。调节 R_{P1}，使放大倍数等于 40。

③ 固定 R_{P1}，保持输入信号为 U_{iPP}=10mV，在 20Hz～20kHz 音频范围内调节其频率，用示波器观察 OP07CP 输出端的电压波形，其幅度应基本不变。否则，说明电路存在故障，需加以排除。

故障现象及排除过程：________________________________。

（2）功放级的调试。

在功放级安装完毕后，进行复查，确保无误。

① 接通 $+V_{CC}$，将 LM386N-1 的 3 脚短路，测 5 脚电位应为 $V_{CC}/2$=6V（或接近于 6V）。

② 撤除 LM386N-1 的 3 脚短路，将 R_{P2} 调至最上端，并调节 R_{P3} 至最大，用信号发生器产生 f=1kHz、U_{iPP}=400mV 的信号，从 C_3 的正极输入，用示波器观察负载两端的电压波形，并用晶体管毫伏表测量其值，求出放大倍数$|A_{u2}|$=____。调节 R_{P3}，使功放电路的电压放大倍数为 22.5。

③ 保持输入信号和 R_{P3} 不变，调小 R_{P2}，用示波器观察负载两端的电压波形，其幅值应有明显下降，且扬声器发出的声响也明显变低。否则。说明电路存在故障，需加以排除。

故障现象及排除过程：________________________________。

（3）电路统调。

前置放大级与功放级调试后，进行电路统调。

① 把 OP07CP 的输出端与 C_3 连接，接通 $+V_{CC}$ 和 $-V_{CC}$，手持镊子，点触输入端（C_1 负极），应能听见扬声器随镊子碰触发出的“喀啦”声。否则，说明电路存在故障，需加以排除。

故障现象及排除过程：________________________________。

② 接入用信号发生器产生的 U_{iPP}=10mV 音频信号，试听扬声器发出的声音。改变信号频率时，扬声器发出的音调也相应改变；调节 R_{P2} 时，扬声器发出的音量也相应改变。若出现异常现象，说明电路存在故障，需加以排除。

故障现象及排除过程：________________________________。

（4）安装话筒电路，并试机。

按图 3-41 所示安装话筒电路。安装好后把 a、b 两端分别接到音频功放电路输入信号位的 u_i 的＋、－端上，对着话筒说话，试听功放电路的工作效果。

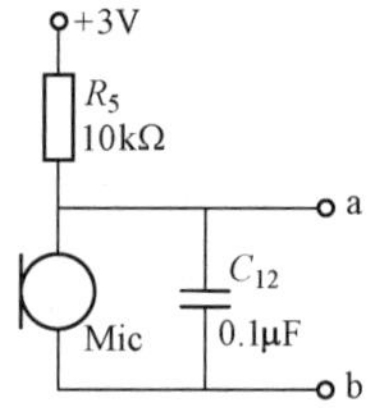

图 3-41　话筒电路

【实训注意事项】

（1）在断电条件下，进行电路装接；

（2）调节时的步骤要正确，尤其调试条件要满足要求；

（3）调试过程中，必须对相关参数及故障现象和排除过程作详细记录。

3．音频功放的常见故障及判断方法

音频功放电路的常见故障及判断方法，见表 3-6。

表 3-6　音频功放电路的常见故障及判断方法

故障现象	故障部位及判断方法
无声	1. 用干扰法确定故障的大致部位。手持镊子，点触扬声器输入端，听扬声器是否发出“喀啦”声，若无声，则故障在扬声器。若有声，再点触LM386N-1的5脚，听扬声器是否发出“喀啦”声，若无声，则故障在LM386N-1的5脚到扬声器的电路中。若有声，再点触LM386N-1的3脚，听扬声器是否发出“喀啦”声，若无声，则应重点检查LM386N-1的工作电压和外围元件。若有声，再点触OP07CP的6脚，听扬声器是否发出“喀啦”声，若无声，则故障在OP07CP的6脚到LM386N-1的3脚电路中。若有声，再点触OP07CP的3脚，听扬声器是否发出“喀啦”声，若无声，则应检查OP07CP工作电压和外围元件。 2. 测量集成电路的各引脚直流电压。用万用表直流电压挡，检查电源供电是否正常。若电源供电正常，再测OP07CP的4、7脚和LM386的6脚电压是否正常。若不正常，再测 C_1、C_3、C_5、R_{P2} 等外围元件是否损坏。若外围元件都良好，则可更换OP07CP或LM386。总之，当集成电路某引脚电压不正常时，要在检测与其相关的外围元件后，才能断定集成电路是否损坏
有交流声	重点查找供电电路中的 C_8、C_9、C_{10}、C_{11} 等滤波电容。若容量明显变小、失效或开路，予以排除
输出信号失真	失真的原因很多，如扬声器纸盒破损，集成电路性能不良，元件性能指标下降等都会引起失真。输入电压过大，R_{P1} 阻值调节过大，R_{P3} 阻值调节过小都会使波形失真，R_{P2} 接触不好波形也会失真

想一想

（1）功放电路的输出功率决定于哪些因素？图 3-45 所示电路理想输出电压 U_o 及理想输出功率 P_o 各是多少？

（2）撰写装接、调试与检修音频功放电路的报告书。书写电路装接、调试与检修的全过程，附上有关资料和图纸，写出心得体会。

【实训考核】

考核要素和考核表样式见附录 A。

练一练

习题 3.2

1. 什么是零漂？零漂产生的主要原因是什么？集成运放是如何克服零漂的？

2. 理想集成运放的特性有哪些？

3. 什么叫虚短、虚断？既然集成运放的两输入端有“虚短”“虚断”特性，为何不能把集成运放的两输入端直接短路或开路使用？

4. 既然反相比例运算电路中，反相输入端是“虚地”，可否把它直接接地使用？为什么？

5. 试画出用集成运放实现下列功能的运算电路。其中，R_f 取 10kΩ。

（1）$u_o=-0.5u_i$；（2）$u_o=3u_i$；（3）$u_o=-4(u_{i1}+u_{i2})$；（4）$u_o=4(u_{i1}+u_{i2})$。

6. 如图 3-36 所示电路，已知：$R_1=1\text{k}\Omega$，$R_2=R_f=2\text{k}\Omega$，$R_3=9\text{k}\Omega$，试求：（1）u_o 的表达式；（2）当 $u_{i1}=4\text{V}$，$u_{i2}=-1\text{V}$ 时，u_o 为多少？

7．选择题

（1）影响差动放大器抑制零漂能力的主要因素是（　　）。

A．电源电压　　B．温度变化　　C．电路的对称性　　D．三极管的放大倍数

（2）集成运放的输入级，一般采用的电路是（　　）。

A．振荡电路　　B．选频放大电路　　C．差动放大电路　　D．功率放大电路

（3）如下图所示电路中，当 u_o=10 V 时，R_X=（　　）。

A．100kΩ　　B．150kΩ　　C．−100kΩ　　D．−150kΩ

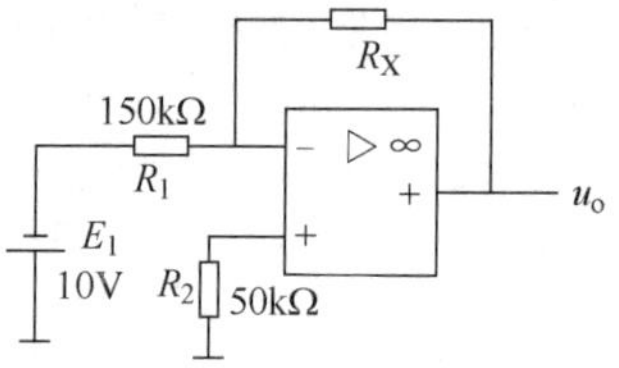

（4）集成运放的特点是（　　）。

A．电压放大倍数高，输入电阻小，输出电阻小

B．电压放大倍数低，输入电阻大，输出电阻小

C．电压放大倍数高，输入电阻小，输出电阻大

D．电压放大倍数高，输入电阻大，输出电阻小

8．判断题

（1）差动放大器的电路对称性越差，共模抑制比就越小，抑制共模信号的能力就越好。（　　）

（2）集成运放的"虚短"只有在引入深度负反馈的情况下才存在。（　　）

任务三　谐振放大器的认知

【学习目标】

◇ 能识读典型谐振放大器的电路图，理解其工作原理

◇ 了解典型谐振放大器的主要性能指标及在工程应用中的意义

听一听

谐振放大器有什么作用？

观察教师调节收音机（见图3-42）调台旋钮，注意收听节目的声音变化和电台的变化。

图3-42　收音机

想一想

上述实验说明什么问题？

【实验结论】收音机能同时接收多个电台不同频率的节目信号，但任何时刻，只能对一个电台的某一节目信号进行放大输出，以保证收听质量。这就要求收音机内的放大器具有选频放大能

力，也就是说这个放大器能从含有多种频率的信号群中，选出某一频率范围内的信号加以放大，而对其他频率的信号不予放大。把这样的放大器称为谐振放大器，或称为调谐放大器。

读一读

谐振放大器广泛用于广播、电视、通信、测量仪器等设备中。它具有选频和放大双重功能，所以又称选频放大器。

学一学

谐振放大器是怎样工作的呢？它有哪些电路形式呢？

知识链接一　谐振放大器原理

1. LC 并联电路的频率特性

图 3-43 所示是一个 LC 并联电路模型，R 为并联电路损耗电阻。

1）阻抗频率特性

LC 并联电路的阻抗频率特性如图 3-44 所示。它表示了 LC 并联电路的阻抗 Z 与信号频率 f 之间的变化关系。当 $f=f_0$ 时，LC 并联电路发生谐振，阻抗最大；当 $f<f_0$ 或 $f>f_0$ 时，电路失谐，阻抗变小。$f_0=\dfrac{1}{2\pi\sqrt{LC}}$，称为谐振频率。可见，$L$、$C$ 取定值时，f_0 是一个常数，故 f_0 又称固有频率。

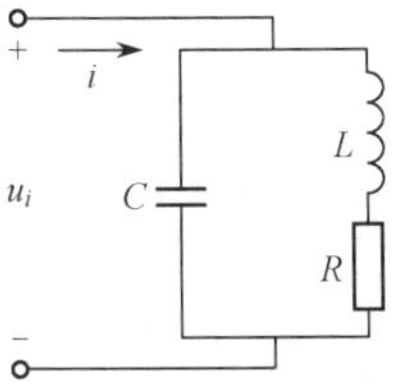

图 3-43　LC 并联电路

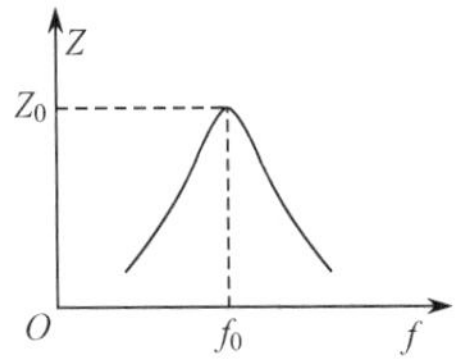

图 3-44　LC 并联电路的阻抗频率特性

2）相位频率特性

LC 并联电路的相位频率特性如图 3-45 所示。它表示了 LC 并联电路两端电压 u 和流进并联电路的电流 i 之间的相位差 φ 与信号频率 f 之间的变化关系。当 $f=f_0$ 时，$\varphi=0$，电路呈纯阻性；当 $f<f_0$ 时，$\varphi>0$，电路呈感性；当 $f>f_0$ 时，$\varphi<0$，电路呈容性。

可见，LC 并联电路随信号频率的变化呈现不同的性质。

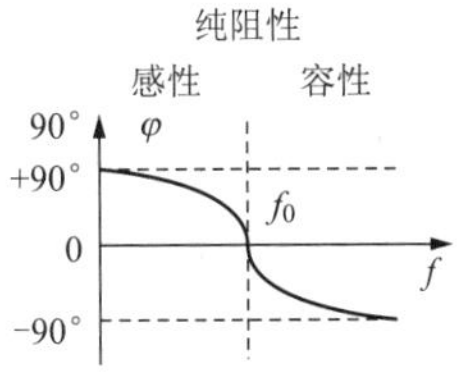

图 3-45　LC 并联电路的相位频率特性

3）选频特性

阻抗频率特性和相位频率特性统称为 LC 并联电路的频率特性。它说明了 LC 并联电路具有区别不同频率信号的能力，即具有选频特性。LC 并联电路的选频特性与其品质因数 Q 有关。

$$Q=\frac{X_L}{R}=\frac{\omega_0 L}{R}=\frac{2\pi f_0 L}{R}$$

实验和理论证明：R 越小，Q 值越大，曲线越尖锐，通频带越窄，电路选频能力越强；R 越大，Q 值越小，曲线越平坦，通频带越宽，电路选频能力越差。如图 3-46 所示。

LC 并联电路的 Q 值，一般在几十到一二百之间。

2．谐振放大器原理

图 3-47（a）所示为谐振放大器原理电路，其结构特点是利用 LC 并联电路作为负载。其工作原理是：当信号频率等于谐振频率，即 $f=f_0$ 时，放大器输出电压最大，放大倍数 A_u 最大，因此具有选频放大能力。图 3-47（b）所示为谐振放大器的放大倍数与信号频率关系的曲线，称为谐振放大器的谐振曲线。

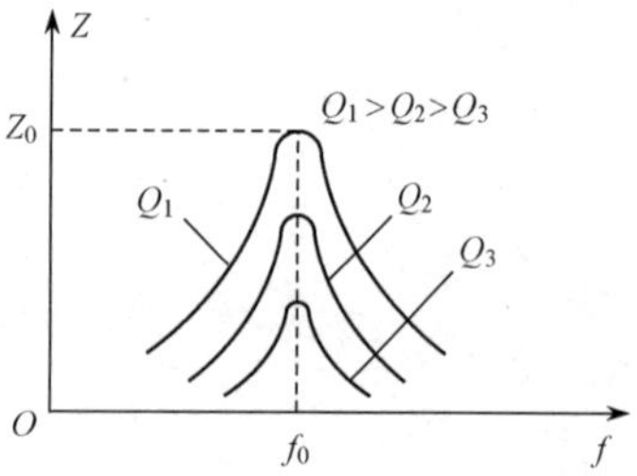

图 3-46　阻频特性与 Q 值关系

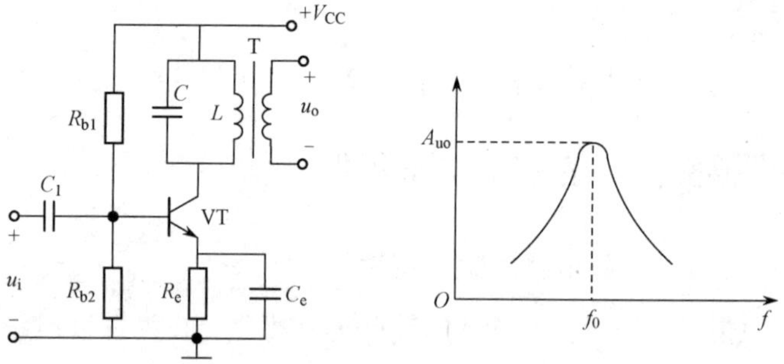

（a）电路　　（b）谐振曲线

图 3-47　谐振放大器原理

知识链接二　谐振放大器及其基本要求

图 3-48 所示为一个单谐振放大器。其工作原理是：输入信号 u_i 经 T_1 通过 C_b 和 C_e 送到三极管的 B、E 极之间，放大后的信号经 LC 谐振电路选频由 T_2 耦合输出。

对于单谐振放大器，要兼顾通频带和选择性这一对矛盾的两个方面是很困难的，所以这种电路仅适用于通频带和选择性要求不高的场合。如果对电路的通频带和选择性要求较高，应选用双谐振放大器。双谐振放大器的级间耦合有变压器耦合和电容耦合两种，分别如图 3-49（a）、（b）所示。通过调节变压器的磁芯位置或耦合电容 C_k，可改变耦合的松紧程度，最终改善通频带与选择性的指标。

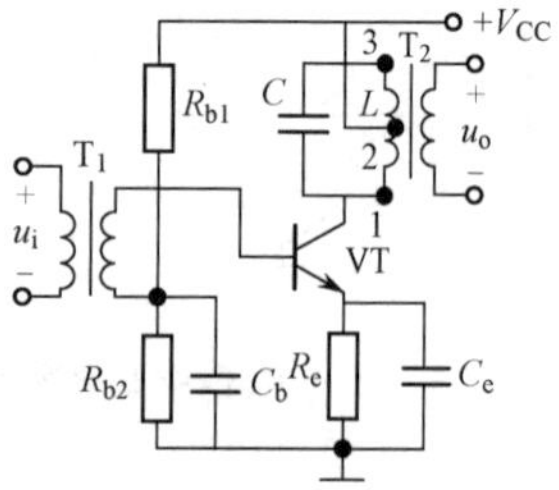

图 3-48　单谐振放大器

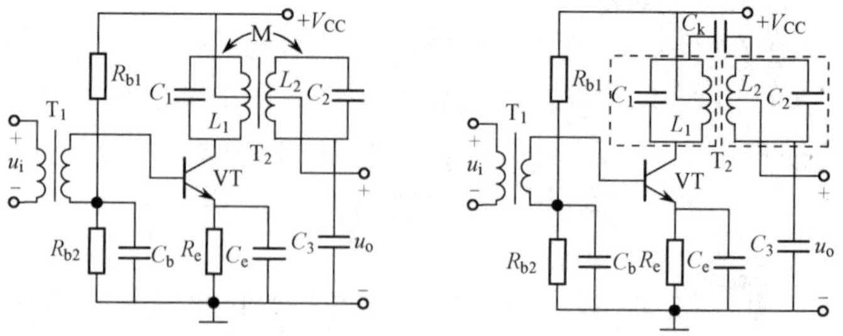

（a）变压器耦合　　（b）电容耦合

图 3-49　双谐振放大器

两个谐振回路之间的耦合程度，对放大器幅频特性的影响，如图 3-50 所示。欠耦合（耦合过弱）时，谐振特性曲线呈单尖峰形；过耦合（耦合过强）时，谐振特性曲线呈双尖峰形；临界耦合（耦合适当）时，谐振特性曲线接近矩形。因此，只要适当调节调谐回路一次侧、二次侧间的耦合程度，可使双谐振放大器在一定频带宽度内具有良好的选择性。

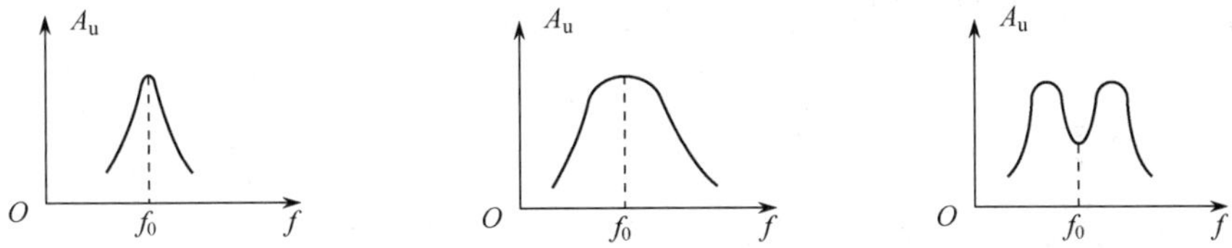

（a）欠耦合　　（b）临界耦合　　（c）过耦合

图 3-50　双谐振回路的谐振曲线

对谐振放大器的基本要求如下。

（1）工作稳定性好。要求谐振放大器的性能应尽量不受外界因素（如温度、电源电压）变化的影响，保持稳定的工作状态。谐振放大器不稳定的极端状态是产生自激振荡。

（2）足够的增益。用于各种通用接收机中的中频放大器的增益一般为 80～100dB。

（3）足够的通频带。因为谐振放大器所放大的信号一般都是已调信号，含有一定的边频，为了使信号不失真地传输，谐振放大器必须要有一定的通频带，允许主要边频通过。一般调幅收音机的通频带约为 8kHz，调频广播接收机的通频带约为 200kHz，电视接收机的通频带为 6～8MHz。

（4）良好的选择性。谐振放大器应能对通频带以内的信号有足够的放大能力，而对通频带以外的干扰信号有足够的衰减能力。

查一查

查阅各种收音机的电路原理图，找出其中的谐振放大电路。

练一练

习题 3.3

1．谐振放大器的作用是什么？其选频网络是怎样构成的？

2．谐振回路的谐振频率也就是谐振放大器的中心频率 f_0，由哪些参数决定？

3．在实际应用中，如何解决谐振放大器选择性与通频带要求的矛盾？

4．选择题

（1）在双调谐放大器中，对两个 LC 回路的说法正确的是（　　）。

A．两个回路都为串联谐振

B．两个回路都为并联谐振

C．前一个回路都为并联谐振，后一个回路为串联谐振

D．前一个回路都为串联谐振，后一个回为并联谐振

（2）LC 并联谐振回路的品质因数 Q 值越高，则选频能力（　　）。

A．越强　　B．越弱　　C．不变　　D．不一定

5．判断题

（1）单调谐放大器的 Q 值越大，电路的幅频曲线越尖锐，选频能力就越差。（　　）

（2）LC 并联回路谐振时，谐振回路的等效阻抗 Z 值最大，呈纯阻性。（　　）

任务四　MOS 场效晶体管放大器的认识

【学习目标】

◇ 了解 MOS 场效晶体管的结构、符号、电压放大作用和主要参数
◇ 了解 MOS 场效晶体管放大器的特点及应用

学一学

什么是场效晶体管？它有哪些类型、特性和作用？

知识链接一　MOS 场效晶体管的基本知识

场效晶体管（Field Effect Transistor，FET），是一种利用电场效应来控制电流大小的半导体器件。与三极管相比，场效晶体管不仅具有体积小、质量轻、耗电小、寿命长等特点，而且还有输入阻抗高、噪声低、热稳定性好、抗辐射能力强和制造工艺简单等一系列优点，尤其适用于大规模和超大规模集成电路。

场效晶体管工作时，内部电流的通路称为导电沟道。一只场效晶体管在工作时，其导电沟道中的载流子只有一种，要么是电子（N 沟道），要么是空穴（P 沟道），所以又将场效晶体管称为单极型器件。这一点与三极管不同，任何一只三极管在工作时都同时有两种载流子导电，所以，三极管又称为双极型器件。

场效晶体管与三极管本质上都是控制型器件。但三极管是通过基极电流 i_b 去控制集电极电流 i_c 的，是电流控制型器件；而场效晶体管则是通过栅-源电压 u_{gs} 去控制漏极电流 i_d 的，是电压控制型器件。

场效晶体管分为结型场效晶体管和绝缘栅型场效晶体管（又称 MOS 场效晶体管，简称 MOS 管）两大类。图 3-51 所示是几种常见场效晶体管的实物外形。下面以 MOS 管为例介绍场效晶体管的相关知识。

图 3-51　几种常见的场效晶体管的实物外形

1．MOS 场效晶体管的结构、符号与工作原理

MOS 场效晶体管分为增强型和耗尽型两类，每类又有 N 沟道（NMOS）和 P 沟道（PMOS）两种。所谓增强型，是指 MOS 场效晶体管只有在加了一定栅-源极电压值的 U_{GS} 后，漏、源极

间才出现导电沟道，且随 U_{GS} 的增加，导电沟道随之变宽的类型；而耗尽型是指 MOS 场效晶体管原来就有导电沟道，通过改变栅-源极电压 U_{GS}，可使导电沟道变窄，直至导电沟道被阻断的类型。

1）增强型 NMOS 管

（1）结构和符号。

增强型 NMOS 管的内部结构示意图及符号如图 3-52 所示。场效晶体管的电极有源极 S、栅极 G、漏极 D 及衬底电极 B、S、G、D 极在电路中的作用，分别类似于三极管的 E、B 和 C 极。与 S、D 及 B 相连的虚线表示是增强型，衬底电极上的箭头向里表示是 N 沟道。

（2）工作原理。

增强型 NMOS 管的工作原理电路如图 3-53 所示。

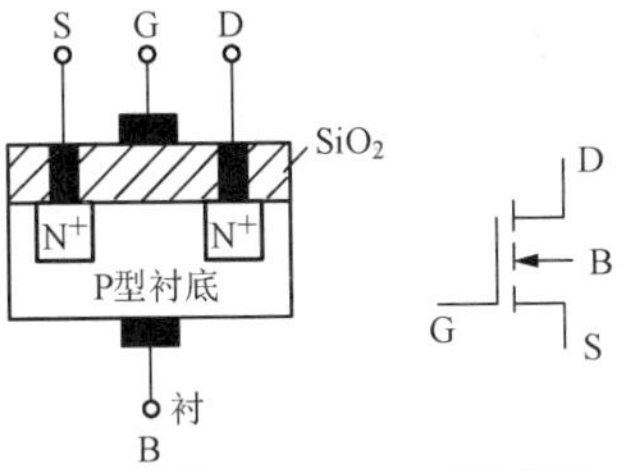

（a）结构　（b）符号

图 3-52　增强型 NMOS 管

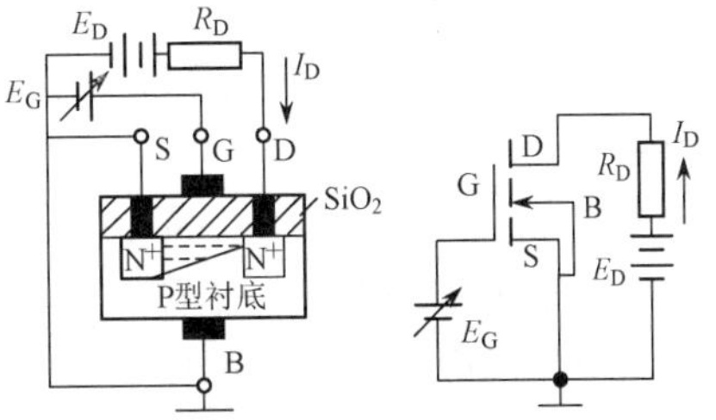

（a）示意图　（b）电路图

图 3-53　增强型 NMOS 管工作原理电路

①当 $U_{GS}=0$ 时，因无导电沟道，即使在漏、源极间加一定的正向电压 U_{DS}，漏、源极之间也无电流，$I_D=0$。

②当 $U_{GS}>0$ 且达到某一值（此值称为开启电压 U_T）时，漏、源极间产生导电沟道，如在漏、源极间加有正向电压 U_{DS}，将产生电流 I_D；如逐渐增大 U_{GS}，导电沟道变宽，I_D 也随之逐渐增大；即 U_{GS} 的变化控制 I_D 的变化。

2）耗尽型 NMOS 管

（1）结构和符号。

耗尽型 NMOS 管的结构及符号如图 3-54 所示。与 S、D 及 B 相连的实线表示是耗尽型。

（2）工作原理。

耗尽型 NMOS 管的工作原理电路如图 3-55 所示。由于其本身已存在导电沟道，故在 $U_{DS}>0$ 时：

①即使 $U_{GS}=0$，也会有电流 I_D；

②如 $U_{GS}>0$，并逐渐增大，导致沟道变宽，I_D 也相应增大；

③如 $U_{GS}<0$，并逐渐增大此负电压，导电沟道逐渐变窄，I_D 也随之逐渐减小；当 U_{GS} 小于某一负电压（此电压称为夹断电压 U_P）时，导电沟道被阻断，I_D 变为 0；实现 U_{GS} 对 I_D 的控制。处于放大状态的耗尽型 NMOS 管，正常工作于这一区域。

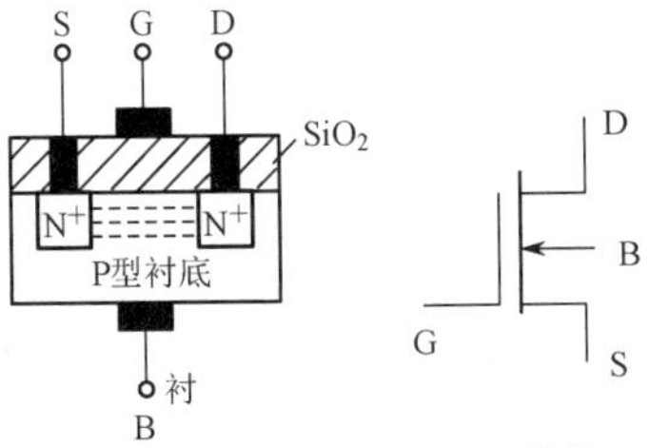

（a）结构　（b）符号

图 3-54　耗尽型 NMOS 管

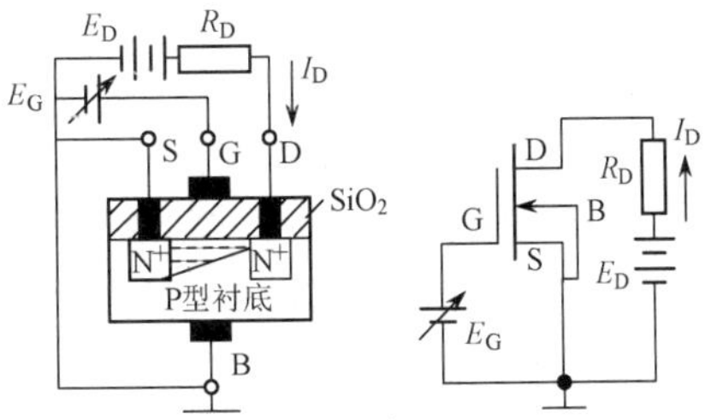

（a）示意图　（b）电路图

图 3-55　耗尽型 NMOS 管工作原理电路

3）图形符号

各种MOS管在电路中的图形符号，如图3-56所示。

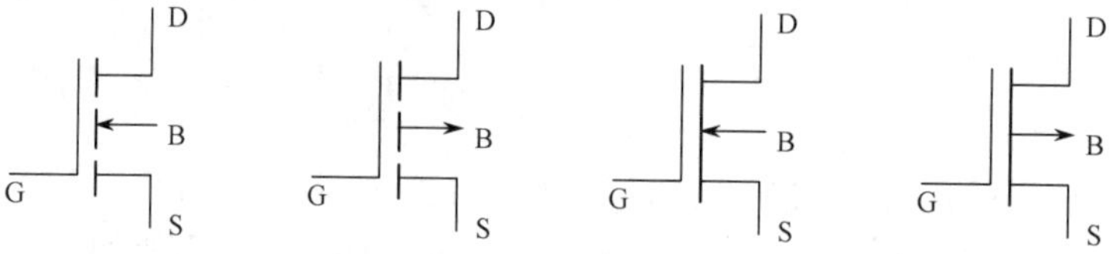

（a）增强型NMOS （b）增强型PMOS （c）耗尽型NMOS （d）耗尽型PMOS

图3-56 MOS场效晶体管图形符号

2. MOS场效晶体管的主要参数

（1）开启电压 U_T。在 U_{DS} 为定值的条件下，增强型场效晶体管开始导通（I_D 达到某一定值，如10μA）时，所需加的 U_{GS} 值。它是增强型MOS管的重要参数。

（2）夹断电压 U_P。在 U_{DS} 为定值的条件下，耗尽型场效晶体管 I_D 减小到近于零时的 U_{GS} 值。它是耗尽型MOS管的重要参数。

（3）饱和漏极电流 I_{DSS}。耗尽型场效晶体管工作在饱和区且 $U_{GS}=0$ 时，所对应的漏极电流。它是耗尽型MOS管的重要参数。

（4）直流输入电阻 R_{GS}。栅源电压 U_{GS} 与对应的栅极电流 I_G 之比。一般在 $10^9 \sim 10^{15}\Omega$。

（5）跨导 g_m 是指在 U_{DS} 一定时，漏极电流变化量 ΔI_D 和引起这个变化的栅源电压变化量 ΔU_{GS} 之比。它是反映栅源电压对漏极电流的控制能力的重要参数，一般在 $10^3 \sim 5\times10^3$ μA/V。

（6）极间电容。指MOS管三个电极之间的等效电容 C_{GS}、C_{GD}、C_{DS}，一般为几个皮法。极间电容小的MOS管高频特性好。

（7）漏极最大允许耗散功率 P_{DM} 是指 I_D 与 U_{DS} 的乘积不应超过的极限值。

（8）漏极击穿电压 $U_{(BR)DS}$ 是指漏极电流开始急剧上升时所加的漏-源极之间的电压。

3. MOS场效晶体管的使用注意事项

MOS管在使用时除了注意不要使电流、电压耗散功率等超过允许值外，还应特别注意由于感应电压过高而造成的击穿问题。一般在使用时应注意以下几点。

（1）要注意不同类型MOS管的栅、源、漏各极电压的极性。保证电压和电流不超过最大允许值。

（2）为了防止栅极击穿，要求一切测试仪器、仪表、电烙铁都必须有外接地线。焊接时，用带有接地线的小功率烙铁焊接，或切断电源后利用余热焊接。焊接时还应当先焊源极后焊栅极。还要注意对交流电场的屏蔽。

（3）MOS管的栅极是绝缘的，感应电荷不易泄放，而且绝缘层很薄，极易击穿。无论MOS管使用与否，都应将三个电极短路或用铝（锡）箔包好，不要用手指触摸以防止感应电势将栅极击穿。

（4）场效晶体管（包括结型）的漏极与源极通常可以互换使用。但是有的MOS场效晶体管在制造时已把源极和衬底连接在一起了，这种MOS管的源极和漏极就不能互换。有的效应晶体管将衬底单独引出一个引脚，形成四个引脚。对这种效应晶体管，应将其衬底接到电路中的电位最低点（对于NMOS）或电位最高点（对于PMOS），以保证沟道与衬底间的PN结处于反向偏置，使衬底与沟道及各电极之间隔离。另外，陶瓷封装的芝麻型管有光敏特性，使用时应注意避光。

知识链接二　MOS 场效晶体管放大器

MOS 场效晶体管放大电路与三极管放大电路结构相似。现以增强型 NMOS 管构成的分压式偏置共源极放大电路为例进行讨论。电路如图 3-57 所示。图中，放大管为增强型 NMOS 管，R_{G1} 和 R_{G2} 为分压电阻，R_D、R_S 分别是漏、源极电阻，适当选择其电阻值，可以取得合适而稳定的栅偏压，建立适当的静态工作点，使电路工作在放大状态。C_1、C_2 分别是输入、输出耦合电容，C_S 是源极旁路电容，V_{DD} 为漏极电源。信号从 G、S 极间输入，从 D、S 极间输出。可见该电路的结构与三极管分压式偏置共发射极放大电路十分相似。

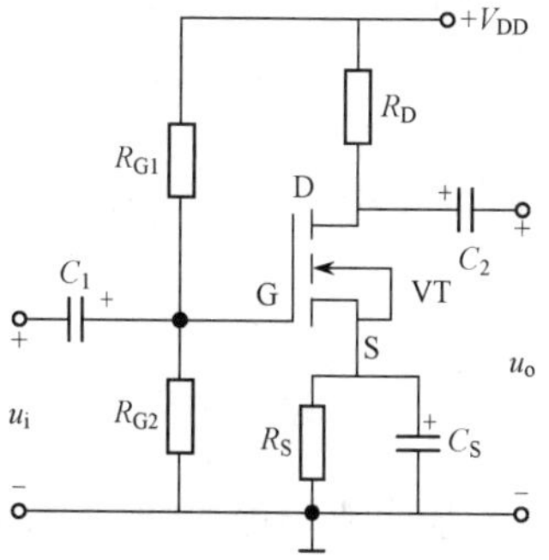

图 3-57　NMOS 共源极放大电路

场效晶体管放大电路的主要性能指标还是电压放大倍数 A_u，输入电阻 r_i 和输出电阻 r_o。

对共源极单管放大电路，可以推知，当放大电路未接入负载时，电压放大倍数为

$$A_u'=\frac{u_o}{u_i}=-g_m R_D$$

式中：g_m 为场效晶体管的跨导；R_D 为漏极电阻；负号表示 u_o 与 u_i 反相。

当放大电路接入负载后，电压放大倍数为

$$A_u=\frac{u_o}{u_i}=-g_m R'_L$$

式中：$R'_L=R_D//R_L$ 是等效交流负载电阻。

由于栅极不取用电流，所以放大电路输入电阻为

$$r_i=R_{G1}//R_{G2}$$

式中：R_{G1}、R_{G2} 的阻值一般在 $10^8\Omega$ 以上数量级。因此这种电路的输入电阻极高，在需要高输入阻抗的场合常常采用这种放大电路。

场效晶体管放大电路输出电阻为

$$r_o=R_D$$

查一查

查阅各种资料，了解场效晶体管的特性和各种形式的场效晶体管放大电路。

练一练

习题 3.4

1．什么是场效晶体管？它有哪三个电极？

2．MOS 场效晶体管有哪些类型？试画出各种 MOS 管的图形符号。

3．场效晶体管的主要参数有哪些？

4．场效晶体管放大电路的主要性能指标有哪些？场效晶体管共源极放大电路与三极管共

发射极放大电路相比有哪些优点？

5．选择题

（1）场效晶体管是靠（　　）导电。

A．一种载流子　　B．两种载流子　　C．电子　　D．空穴

（2）场效晶体管是用（　　）控制漏极电流的。

A．栅源电流　　B．栅源电压　　C．漏源电流　　D．漏源电压

模块小结

（1）功率放大器的主要任务是在不失真的前提下输出较大的信号功率。实用的功放工作在甲乙类状态，电路形式有 OTL、OCL、BTL 等。OTL 功放用单电源供电，但输出电容会带来附加失真，而 OCL 功放虽不需输出电容却需双电源供电。只要电路设置恰当，可使 OTL、OCL 功放具有优良的特性。集成功放具有体积小、工作可靠、调试组装方便的优点，已得到广泛应用。

（2）集成运算放大器是一种内部为直接耦合的多级高放大倍数集成电路，其输入级用差分放大器以抑制“零漂”。集成运放构成的电路不仅可实现各种基本运算，还可用作电压跟随器、反相器等。分析集成运放线性应用电路时，常以“虚短”“虚断”特性为基础。使用集成运放时，应适当设置各种保护电路。

（3）谐振放大器是一种选频放大器。它利用 LC 并联谐振电路的选频特性在频率众多的信号中选出某一频率范围的信号加以放大。谐振放大器有单回路谐振和双回路谐振两种基本电路。双谐振放大器可以在一定的频带内具有良好的选择性。

（4）场效晶体管是一种电压控制器件，用栅极电压控制漏极电流，实现放大作用。它具有高输入电阻和低噪声的特点。MOS 场效应管有 P 沟道、N 沟道之分，每种沟道的 MOS 管都有增强型和耗尽型两种。在集成电路中常用 MOS 管构成不同类型的放大电路，以增大输入电阻。

教学微视频

扫一扫

模块四　直流稳压电源

任务一　集成稳压电源的组装与调试

【学习目标】

◇ 了解三端集成稳压器件的种类、主要参数，能识别常见三端集成稳压器的引脚
◇ 了解三端集成稳压器的典型应用，能识读常用集成稳压电源的电路图
◇ 会安装与调试集成稳压电源电路
◇ 能正确测量集成稳压电源的稳压性能、调压范围
◇ 会判断并检修集成稳压电源的简单故障

读一读

直流稳压电源的应用与电路结构

生产实际中的直流电，除可用直流发电机、蓄电池等提供外，更广泛采用的是通过各种半导体器件将交流电转换为直流电。实现这一功能的电路称为直流稳压电源。按其电路构成及工作原理不同，直流稳压电源可分为并联型、串联型及开关型等几类。图 4-1 所示是几种常见的直流稳压电源实物图。

（a）实验室用直流稳压电源

（b）直流稳压电源内部结构　（c）电池充电器内部结构　（d）电源适配器

图 4-1　几种常见的直流稳压电源实物图

将交流电转换为直流电要经过变压、整流、滤波、稳压几个过程，如图4-2所示。图中电流源变压器、整流电路、滤波电路的作用我们已熟知，稳压电路的作用是什么呢？

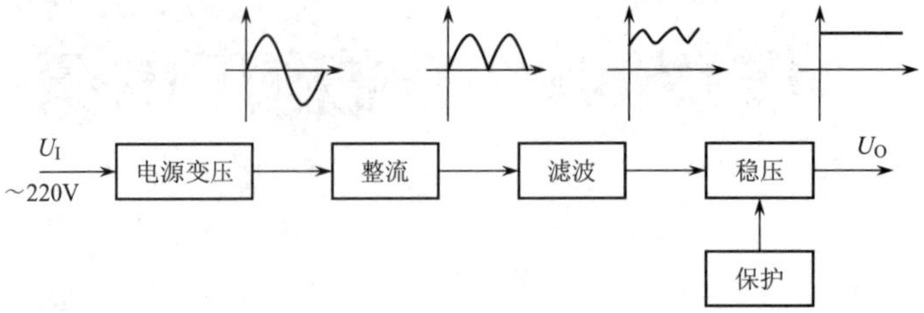

图4-2　直流稳压电源的组成框图

看一看

稳压电路的作用是什么？

观察教师的演示实验：

（1）按图4-3所示连接电路，接入20V直流电压；

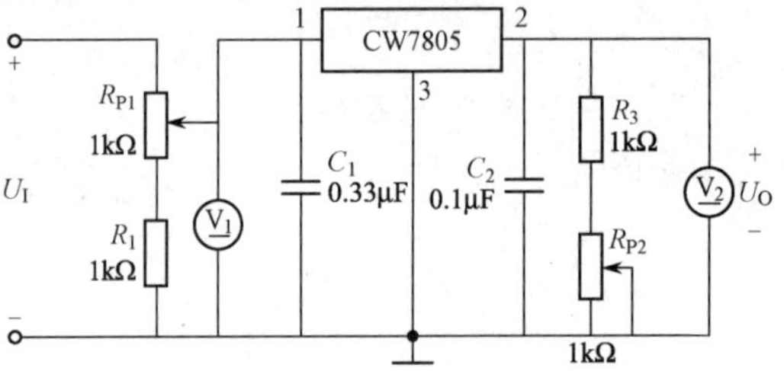

图4-3　实验电路图

（2）固定R_{P2}，调节R_{P1}，观察两电压表读数的变化情况；

（3）固定R_{P1}，调节R_{P2}，观察两电压表读数的变化情况。

想一想

上述实验说明什么问题？

【实验结论】该电路具有稳定输出电压的功能，即当输入电压波动或负载发生变化时，能保持输出电压基本不变。

学一学

三端集成稳压器有哪些种类和性能呢？如何识别三端集成稳压器的引脚呢？三端集成稳压器有哪些应用呢？如何识读集成稳压电源电路图呢？

知识链接一　集成稳压器及其主要参数

1．集成稳压器的分类

集成稳压器又叫集成稳压电路，是将不稳定的直流电压转换成稳定的直流电压的集成电路。由于集成稳压器具有体积小、精度高、性能优、工作可靠及使用方便等一系列优点，所以它得到了广泛应用。

集成稳压器的种类很多。按引脚数可分为三端式和多端式，以三端式应用最广；按输出特点可分为三端固定正稳压器、三端固定负稳压器、三端可调正稳压器、三端可调负稳压器。

电路中常用的集成稳压器主要有 78XX 系列、79XX 系列、可调集成稳压器、精密电压基准集成稳压器等。

2. 三端式集成稳压器

1）三端式集成稳压器的封装外形及引脚排列

集成稳压器的使用，首先要明确各引脚序号，然后根据引脚号来确定引脚功能。三端式集成稳压器的几种封装外形及引脚排列序号，如图 4-4 所示。

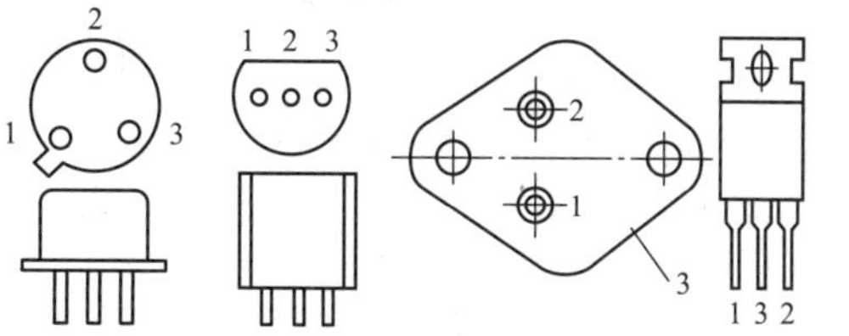

图 4-4 三端式集成稳压器的外形及引脚排列

2）三端固定稳压器

三端固定稳压器主要有 7800 系列和 7900 系列。这种稳压器与外电路的连接端有输入端、输出端及公共端三个。输出端到公共端的电压是固定的，7800 系列为正电压输出，7900 系列为负电压输出。三端固定稳压器的引脚功能和输出电压、输出电流等级见表 4-1。

表 4-1 三端固定稳压器的引脚功能和输出电压、输出电流等级

型号	引脚或输出值型号				
	输入端	输出端	公共端	输出电压（9 级）	输出电流（6 级）
7800 系列	1 脚（正电压输入）	2 脚	3 脚	5V、6V、8V、9V、10V、12V、15V、18V、24V	L（0.1A）、M（0.5A）、T（3A）、H（5A）、P（10A）、无字母（1.5A）
7900 系列	3 脚（负电压输入）	2 脚	1 脚		

其型号构成示例如下：

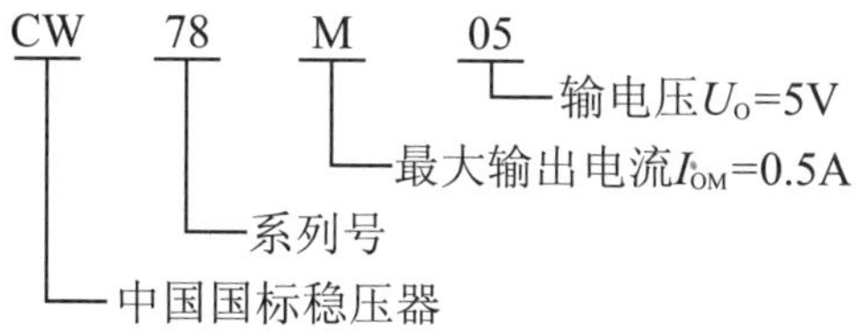

图 4-5 所示是 CW7805/09/12 的实物图。

3）三端可调稳压器

三端可调稳压器的典型产品是正电压输出的 117/217/317 系列和负电压输出的 137/237/337 系列。这种稳压器有输入端、输出端和调整端三个引脚。需特别注意的是：不同型号不同外形的三端可调稳压器，即使引脚编号相同，所对应的功能也不一定相同，必须查阅相关资料来确定。

图 4-5　CW7805/09/12 实物图

三端可调稳压器的输出端与调整端之间的电压是基准电压，其典型值 U_{REF}＝1.2V；调整端电流的典型值为 50μA。输出电压可通过调整外电路来实现调节。

三端可调稳压器的型号构成示例如下：

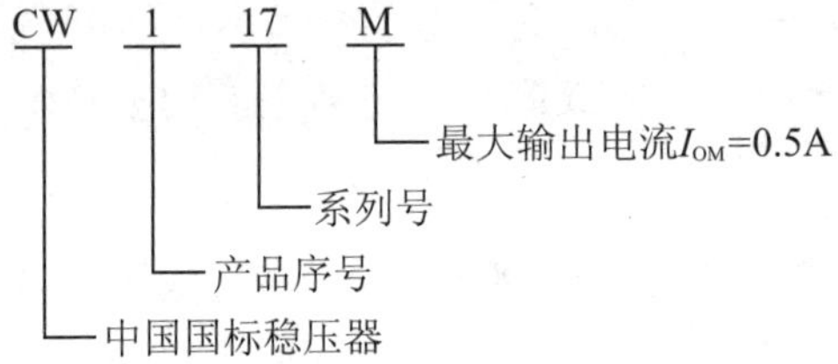

查一查

查阅各种资料，了解常用三端集成稳压器的型号、外形、引脚功能及主要技术参数。

知识链接二　常见集成稳压电源

1. 三端固定稳压器典型应用电路

三端固定稳压器的典型应用电路如图 4-6 所示。电路中，C_1 主要用来抵消输入端接线较长时的电感效应，防止自激振荡，一般取 0.1～1μF；C_2 主要用来旁路高频噪声，通常取 1μF 以下。

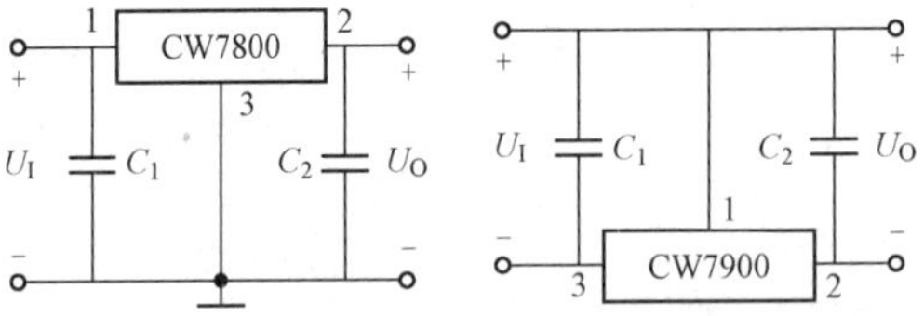

（a）7800系列的应用电路　（b）7900系列的应用电路

图 4-6　三端固定稳压器的典型应用电路

2．三端可调稳压器典型应用电路

图 4-7 所示为三端可调稳压器 CW317 的基本应用电路。图中，输出端到调整端的基准电压 U_{REF}=1.2V，调整端电流 I_{ADJ} 为几十微安。只要合理选择电阻 R（通常取 120～240Ω），满足 $I_R \geqslant I_{ADJ}$，便可使输出电压 U_O=1.2（1+R_P/R）。

需要说明的是：无论何种集成稳压器，欲保证其正常工作，输入端与输出端之间要有合适的电压差。如 CW317，其允许的输入-输出压差范围是 3～40V。压差过小，稳压器内部的三极管会出现非线性工作；压差过大，又会造成内部的调整管因功耗过大而烧毁。

【例 4-1】 在图 4-7 所示电路中，R 为 240Ω，R_P 为 0～4.7kΩ 可调。试近似求解：（1）U_O 可调范围；（2）U_I 的允许范围。

解：（1）当 R_P 调为零时，U_O 最小，且 $U_{Omin}=U_{REF}$=1.2V。

当 R_P 调为 4.7kΩ 时，U_O 最大。

$$U_{Omax}=1.2\text{V}\times\left(1+\frac{R_P}{R}\right)$$

$$=1.2\text{V}\times\left(1+\frac{4.7\text{k}\Omega}{240\Omega}\right)=24.7\text{V}$$

即得 U_O 可调范围是：1.2～24.7V。

（2）CW317 的输入-输出压差范围为 3～40V。

取 $U_O=U_{Omin}$=1.2V，得 U_I 范围：4.2～41.2V；取 $U_O=U_{Omax}$=24.7V，得 U_I 范围：27.7～64.7V。这两个范围相交，即得该电路中输入电压 U_I 的允许范围：27.7～41.2V。

图 4-8 所示，为 CW317 的典型应用电路。图中，C_1、C_2 的作用与图 4-6 中的相同；C_3 是为了减小 R_P 上的纹波电压，通常在 10μF 以下；容量较大的 C_4 用于实现低频滤波；C_2 用于消除可能产生的高频自激振荡；保护二极管 VD_1、VD_2 用在输入端短路时，为 C_4、C_3 提供放电回路，防止放电电流反向流入稳压器，造成器件损坏。

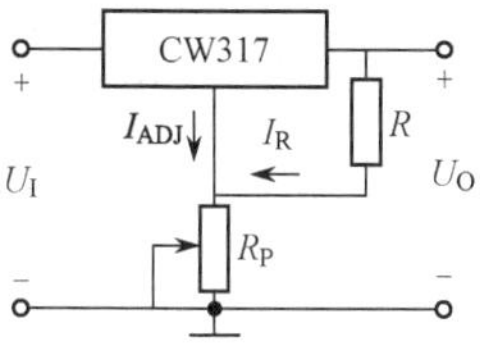

图 4-7　CW317 的基本应用电路

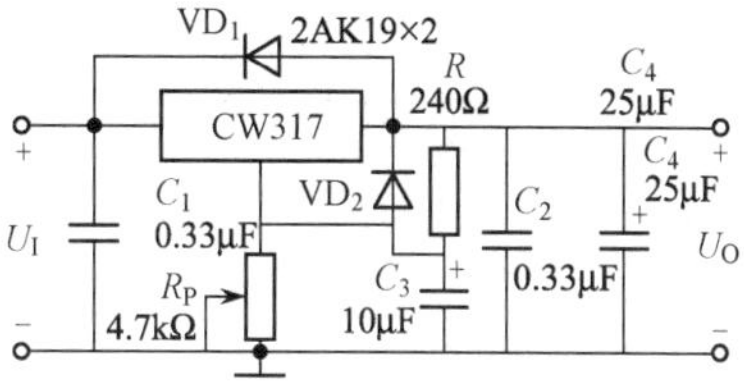

图 4-8　CW317 的典型应用电路

3．连续可调的双电压集成稳压电源（正负对称电源）

图 4-9 所示是连续可调的双电压集成稳压电源电路。电路由一块 CW7815 和一块 CW7915 三端稳压器对称连接，输出一组正负对称的稳定电压，且各输出电压值即可单独调节，也可同步调节。

由于变压器二次侧中心接地，故变压器二次侧输出相位相反的交流双 18V 电压，经 VD_1～VD_4 构成的整流桥整流，再经 C_1、C_2 滤波得到一直流电压。该直流电压的正负极被分别接入 CW7815 的 1 脚和 CW7915 的 3 脚，CW7815 的 3 脚接到电位器 R_{P2} 的滑动触片“d”上，CW7915 的 1 脚接到电位器 R_{P1} 的滑动触片“c”上。当将触片“c”滑到“o”端接地时，调节 R_{P2}，即可从“a”端得到“+6～+15V”的正向可调电压；若将触片“d”滑到“o”端接地，调节 R_{P1}，在“b”端就可得到“−15～−6V”的负向可调电压，将 R_{P1}、R_{P2} 换成同轴电位器，将获得正负对称的可调电压，输出电压值在±6～±15V 连续可调，达到同步调节的目的。本电路中的

CW7815、CW7915 三端稳压器上需加装散热片后使用。

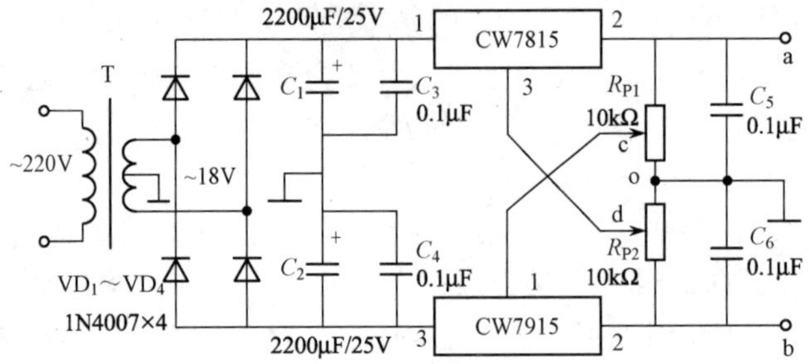

图 4-9 连续可调的双电压集成稳压电源电路

做一做

1．识别三端集成稳压器件的引脚

（1）识读表 4-2 所列三端稳压器的型号、引脚，写出各三端稳压器的输出电压和电流值，填写表 4-2。

（2）在下面空白处画出各三端稳压器的外形示意图，标出引脚标号。

表 4-2 三端稳压器的引脚功能和输出电压、电流

型号	引脚功能和输出值型号				
	1 脚	2 脚	3 脚	输出电压（V）	输出电流（A）
CW7815					
CW7915					
CW317					
CW337					

2．识读直流稳压电源电路图

借助资料识读图 4-10 所示直流稳压电源电路图，完成下列填空。

（1）电路中 1N5400 的主要技术参数是________________；1N4148 的主要技术参数是________________；LM317 的主要技术参数是________________。

（2）本电路由①________、②________、③________和④________四部分组成。每部分的主要元件是：①____________、②____________、③____________、④____________。

（3）电路中，LM317 是__________器件，其作用是__________；C_2 的作用是__________；C_3 的作用是__________；C_4 的作用是__________；VD_5、VD_6 的作用是__________。

（4）电路输出电压由元件________________决定；输出电压可在______V 到______V 之间连续调节；输出电流______A。

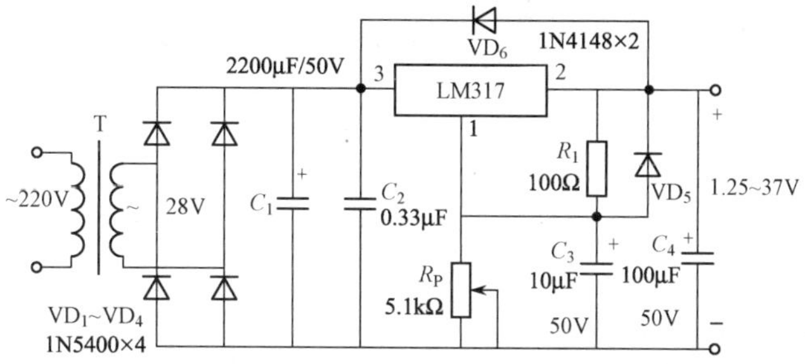

图 4-10　直流稳压电源电路图

知识链接三　稳压电源的主要技术指标

稳压电源的技术指标包含两方面：一是表明稳压电源工作特性的参数，包含允许的输入电压、输出电压、输出电流及输出电压的可调范围等；二是表明稳压电源性能优劣的质量参数，包括稳压系数、输出电阻、温度系数及纹波电压等。

1）稳压系数 S

在负载不变的条件下，输出电压的相对变化量与输入电压的相对变化量之比，即

$$S=\frac{\Delta U_O/U_O}{\Delta U_I/U_I}$$

S 越小，说明 U_O 稳定性越好。

2）输出电阻 r_o

在输入电压不变的条件下，输出电压的变化量与输出电流的变化量之比，即

$$r_o=\frac{\Delta U_O}{\Delta I_O}$$

r_o 是一个动态参数，它体现了稳压电源带负载的能力。r_o 越小，输出电压受负载的影响就越小，带负载能力就越强。

稳压系数 S 和输出电阻 r_o 为稳压电源的两个主要指标。此外，还有其他质量指标，如输出纹波电压 U_W，是指在额定负载下，U_O 中的交流分量的峰-峰值；电压调整率 K_U，是指在额定负载下，电网电压变化 10%，输出电压的相对变化量；电流调整率 K_I，是指电网电压不变，输出电流从零到最大值变化时，输出电压的相对变化量；温度系数 S_T，是指在输入电压和负载均不变的条件下，输出电压变化量与温度变化量之比。

技能实训　组装、调试与检修三端可调稳压器构成的直流稳压电源

【实训目标】

（1）会装接与调试三端可调稳压器电路；

（2）能正确测量三端可调稳压器电路的性能参数；

（3）会判断并检修三端可调稳压器电路的简单故障；

（4）正确使用双踪示波器、晶体管毫伏表、万用表、直流毫安表、自耦变压器等仪器设备。

【实训设备与器材】

通用面包板 1 块，双踪示波器 1 台，万用表、直流毫安表各 1 块，自耦变压器 1 台，晶体管毫伏表 1 块，镊子 1 把，元器件 1 套（详见表 4-3）。

【实训内容与步骤】

1．识读电路图

读一读

图 4-11 所示是由集成稳压器 CW317 组成的可调式直流稳压电源电路。交流 220V 电压经整流滤波后送入由 CW317 构成的稳压电路，稳压后送给负载。

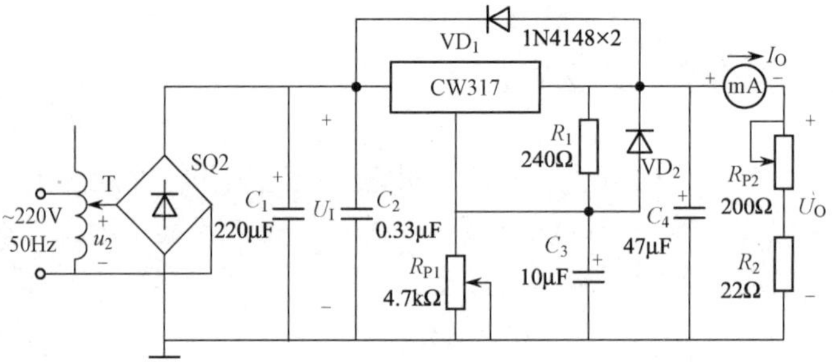

图 4-11　由 CW317 组成的可调式集成稳压电源电路

2．组装、调试与检修电路

做一做

（1）清点并检测元器件。

根据元器件及材料清单，清点并检测元器件，将测试结果填入表 4-3 中，正常的填“√”，如元器件有问题，及时提出并更换。将正常的元器件对应粘贴在表 4-3 中。

表 4-3　组装可调式集成稳压电源的元器件及材料清单

序号	名称	型号规格	数量	配件图号	测试结果	元件粘贴区
1	电阻器	240Ω	1 个	R_1		
2	金属绕线电阻器	22Ω/50W	1 个	R_2		
3	电位器	4.7kΩ	1 个	R_{P1}		
4	滑线变阻器	200Ω/1A	1 个	R_{P2}		
5	电解电容器	220μF/160V	1 个	C_1		
6	电容器	0.33μF	1 个	C_2		
7	电解电容器	10μF/50V	1 个	C_3		
8	电解电容器	47μF/50V	1 个	C_4		
9	二极管	1N4148	2 只	VD_1		
10				VD_2		
11	整流桥	SQ2	1 个			
12	三端集成稳压器	CW317	1 个			
13	导线		若干			

（2）画装配电路图。

根据图 4-11 所示的原理电路，在图 4-12 中画出电路装配图。

图 4-12　可调式集成稳压电源的电路装配图

（3）插接电路。

在通用面包板上，按图 4-12 插接电路，R_{P1} 置中间位置附近，R_{P2} 置最大。自耦变压器外置，且输出置零位。

（4）调试、检修电路。

① 接通交流电源，调节自耦变压器使其输出电压为 26V。测量稳压器输入电压 U_I、调整端电压 U_{ADJ}、输出电压 U_O 及输出电流 I_O，记入表 4-4。

表 4-4　稳压电源实测数据记录表（U_2＝26V，f＝50Hz，R_L＝222Ω）

U_I（V）	U_{ADJ}（V）	U_O（V）	I_O（mA）

若数据异常，说明电路存在故障，排除故障后记录如下：

故障现象及排除过程：____。

② 调节 R_{P1}，观察 U_O、I_O 的大小和变化情况。

（5）部分技术指标的测试。

① 纹波电压 U_W 的测试。

保持 U_2＝26V，调节 R_{P1} 使 U_O＝12V，调节 R_{P2} 使 I_O＝100mA。用示波器观察输出纹波，用晶体管毫伏表测纹波电压，U_W＝________mV。

② 稳压系数 S 的测试。

保持 R_{P1}、R_{P2} 不变，U_2、U_O 的初始值分别为 26V 和 12V。调节自耦变压器，使 U_2 分别为 24V 和 28V，测量各自对应的输出电压 U_O，填入表 4-5。计算两种情况分别相对于初始条件的稳压系数 S_1、S_2，填入表 4-5。

表 4-5　稳压电源的稳压系数测试记录表（I_O＝100mA）

序　号	U_2（V）	U_O（V）	稳压系数 S
0	26	12	
1	24		S_1＝
2	28		S_2＝

③ 输出电阻 r_o 的测试。

保持 U_2＝26V 不变，调节 R_{P2}，使 I_O 分别为 80mA 和 120mA，测量各自对应的输出电压 U_O，填入表 4-6。计算两种情况分别相对于初始条件的输出电阻 r_{O1}、r_{O2}，填入表 4-6。

表 4-6　稳压电源的输出电阻测试记录表（U_2＝26V）

序号	I_O（mA）	U_O（V）	输出电阻 r_O（Ω）
0	100	12	
1	80		r_{O1}＝
2	120		r_{O2}＝

④ 输出电压 U_O 可调范围的测试。

U_2 保持 26V 不变，取出 R_{P2}，使稳压电源空载。调节 R_{P1}，测量输出电压 U_O，得其可调范围。U_{Omin}＝__________V，U_{Omax}＝__________V。

⑤ 稳压电路最小输入电压 U_{Imin} 的测试。

稳压电源空载下，用示波器观测 U_O 波形。缓慢调小 U_2，当 U_O 开始明显下降时，停止调节。测量此时的 U_I，即得稳压电路的最小输入电压，$U_{Imin=}$______V。

【实训注意事项】

（1）自耦变压器不是安全变压器，在使用时一定要注意：一次绕组和二次绕组严禁对调使用，相线与零线不能接错，输出调压从零开始，使用结束回复零位。

（2）交流侧的"接地"与直流侧的电路"接地"不同。这一点，在对稳压电源进行调试和测量时尤需注意，以免损坏仪器仪表。

（3）电路装接时，二极管、电解电容的极性不能接错，以免损坏元器件。

（4）电路接好并检查无误之后，才可通电，也不能带电改装电路。

（5）整流桥的交流接线端与直流接线正端不能对调使用，否则整流桥不工作。整流桥的两个直流接线端子的极性不能颠倒，以免损坏后级电路中的元器件。集成稳压器的三端不能接错，调整端不能空置，以免损坏稳压器。

（6）在调节自耦变压器以获得所需 U_2 时，可将万用表打到对应交流电压挡，一支表笔固定到交流侧接地点，手持另一支表笔测 u_2 有效值，另一只手调节旋钮。

想一想

（1）在图 4-11 所示电路中，各电容的作用分别是什么？R_2 可否省掉？为什么？

（2）图 4-11 所示电路工作时，R_1 上的电流情况如何？随着 R_{P1} 的调节，该电流是否变化？

（3）在图 4-11 所示电路中，二极管 VD_1、VD_2 的极性为何均不能接反？R_1、R_{P1} 能否选的很大或很小？为什么？

（4）撰写组装、调试与检修三端集成可调稳压器构成的直流稳压电源的报告书。书写电路装接、调试与检修的全过程，附上有关资料和图纸，写出心得体会。

【实训考核】

考核要求和考核表样式参见附录 A。

练一练

习题 4.1

1．直流稳压电源由哪几部分组成？各组成部分的功能是什么？

2．衡量直流稳压电源的主要质量指标有哪几项？其含义是什么？

3．选择题

（1）三端集成稳压器 CW7906 的输出电压是（　　）。

A．−6V　　B．−9V　　C．−12V　　D．−18V

（2）电路正常工作时，用万用表测 LM7912 输出电压应为（　　）。

A．12V　　B．−2V　　C．2V　　D．−12V

4．判断题

（1）可调式三端集成稳压器有三个接线端，即输入端、输出端和公共端。（　　）

（2）直流稳压电源只能稳压，不能稳流，流过负载的电流大小由负载大小决定。（　　）

任务二　开关稳压电源的认识

【学习目标】

◇ 了解开关稳压电源的组成框图及稳压原理

◇ 了解开关稳压电源的主要优点，列举其在电子产品中的典型应用

读一读

任务一中，我们学习的稳压电源，其技术已比较成熟，具有稳定性能好、输出纹波电压小、使用可靠等优点。但是，这种稳压电源也存在：①体积大且笨重；②功耗较大，效率较低，一般只有 40%～50%；③需加装大体积的散热器等缺点。这些缺点使得这种稳压电源难以满足电子设备小型化、低成本化和高供电效率的要求，也使得以轻、薄、小和高效率为发展方向的开关稳压电源迅速发展。图 4-13 列举了几个开关稳压电源的应用领域。

（a）彩色电视

（b）计算机

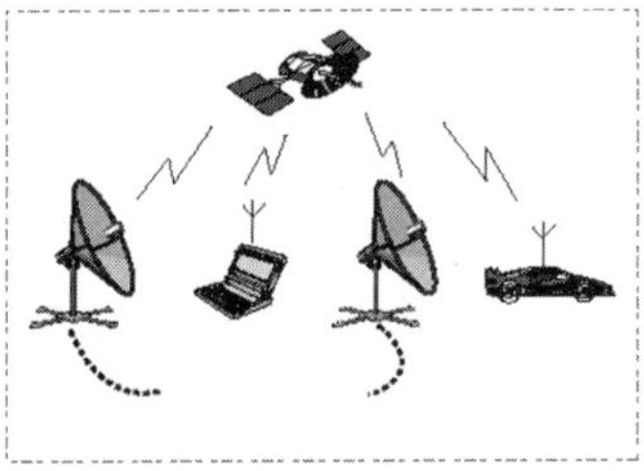

（c）通信

（d）航天

图4-13　开关稳压电源应用领域举例

学一学

开关稳压电源是怎样组成和工作的呢？它有哪些特性呢？它在电子产品中是怎样应用的呢？

知识链接一　脉宽调制型开关稳压电源

1．时间比率控制原理

改变脉冲的占空比以改变其平均值的基本原理如图4-14所示。对于单极性矩形脉冲电压来说，其直流平均电压 U_O 取决于矩形脉冲的宽度，脉冲越宽，其直流平均电压值就越高。直流平均电压 U_O 的大小，可由下式计算：

$$U_O=U_m\times t_w/T$$

式中：U_m 为矩形脉冲最大电压值；T 为矩形脉冲周期；t_w 为矩形脉冲宽度。

可以看出，当 U_m 与 T 不变时，直流平均电压 U_O 将与脉冲宽度 t_w 成正比。只要设法使脉冲宽度随脉冲幅度的增大而变窄，就可以达到使平均电压稳定的目的。

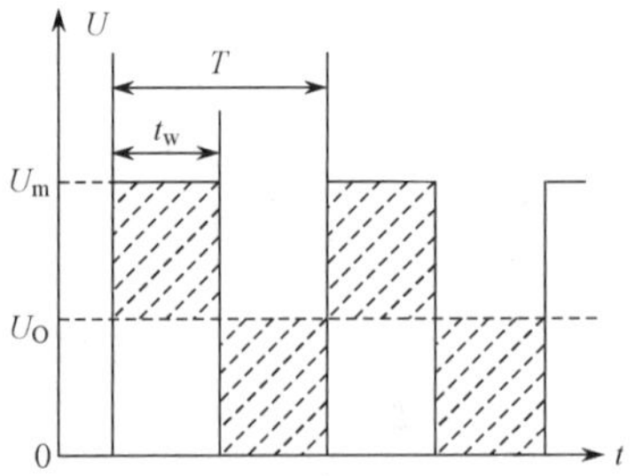

图4-14　用占空比改变平均值示意图

2．开关稳压电源的基本组成框图及稳压原理

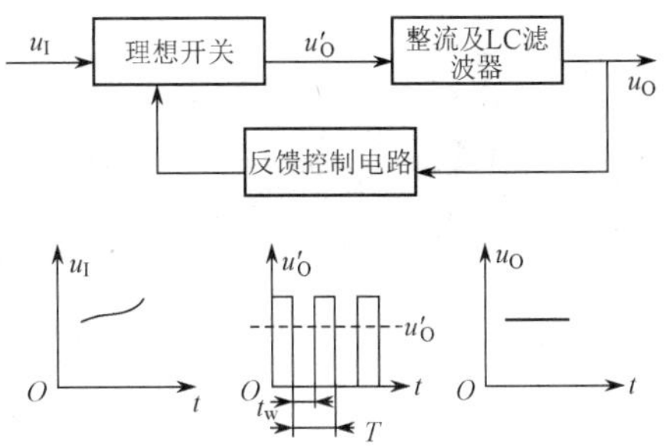

图 4-15　开关稳压电源结构框图及波形图

开关稳压电源就是采用功率半导体器件作为开关，通过控制开关的通断时间比来调整输出电压的稳压电源。虽然开关稳压电源的类型较多，电路组成也较复杂，但一般都由图 4-15 所示的一些功能电路为主构成。

输入电压 u_I 一般为整流、滤波后的不稳定电压，该电压提供给开关电路。

理想开关对输入电压 u_I 进行开关振荡，产生的开关脉冲电压送到后级整流及 LC 滤波器。

整流及 LC 滤波器对理想开关电路送来的开关脉冲进行整流和滤波，产生稳定的直流输出电压。

反馈控制电路对输出电压 u_O 进行取样，得到的误差电压对理想开关进行负反馈控制，以保证输出电压的稳定。

其工作过程如下：

假设理想开关的开关周期为 T，接通时间为 t_w，如果开关频率远大于电源频率，则在开关的一个周期内可以不考虑输入电压 u_I 中的纹波，把 u_I 视为常量。因此，开关输出电压就是幅度为 u_I、周期为 T、脉冲宽度为 t_w 的周期性矩形脉冲 u'_O，如图 4-15 中所示。用 LC 滤波器滤去交流成分后，输出端便得到直流电压 u_O，当 u_O 增加或减小时由反馈电路产生控制信号去控制脉冲的占空比，使之减小或增加，从而实现了稳定输出电压的目的。

3．开关稳压电源的特点

（1）内部功率损耗小，转换效率高。在开关电源电路中，功率调整开关管，交替地工作在开关状态，转换频率一般在 50kHz 以上，甚至达到兆赫级。这使得功率调整开关管的功耗大为减小，整个开关稳压电源的转换效率大幅度提高，其转换效率可高达到 90%左右。

（2）体积小，质量轻。开关稳压电源无需笨重的工频变压器，又省去了较大的散热片。

（3）稳压范围宽，线性调整率高。开关稳压电源的输出电压是由占空比来调节的。这样，在工频电网电压变化较大时，它仍能够保证有较稳定的输出电压。

（4）电路形式灵活多样。开关稳压电源实现稳压的方法和技术有多种，可以根据实际需要，灵活地选用。

（5）主要缺点：开关干扰严重，电路结构复杂，不便于维修。

知识链接二　集成脉宽调制器 NCP1200 简介

NCP1200 是 ON Semiconductor 公司生产的低功率通用离线电源脉宽调制电流模式控制器，它代表向超密集型开关电源的大飞跃。该器件在对元件数据要求比较严格的场合，特别是在低价 AC/DC 变换器或辅助电源等应用方面，不失为理想的选择。它具有待机功耗低、无须辅助绕组、几乎不需要外部元件、工作时无音频噪声等优点。目前，该芯片已经大量应用于不同的电源领域，如手提电脑充电器、打印机电源、中小功率 AC-DC 电源、各类充电适配器、DVD 电源、TV、LCD 待机电源等。图 4-16 所示是充电适配器实物图。

NCP1200 有两种封装形式：8 脚双列直插式（NCP1200P）和扁平式（NCP1200D），其外形和引脚排列如图 4-17 所示。其引脚功能如下。

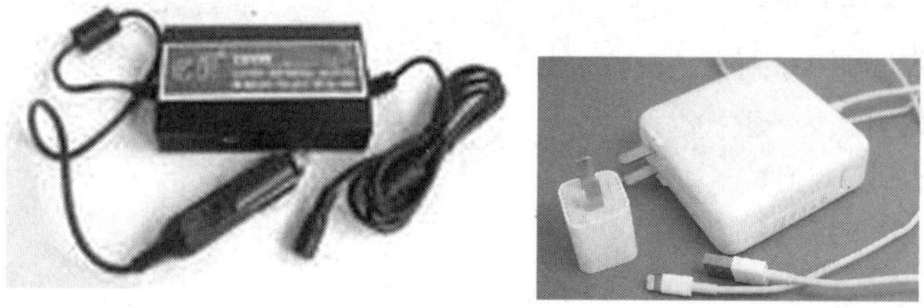

（a）笔记本电脑充电器　　（b）手机充电器

图 4-16　充电适配器实物图

1 脚（ADJ）阈值电压调节端。该端悬空时，上电后默认阈值电压为 1.4V，用户亦可在该端接上拉电阻或下拉电阻，从而改变阈值电压值。

2 脚（FB）反馈端，与光耦反馈电路相连，并根据负载情况来调节峰值驱动电流的大小。

3 脚（CS）电流检测端，接外部功率开关管的过电流检测电阻。

4 脚（GND）内部逻辑接地。

5 脚（DRV）驱动脉冲输出端，接功率开关管的栅极。

6 脚（V_{CC}）动态自供电源的引出端。该端与地之间需并连一只 10μF 的储能电容。

7 脚（NC）空脚，它插在 HV 引脚和 V_{CC} 引脚之间，能减小高压漏电。

8 脚（HV）高压输入端，直流高压由此端输入，通过高压电流源给储能电容进行恒流充电，建立起 V_{CC}。

图 4-18、图 4-19 分别是 6.5V 电源适配器的实物图和采用 NCP1200 构成的 6.5V/0.6A 电源适配器的电路图。这种电源适配器可为随身听、电动玩具提供电源。它对全世界范围内的 85～265V 交流电源均适用。

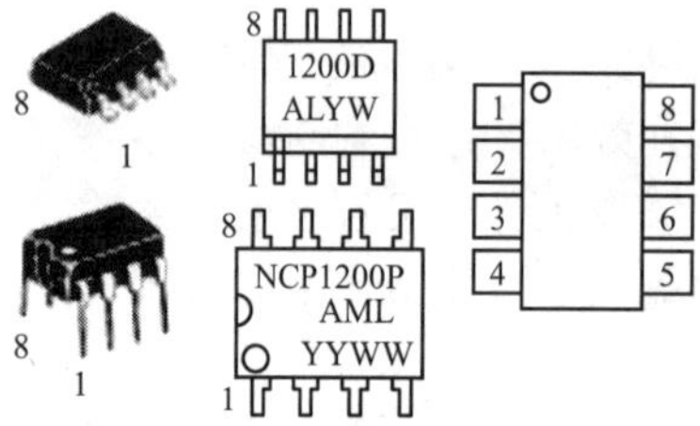

图 4-17　NCP1200 外形和引脚排列

图 4-18　6.5V 电源适配器实物图

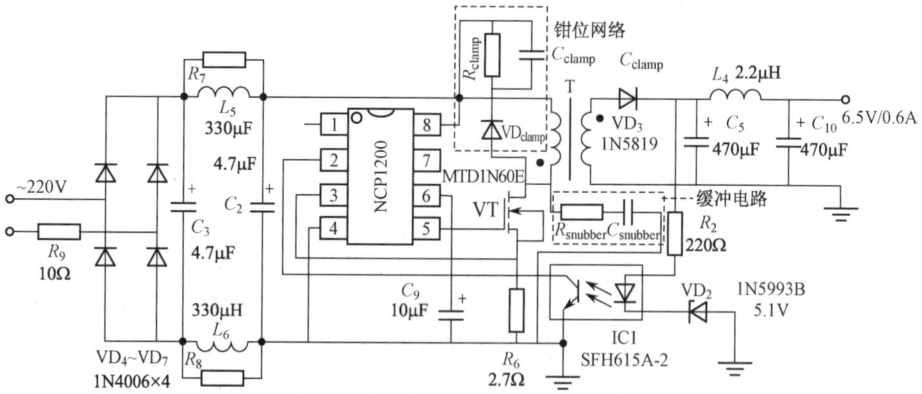

图 4-19　6.5V/0.6A 电源适配器电路

查一查

查阅各种资料，了解集成脉宽调制器的产品、性能及其应用电路。

练一练

习题 4.2

1．画出开关式稳压电源的原理框图，简述其基本工作过程。

2．开关稳压电源有哪些特点？

3．画出 NCP1200 引脚排列示意图并简述各引脚功能。

4．判断题

（1）开关型稳压电源按照控制方式分为调宽和调频两种。（　　）

（2）开关型稳压电源和串联型稳压电源的比较放大管都工作在线性区，即放大区。（　　）

模块小结

（1）能把交流电经整流、滤波、稳压过程转变为直流电的电路称为直流稳压电源。广泛应用的三端集成稳压器具有体积小、精度高、性能优、工作可靠及使用方便等一系列优点。它有固定输出和可调输出、正电压输出和负电压输出之分，可根据实际需要加以选择，组成各种直流稳压电源。

（2）轻、薄、小和转换效率高、稳压范围宽、线性调整率高、电路形式灵活多样的开关稳压电源发展迅速。它通过调整高频开关元件的开关时间比例，达到稳定输出电压的目的。在目前开发和使用的开关电源集成电路中，绝大多数为脉宽调制型的。NCP1200 是典型的脉宽调制电路集成芯片。

教学微视频

扫一扫

模块五　正弦波振荡器

任务一　正弦波振荡器的认知

【学习目标】

◇ 掌握正弦波振荡器的组成框图及类型
◇ 理解自激振荡的条件

读一读

电子技术实际应用中的单元电路大体可分为两类：一类是信号处理电路，即改变输入信号特征的电路；另一类是信号发生电路，即产生并输出稳定的、随时间呈周期性变化的电信号的电路。

信号处理电路的框图如图 5-1（a）所示。这类电路的输出信号相对于输入信号而言，在波形、振幅、频率、相位等方面会发生改变。在前面所学的整流电路、滤波电路、稳压电路、各种放大电路等都属于这种类型的电路。

信号发生电路又称信号发生器、振荡器，其框图如图 5-1（b）所示。这类电路将直流电源提供的电能转变为交流电能，并输出具有一定特征的电信号。与信号处理电路相比较，这类电路的一个显著区别在于它没有电信号的输入。信号发生器广泛应用于测量、自动控制、通信、广播及遥控等技术领域。

（a）信号处理电路的框图

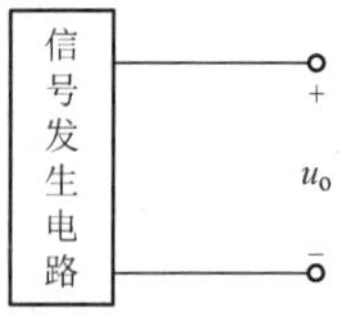

（b）信号发生电路的框图

图 5-1　信号处理电路与信号发生电路

信号发生器的种类很多。按其输出信号的波形来分，有正弦波振荡器和非正弦波（如方波、三角波、锯齿波、脉冲序列等）信号发生器两大类。如图 5-2 所示，是几种常用的信号发生器。

正弦波振荡器作为一种基本的信号源，得到了广泛的应用。利用波形变换电路，也可将正弦波转换为其他波形。

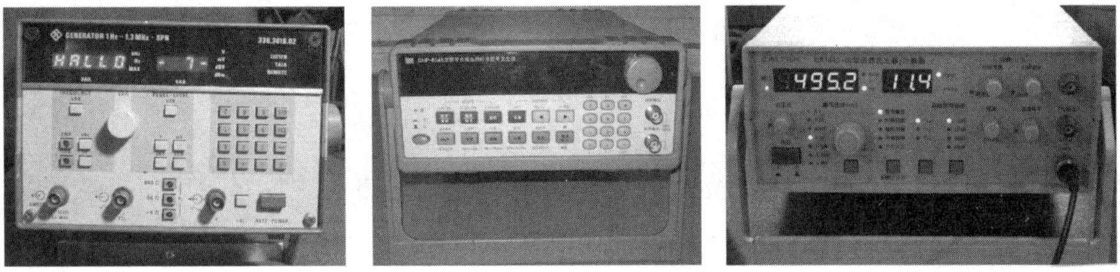

（a）低频信号发生器　　（b）高频信号发生器　　（c）函数信号发生器

图 5-2　几种常用的信号发生器

看一看

函数信号发生器的主要功能有哪些？

学生观察教师的演示实验。

【实验步骤】

（1）按图 5-3（a）所示连接电路；

（2）切换函数信号发生器的波形选择功能键，用示波器观察 u_o 波形；

（3）将函数信号发生器的波形选择功能键依次切换至“正弦波”“方波”与“三角波”，调节“频段选择”与“频率微调”控制键，用示波器观察 u_o 波形的变化。显示波形分别如图 5-3（b）、（c）、（d）所示；

（4）将函数信号发生器的波形选择功能键切换至“正弦波”，调节“幅度调节”控制键，用示波器观察 u_o 波形的变化。

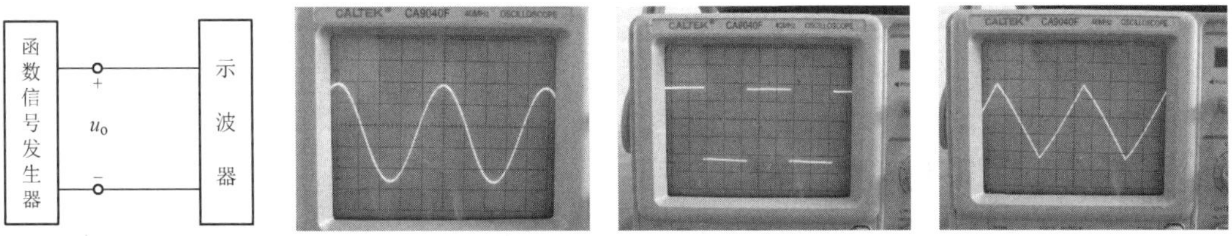

（a）演示实验原理图　　（b）正弦波　　（c）方波　　（d）三角波

图 5-3　函数信号发生器功能演示

想一想

上述实验说明什么问题？

【实验结论】

函数信号发生器是一种能够产生并输出不同波形（正弦波、方波、三角波等）的信号，且信号频率与信号幅度可调的电子仪器。

学一学

作为基本信号源，正弦波振荡器是如何构成的？它分为哪些种类？它的基本工作原理是怎样的？让我们进入以下学习单元吧！

知识链接一　正弦波振荡器的组成与分类

1. 正弦波振荡器的组成

正弦波振荡器实质上就是一个没有信号输入的带选频网络的正反馈放大器，通常由基本放大器、正反馈网络及选频网络三部分所组成。基本放大器是维持正弦波振荡器连续工作的主要环节；正反馈网络可满足起振和稳定自激振荡调节；选频网络只让某一频率满足振荡条件，以产生单一频率的正弦波。

2. 正弦波振荡器的分类

正弦波振荡器根据其选频网络的组成情况，分为 RC 正弦波振荡器、LC 正弦波振荡器和石英晶体振荡器三种。RC 正弦波振荡器一般用来产生 1Hz～1MHz 的低频信号；LC 正弦波振荡器一般用来产生 1MHz 以上的高频信号；石英晶体振荡器则用来提供对频率稳定性要求较高的信号。

知识链接二　正弦波振荡器的基本工作原理

1. 正弦波振荡器的稳幅振荡条件

图 5-4（a）所示是一个带有选频网络的正反馈放大器的组成框图。其中，反馈信号 x_f 与电路的输入信号 x_i 同相；基本放大器的净输入信号 $x_{ia}=x_i+x_f$ 强于电路的输入信号 x_i；基本放大器的放大倍数 $A=x_o/x_{ia}$，其相移 $\varphi_a=\varphi_{xo}-\varphi_{xia}$；反馈网络的反馈系数 $F=x_f/x_o$，其相移 $\varphi_f=\varphi_{xf}-\varphi_{xo}$；环路增益 $AF=x_f/x_{ia}$，环路相移 $\varphi=\varphi_a+\varphi_f=\varphi_{xf}-\varphi_{xia}=2k\pi$（$k\in\mathbf{Z}$）。

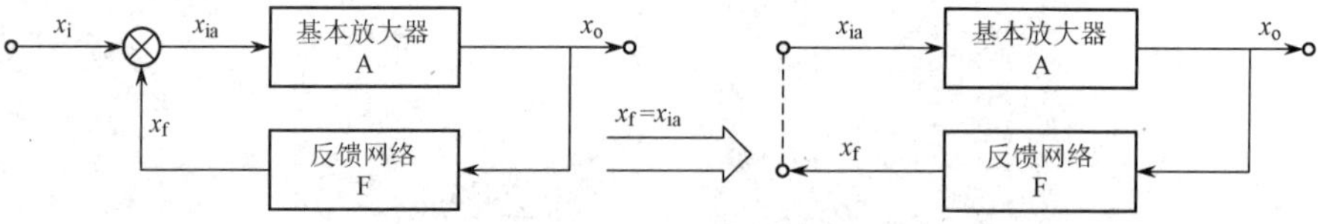

（a）带有选频网络的正反馈放大器　　（b）稳幅振荡的正弦波振荡器

图 5-4　正弦波振荡器的等效组成框图

当 x_f 与 x_{ia} 在大小和相位上都一致时，去除电路的输入信号（即 $x_i=0$），连接基本放大器的输入端与反馈网络的输出端而形成闭环系统，其输出信号的幅度将得到稳定。此时的电路就相当于一个稳幅振荡的正弦波振荡器，如图 5-4（b）所示。

综上分析，可得正弦波振荡器稳幅振荡必须同时满足的两个条件。

（1）相位平衡条件。电路需引入正反馈，即环路相移 $\varphi_a+\varphi_f=2k\pi$（$k\in\mathbf{Z}$）；

（2）振幅平衡条件。电路的环路增益需等于 1，即 $AF=1$。

需要说明的是，正弦波振荡器产生的信号频率（一般称为振荡频率）f_0 通常由相位平衡条件所决定，电路只对频率为 f_0 的信号引入正反馈，满足相位平衡条件。这也就意味着正弦波振荡器中必然含有选频网络（具有选频特性的电路）。RC 正弦波振荡器中的选频网络由 R、C 元件所组成；LC 正弦波振荡器中的选频网络由 L、C 元件所组成；石英晶体振荡器则是利用石英晶体谐振器的频率特性来进行选频。选频网络可设置在基本放大器中，也可设置在反馈网络中。

2. 正弦波振荡器的自激振荡条件

1）环路增益 AF 对振幅的影响

正弦波振荡器在频率为 f_0 的信号作用下刚好引入正反馈，满足了相位平衡条件。此时，若

环路增益 $AF=1$，则电路可维持原来的振荡幅度，输出等幅信号，这是一种稳幅振荡。而当 $AF>1$ 时，经过一次环路作用后的反馈信号 x_f 将强于基本放大器原来的输入信号 x_{ia}，这样，电路的振荡幅度将不断增强，输出增幅信号，（AF 越大，增幅越快），这是一种增幅振荡。同理，当 $AF<1$ 时，电路呈现减幅振荡，且 AF 越小，输出信号的幅度下降速度越快，减幅振荡将导致电路停振。

环路增益 AF 对电路振幅的影响，如图 5-5（a）、（b）、（c）所示。

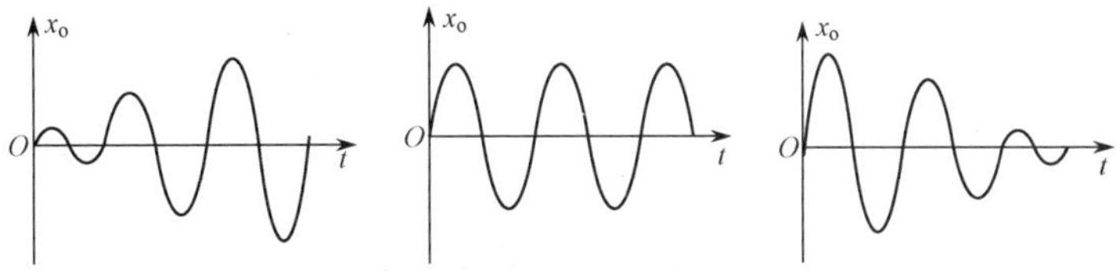

（a）$AF>1$，增幅振荡　（b）$AF=1$，稳幅振荡　（c）$AF<1$，减幅振荡

图 5-5　AF 对振荡幅度的影响

2）起振与稳幅

实际上，正弦波振荡器的工作过程是：首先，由于电路接通电源时产生的突变信号（或环路中存在的固有噪声）具有很宽的频率范围，选频网络便可将其中频率为 f_0 的成分选出后引入正反馈，且在满足 $AF>1$ 的条件下进行增幅振荡，这一过程被称为电路的起振。然后，随着振荡幅度的不断增强，放大器件进入非线性工作状态，造成放大倍数的下降，环路增益 AF 随之减小。当 AF 减为 1 时，电路进入稳幅振荡，输出幅度稳定的正弦信号。

可见，正弦波振荡器若要自激振荡，需满足如下条件。

（1）相位条件：$\varphi_a+\varphi_f=2k\pi$（$k\in\mathbf{Z}$）；

（2）振幅条件：$AF\geqslant 1$。

需要说明的是，上面所说的稳幅是一种内稳幅，它利用了放大器件自身的非线性来实现振幅调节。也有一些正弦波振荡器，在保持放大电路线性工作的情况下，外加非线性环节来实现增益调节，这种称为外稳幅。

练一练

习题 5.1

1．从组成上看，正弦波振荡器通常包含哪些部分？

2．正弦波振荡器自激振荡的条件有哪些？请分别加以说明。

3．选择题

（1）正弦波振荡器的振荡频率 f_0 取决于（　　）。

A．反馈强度　　B．反馈元件的参数

C．放大器的放大倍数　　D．选频网络的参数

（2）以下属于低频正弦波振荡器的是（　　）。

A．变压器反馈式振荡器　　B．RC 串并联振荡器

C．电容三点式振荡器　　D．石英晶体振荡器

4．判断题

（1）正弦波振荡器必须要输入正弦信号。（　　）

（2）正弦波振荡器必须同时满足相位平衡条件和幅度平衡条件才能使振荡稳定，二者缺一不可。（　　）

（3）放大器与正弦波振荡器均能将电源的直流功率变为电路的交流信号输出。（　　）

任务二　正弦波振荡器的制作与测试

【学习目标】

◇ 能识读 LC 振荡器、RC 桥式振荡器、石英晶体振荡器的电路图

◇ 了解振荡器的工作原理，能估算振荡频率

◇ 会安装、调试 RC 桥式音频信号发生器

学一学

常用正弦波振荡器有哪些种类？它们的电路结构分别是怎样的？各自的应用特点又如何呢？让我们进入以下学习单元吧！

知识链接一　LC 振荡器

LC 正弦波振荡器根据信号反馈的方式来分，有变压器（也称互感器）反馈式正弦波振荡器、电感反馈式（常称电感三点式）正弦波振荡器和电容反馈式（常称电容三点式）正弦波振荡器三种。

无论何种 LC 正弦波振荡器，其选频网络总为 LC 并联电路，它是利用该网络所具有的谐振特性来进行选频的。

变压器反馈式正弦波振荡器

图 5-6 所示为典型的变压器反馈式正弦波振荡器的电路组成与交流通路。

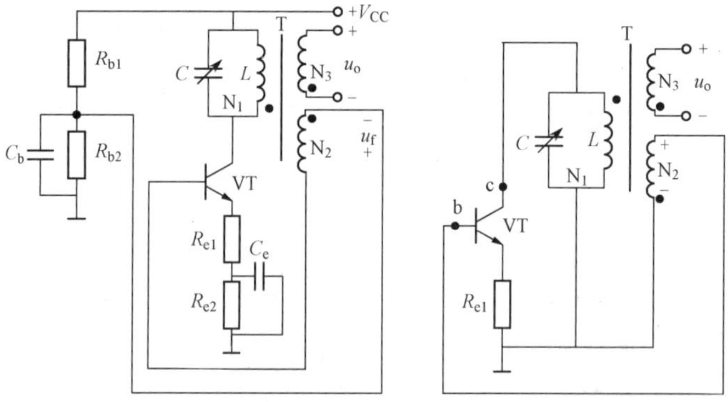

（a）电路图　　（b）交流通路

图 5-6　典型的变压器反馈式正弦波振荡器

该振荡器由具有内稳幅的分压式偏置晶体管放大电路、LC 并联谐振电路及变压器反馈线圈 N_2 所组成。反馈信号送入放大器的基极，经放大后由集电极输出，故放大器为共射组态，同时由于 LC 并联回路接在晶体管的集电极，所以称这种电路为共射调集振荡器。

电路中接入 C_b 是为了提高增益，接入 R_{e1} 是为了改善放大器的动态性能，调节 C 可实现振荡频率 f_0 的改变，负载接在线圈 N_3 两端。

常见 LC 振荡器性能比较见表 5-1。

表 5-1　常见 LC 振荡器性能比较

电路种类	变压器反馈式	电感反馈式	电容反馈式
交流通路	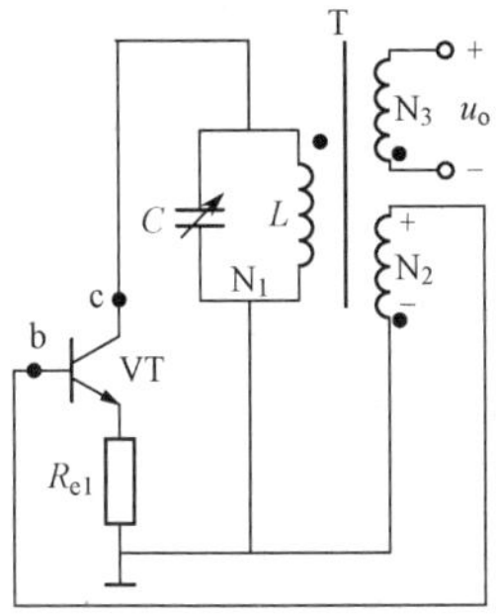	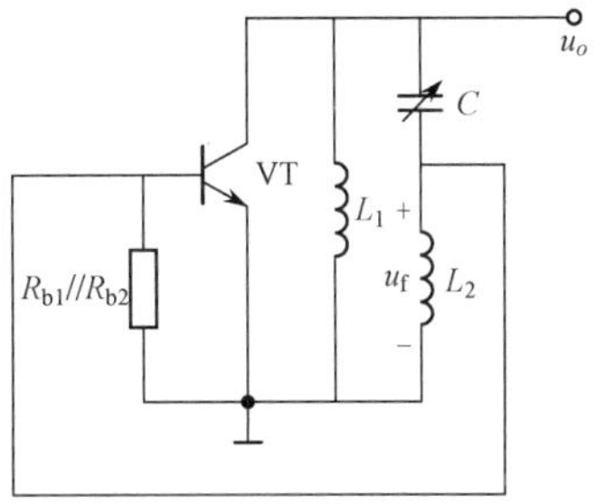	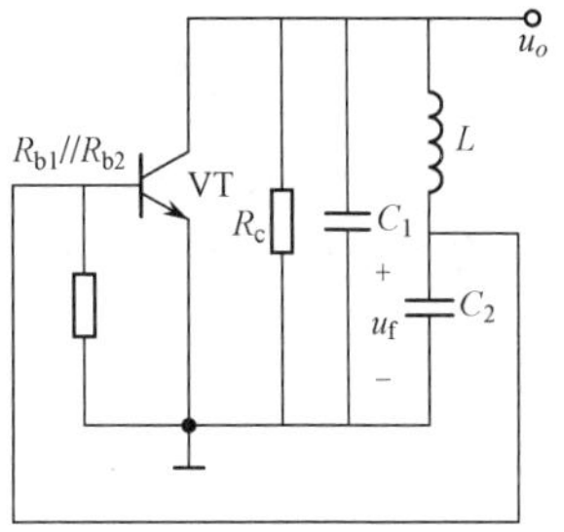
振荡频率	$f_0=\dfrac{1}{2\pi\sqrt{LC}}$	$f_0=\dfrac{1}{2\pi\sqrt{LC}}=\dfrac{1}{2\pi\sqrt{(L_1+L_2+2\sqrt{L_1L_2})C}}$	$f_0=\dfrac{1}{2\pi\sqrt{LC}}=\dfrac{1}{2\pi\sqrt{L\dfrac{C_1C_2}{C_1+C_2}}}$
频率调节方法	改变电容调节频率范围较宽	改变电容调节频率范围较宽	改变电感调节频率范围较窄
优点	容易起振，调节频率方便，便于实现阻抗匹配	容易起振，容易调节	振荡频率高，波形较好
缺点	体积大，频率较低，波形不太好	输出取自电感，波形差	容易停振，谐振频率容易受极间电容的影响
用途	频率不太高的振荡器	用于波形要求不高的振荡器	普通型电容三点式振荡器用于固定频率的振荡器；改进型电容三点式振荡器在电视、广播发射中应用较多

最后需要说明的是，无论何种 LC 正弦波振荡器，其放大器均可采用集成运放；使整个电路更简洁，性能更稳定。无论哪种 LC 正弦波振荡器，其选频网络总为 LC 并联电路，它是利用该网络所具有的谐振特性来进行选频的。

知识链接二　RC 振荡器

当要求正弦波振荡器的振荡频率较低（几十千赫兹以下）时，若采用 LC 振荡器，需使用很大的电感和电容，由此也会带来振荡器的体积大、笨重及价格高等缺陷。所以，这种情况下通常采用 R、C 选频网络来替代 LC 谐振回路，也就构成了所谓的 RC 正弦波振荡器。以下针对其中常见的文氏电桥振荡器，简要介绍电路的组成、工作原理与应用特点。

1. RC 串并联选频网络

图 5-7 所示为 RC 串并联选频网络。正弦输入电压 u_i 作为网络的总电压，输出电压 u_o 取自

RC 并联网络两端。利用正弦交流电路的知识，对该串并联网络进行分析可得，当交流电的频率 $f=\frac{1}{2\pi RC}$时，u_o 与 u_i 的关系如下。

（1）相位关系：u_o 与 u_i 同相；

（2）数量关系：$U_o/U_i=1/3$，达最大值。

2．文氏电桥振荡器

图 5-8 所示为文氏电桥振荡器的原理图。R_1、R_2 引入电压负反馈，与集成运放 A 共同构成负反馈放大器作为正弦波振荡器的放大电路。RC 串并联选频网络引入正反馈，以满足振荡的相位条件。由于两种反馈网络在集成运放输入端的连接呈桥式结构，故这种电路称为文氏电桥振荡器。

对于负反馈放大器，反馈系数 $F_-=R_2/$（R_1+R_2）。由于集成运放具有很高的开环电压增益，故负反馈放大器处于一种深度负反馈（因为 $AF\gg1$）状态，其闭环电压增益 $A_{uf}\approx1/F_-=$（R_1+R_2）$/R_2=1+R_1/R_2$。

欲满足自激振荡的振幅条件 $A_{uf}F_+\geqslant1$，应有 $A_{uf}\geqslant1/F_+=3$ 即 $1+R_1/R_2\geqslant3$，即$\frac{R_1}{R_2}\geqslant2$ 或 $R_1\geqslant2R_2$ 或 $R_2\leqslant\frac{R_1}{2}$。

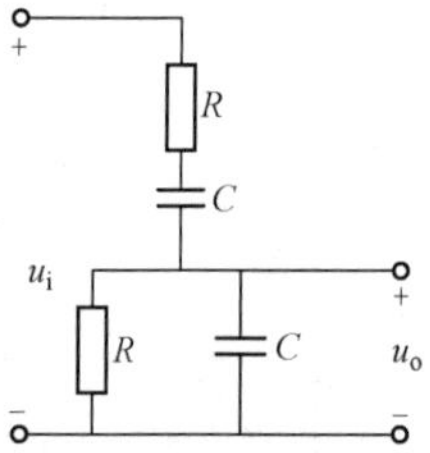

图 5-7　RC 串并联选频网络

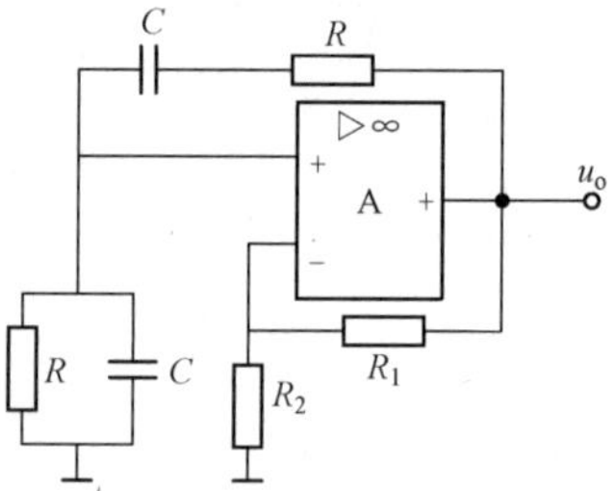

图 5-8　文氏电桥振荡器

该电路的振荡频率

$$\omega_0=\frac{1}{RC}\text{或}f_0=\frac{1}{2\pi RC}$$

为使电路的输出波形失真小，通常在设计电路时，使 $A_{uf}F_+$ 稍大于 1，即 R_1 稍大于 $2R_2$，电路工作在临界振荡状态。但这样又会因工作条件的变化，在 A_{uf} 稍有减小时造成 $A_{uf}F_+<1$，电路停振。为此，R_1 常采用具有负温度系数的热敏电阻，由它实现对电路的自动稳幅（外稳幅）。当电路刚起振时，R_1 温度最低，阻值最大，$A_{uf}=1+R_1/R_2$ 最大，满足起振条件 $A_{uf}F_+>1$，可起振；随着振荡幅度的增加，热敏电阻消耗的功率增大，温度上升，R_1 减小，使得 $A_{uf}F_+$减小，直至 $A_{uf}F_+=1$，电路稳幅振荡。当然，如果 R_2 采用正温度系数的热敏电阻，也能实现自动稳幅。

由于文氏电桥振荡器不仅振荡较稳定，波形良好，而且振荡频率在较宽的范围内能方便地连续调节。所以被广泛地用作频率可调的测量振荡器。

知识链接三　石英晶体振荡器

通信系统和各种电子设备中所使用的振荡器，有时对其振荡频率稳定度（是指一段时间内振荡频率的最大变化量与标称频率的比值）有很高的要求，而这种要求是一般 RC 或 LC 振荡器所无法达到的。在这种情况下，往往采用石英晶体振荡器。石英体振荡器是利用石英晶体具有压电效应的特点而工作的，它相当于一个 Q 值很高（可达到 10^5 以上）、频率稳定度高的谐振回路，其核心元件是晶片。石英体振荡器的频率有串联谐振频率 f_S 和并联谐振频率 f_P 之分，其应用电路也就有串联型和并联型两类。

1）并联型石英晶体振荡器的工作频率在 f_S 和 f_P 之间，石英晶体等效于电感。

2）串联型石英晶体振荡的工作频率等于 f_S，石英晶体作为串联谐振回路接于放大器的正反馈网络中，以调节反馈量来实现选频。

两种石英晶体振荡器的特点比较见表 5-2。

表 5-2　两种石英晶体振荡器特点比较

比较项目	电路类型	
	并联型石英晶体振荡器	串联型石英晶体振荡器
电路图	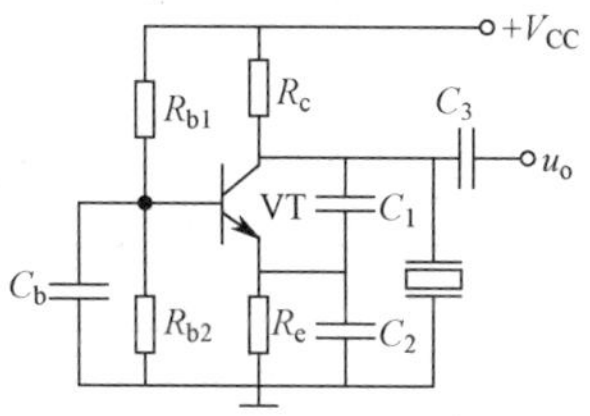	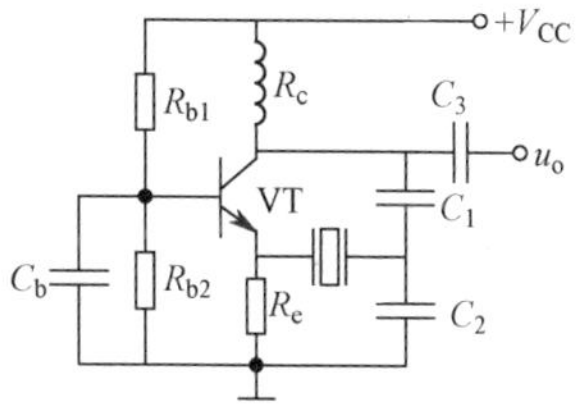
交流通路	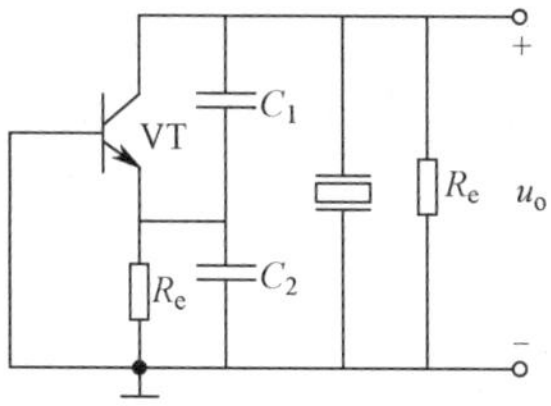	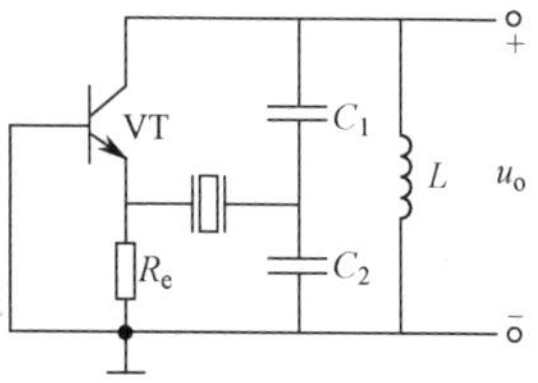
石英晶体的作用	等效为电感	等效为 LC 串联支路
反馈信号	C_2 两端的 v_f	R_{e2} 两端的 v_f
振荡频率	$f_S < f_0 < f_P$	$f_0 = f_S$
振荡波形	好	较差
频率稳定度	好	好
频率调整	取决于石英晶体，只能微调	不能调整

查一查

1．查阅各种资料，了解石英晶体谐振器的主要参数。

2．查阅各种资料，了解石英晶体振荡器的电路结构。

技能实训　制作与调试 RC 桥式音频信号发生器

【实训目标】

（1）能按工艺要求，在面包板上装接与调试 RC 桥式音频信号发生器；

（2）能用示波器观测振荡波形，会用频率计测振荡频率；

（3）能排除振荡器的简单故障；

（4）通过实训，增强专业意识，培养良好的职业道德和职业习惯。

【实训设备与器材】

学生分为若干组，每组提供双路直流稳压电源、双踪示波器、频率计各一台，指针式万用表一块。电路装接所用的元器件及器材见表 5-3。

表 5-3　制作与调试正弦波振荡器项目元器件及器材清单

序　号	名　称	型号规格	数　量	配件图号	测试结果	元器件粘贴区
1	金属膜电阻器	RJ－0.25－5.1kΩ	1 个	R_1		
2	金属膜电阻器	RJ－0.25－2kΩ	1 个	R_L		
3	金属膜电阻器	RJ－0.25－10kΩ	4 个	R		
4				R		
5				R		
6				R		
7	电位器	3296W－1－104（100kΩ）	1 个	R_W		
8	二极管	1N4001	2 只	VD_1		
9				VD_2		
10	独石电容	CT4－40V－0.1μF	5 个	C		
11				C		
12				C		
13				C		
14				C		
15	集成电路	μA747	1 块	A_1、A_2		
16	IC 管座	DIP14	1 个			
17	连接导线		若干			
18	通用面包板		1 块			

【实训内容与步骤】

1．清点与检测元器件

根据元器件及材料清单，清点并检测元器件。将测试结果填入表 5-3 中，正常的填“√”，如元器件有问题，及时提出并更换。将正常的元器件对应粘贴在表 5-3 中。

2．在面包板上装接 RC 桥式音频信号发生器

RC 桥式音频信号发生器的电路图如图 5-9 所示。根据电路图，在图 5-10 中画出电路的装配图。按装配图装接电路，其中 R_W 置最大。

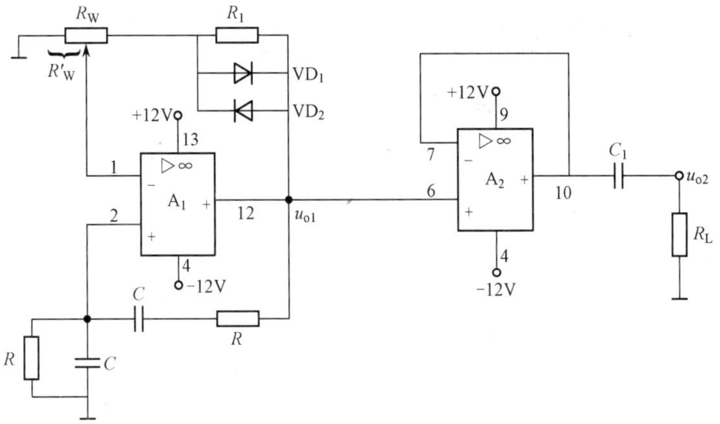

图 5-9　RC 桥式音频信号发生器的电路图

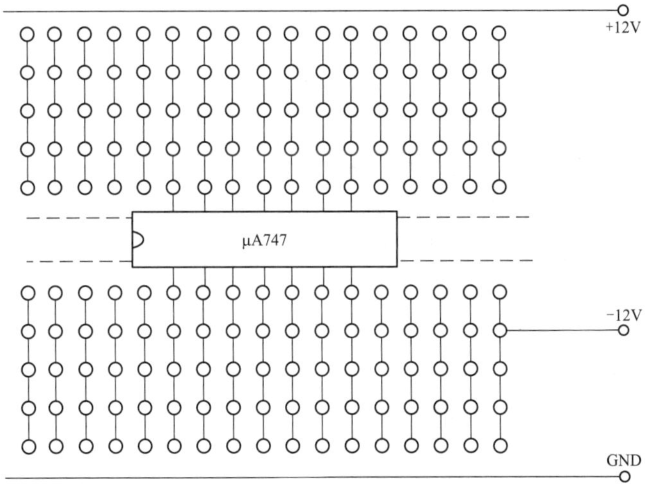

图 5-10　RC 桥式音频信号发生器的装配图

【实训注意事项】

（1）按装配图进行装接，不漏装、错装，不损坏元器件；

（2）元器件插装要美观，分布均匀、排列整齐、高低有序，不能歪斜；

（3）装接集成块时，需先插装底座，插装要小心，以免造成器件损伤；

（4）严禁集成运放的电源极性接反及输出端短路，以免损坏芯片；

（5）元器件排列整齐并符合工艺要求。

3．调试 RC 桥式音频信号发生器

接通电源，用示波器监测 u_{o2} 的波形，调小 R_W 直至振荡波形 u_{o2} 将出现失真。

4．用频率计测量信号发生器的振荡频率

（1）用示波器观察 u_{o1}、u_{o2} 的波形，用频率计测量 u_{o1}、u_{o2} 的频率，并将观测结果记入表 5-4。若电路有故障，进行排除，并做如下记录。

故障现象及排除过程：____。

表 5-4　正弦波实测数据（R=10kΩ，C=0.1μF）

被测量	波形	频率 f_o（kHz）	
		理论值	测量值
u_{o1}	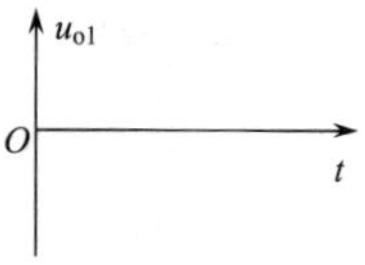		
u_{o2}	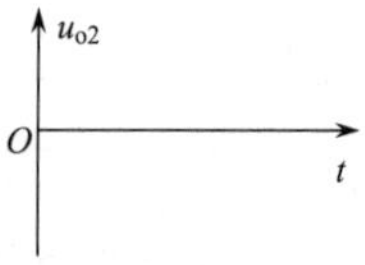		

（2）在 RC 串并联选频网络中的电阻两端各并联 10kΩ 的电阻，进行频率调节。用频率计测量振荡频率，完成表 5-5 的填写。

（3）在 RC 串并联选频网络中的电容两端各并联 0.1μF 的电容，进行频率调节。用频率计测量振荡频率，完成表 5-5 的填写。

表 5-5　频率调节实测数据

元件参数	被测量	频率 f_o（kHz）	
		理论值	测量值
R=5kΩ C=0.1μF	u_{o1}		
	u_{o2}		
R=10kΩ C=0.2μF	u_{o1}		
	u_{o2}		

【实训注意事项】

（1）电路装接完成之后，才可以通电测试；

（2）仪器接地端要与电路接地端连接起来；

（3）VD_1、VD_2 两管用来实现自动稳幅，与之并联的电阻 R_1 是为了克服硅二极管的死区电压造成输出波形在过零附近的畸变而设置的。若 VD_1、VD_2 换为锗管，R_1 可不接。

【实训考核】

考核要求和考核表样式参见附录 A。

练一练

习题 5.2

1．LC 正弦波振荡器按信号反馈方式来分，有哪几种？各自的应用特点如何？

2．文氏电桥振荡器的输出信号频率由哪些因素决定？

3．电感反馈式振荡器中，选频网络的元件参数为 $L_1=8\mu H$，$L_2=2\mu H$，$C=2pF$，试求该电路的振荡频率 f_0。

4．填空题

（1）RC 移相式振荡器中的移相环节一般需____个，电路的振荡频率 $f_0=$________________。

（2）文氏电桥振荡器的振荡频率 $f_0=$__________________。

（3）石英晶体在串联型振荡器工作时，相当于________元件；在并联型振荡器工作时，又相当于______________元件。

（4）石英晶体振荡器具有很高的________稳定度。

5．选择题

（1）具有正反馈网络兼放大作用的放大器是（　　）。

A．振荡器　　B．调谐放大器　　C．功率放大器　　D．负反馈放大器

（2）以下属于低频正弦波振荡器的是（　　）。

A．变压器反馈式振荡器　　B．RC 串并联振荡器

C．电容三点式振荡器　　D．石英晶体振荡器

6．判断题

（1）振荡器与放大器的不同之处在于，放大器需要加入输入信号，才能有信号输出，振荡器则不需要外加信号，由电路本身自激而产生输出信号。（　　）

（2）电感三点式振荡器的输出波形比电容三点式振荡器的输出波形好。（　　）

模块小结

（1）能产生正弦信号的电路称为正弦波振荡器。正弦波振荡器通常包含基本放大器、正反馈网络及选频网络三部分。正弦波振荡器自激振荡的条件如下：（a）相位条件：$\varphi_a+\varphi_f=2k\pi$（$k\in\mathbf{Z}$）；（b）振幅条件：$AF\geqslant 1$。

（2）正弦波振荡器分为 LC 振荡器、RC 振荡器和石英晶体振荡器三类。LC 振荡器常用于产生高频信号；RC 振荡器常用于产生低频信号；石英晶体振荡器常用于对信号频率稳定性要求较高的场合。

教学微视频

扫一扫

模块六　高频信号处理电路

任务一　检波电路的搭接与测试

【学习目标】

◇ 了解调幅波的基本性质，了解调幅与检波的应用
◇ 能识读三极管调幅电路图
◇ 能识读二极管包络检波电路图，了解其检波原理
◇ 能通过示波器观测调幅收音机检波电路的波形，了解检波电路的功能
◇ 会搭接与测试检波电路

看一看

用示波器观测 EE1461 型 DDS 合成信号发生器的输出调幅波波形。

想一想

这是什么波形，如何获得？让我们进入以下学习单元吧。

知识链接一　调制与解调的基本概念

1．调制

在发射端，话筒将声音转化为电信号，这种信号称为音频信号。频率范围在 20Hz～20kHz，波长范围在 1.5×10^4～1.5×10^7m。如果把这样的信号发射出去，在接收端要制作并安装相当于信号波长长度的天线是很困难的；而且若将音频信号以电磁波的形式直接发射出去，那么所有广播电台都会挤在同一频率范围内，各个电台信号之间相互干扰而无法选台接收，于是就需要进行调制。调制也是发射机的主要功能。

所谓调制，就是把调制信号“装载”到高频信号中去。根据“装载”方式的不同，调制可以分为调幅、调频和调相三种。调幅是一种保持频率不变，使高频载波的幅度随着调制信号的大小而变的调制方式；调频是一种保持幅度不变，使载波的瞬时频率随着调制信号的大小而变的调制方式；调相是一种利用调制信号控制载波信号相位的调制方式。其中，“装载”调制信号的高频信号称为载波，其对应的频率称为载频，调制后的信号称为已调信号。

常见的调制方式为调幅、调频，它们在调制过程中的各种信号波形分别如图 6-1、图 6-2 所示。

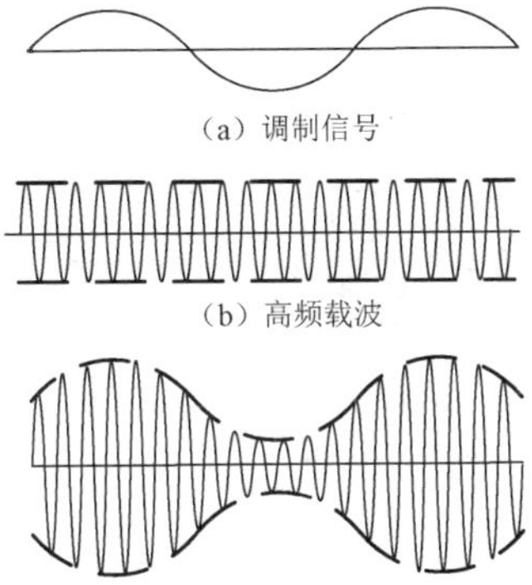
（a）调制信号
（b）高频载波
（c）已调信号（调幅波）

图 6-1　调幅过程中的信号波形

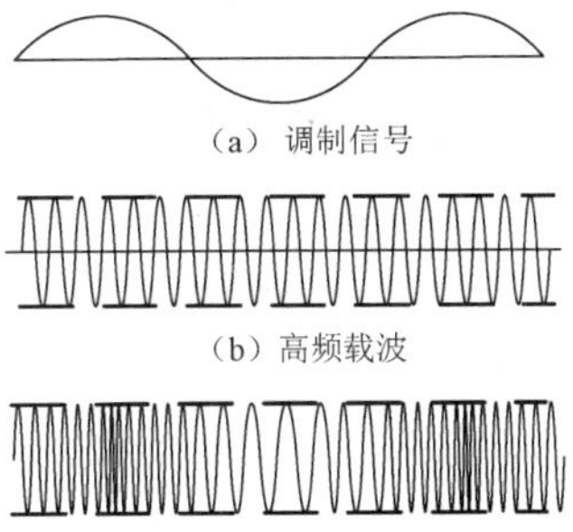
（a）调制信号
（b）高频载波
（c）已调信号（调频波）

图 6-2　调频过程中的信号波形

调制的目的是为了能可靠并有效地发射、传输和接收信号。

2．解调

所谓解调，是调制的逆过程，即从接收到的已调信号中把原调制信号取出来。“解调”是接收机的重要功能。例如从调幅波的振幅变化中取出原调制信号；从调频波的瞬时频率变化中取出原调制信号；从调相波的瞬时相位变化中取出原调制信号。

知识链接二　三极管调幅电路

调幅电路把调制信号和载波信号同时加在一个非线性元件上（如二极管或三极管），经非线性变换成新的频率分量，再利用谐振回路选出所需的频率成分。调幅电路分为二极管调幅电路和三极管调幅电路，通常，多采用三极管调幅电路。三极管调幅电路又分为基极调幅电路、发射极调幅电路和集电极调幅电路等。

若被调放大器使用小功率小信号调谐放大器，则称为低电平调幅；反之，如果使用大功率大信号调谐放大器，则称为高电平调幅。共基极调幅电路和共射极调幅电路为低电平调幅；共集电极调幅电路为高电平调幅。

1．基极调幅电路

图 6-3 所示是晶体管基极调幅电路，载波信号经过高频变压器 T_1 加到三极管 VT 的基极上，低频调制信号通过一个低频变压器耦合到二次侧，且二次侧与加到三极管基极的高频载波串联，C_1 为高频旁路电容器，C_2 为低频旁路电容器，R_1 与 R_2 为偏置电阻。

工作时，用调制信号改变放大器的基极偏压，当其工作于欠压状态时，集电极电流的基波分量振幅随基极偏压成线性的变化。但由于晶体管的非线性作用，集电极电流中会含有各种谐波分量，需要利用集电极 LC 调谐回路把其中的调幅波选取出来。基极调幅电路的优点是要求低频调制信号功率小，属于低电平调幅，因而低频放大器比较简单。其缺点是工作于欠压状态，集电极效率较低，不能充分利用直流电源的能量。

2．发射极调幅电路

图 6-4 所示是发射极调幅电路，其原理与基极调幅类似，因为加到基极和发射极之间的电压为 1V 左右，而集电极电源电压有十几伏至几十伏，调制电压对集电极电路的影响可忽略不

计，因此射极调幅与基极调幅的工作原理和特性都相似。

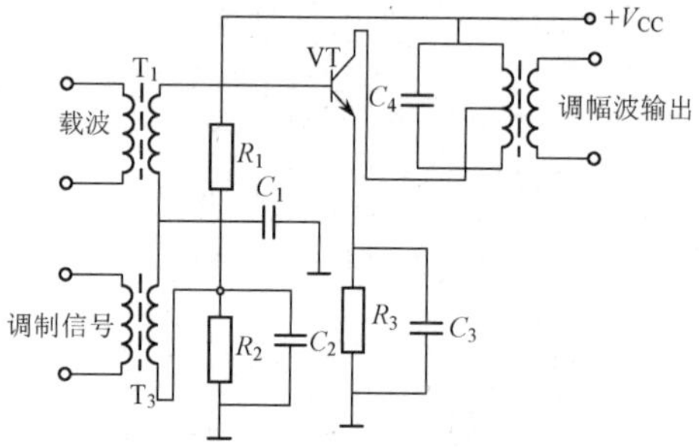

图 6-3　基极调幅电路

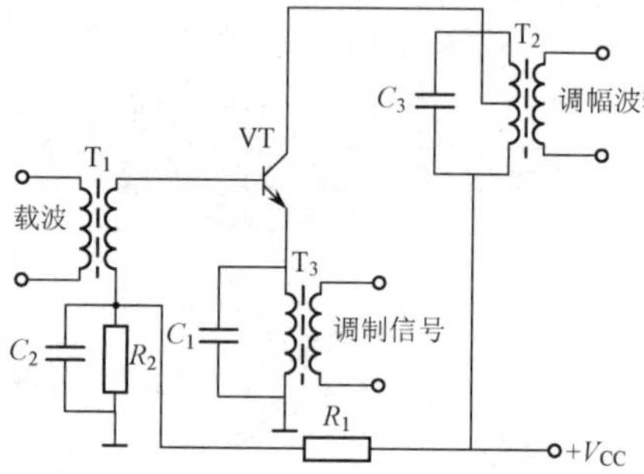

图 6-4　发射极调幅电路

3. 集电极调幅电路

图 6-5 所示是集电极调幅电路，低频调制信号从集电极引入。C_1、C_2、C_3 是高频旁路电容。工作时，用调制信号改变放大器的集电极电压，当工作处于过压状态时，集电极电流的基波分量振幅随集电极偏压成线性的变化。当然，由于晶体管的非线性作用，集电极电流中也会含有各种谐波分量，需要利用集电极 LC 调谐回路把其中的调幅波选取出来。由于它工作于过压状态下，故效率较高，但调制特性的非线性失真较严重。

为了改善调制特性，可以采用图 6-6 所示的集电极、发射极双重调幅电路。注意变压器的同名端，在调制信号正半波时，虽然集电极电源电压提高，但同时基极偏压也随之变正，这就防止了进入欠压工作状态；在调制信号负半波时，虽然集电极电压降低，但基极的偏压也随之变负，不致于进入强过压区，从而保持在临界、弱过压状态下工作。

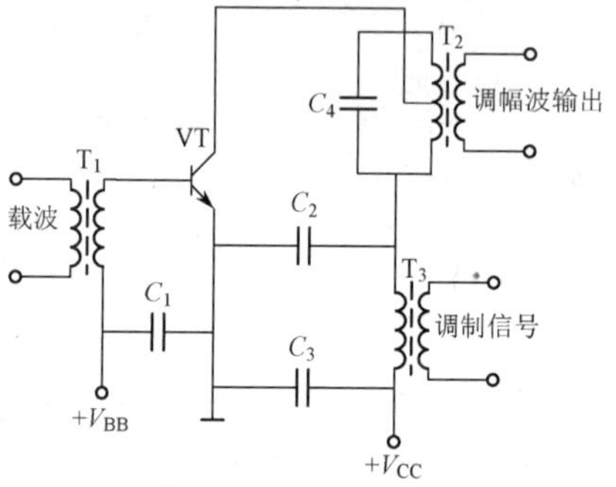

图 6-5　集电极调幅电路

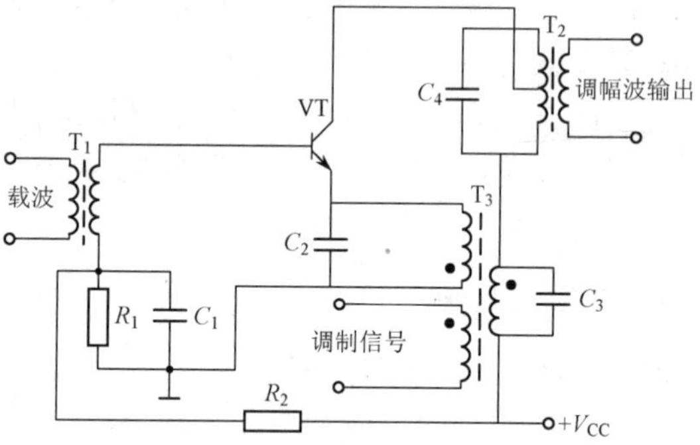

图 6-6　双重调幅电路

知识链接三　二极管包络检波器

振幅解调（又称检波）是振幅调制的逆过程。它的作用是从已调制的高频振荡中恢复出原来的调制信号。实质上，检波就是取出调幅波的包络线。

检波电路根据所用的器件不同，分为二极管检波、三极管检波和乘法器检波；根据输入信号大小不同，分为小信号检波和大信号检波；根据工作特点不同，分为非同步检波和同步检波。

对于普通调幅波，可用包络检波器进行检波。目前应用最广的是二极管包络检波器，其电路如图 6-7 所示。该二极管包络检波器由非线性器件 VD 和低通滤波器 R、C 两部分组成。

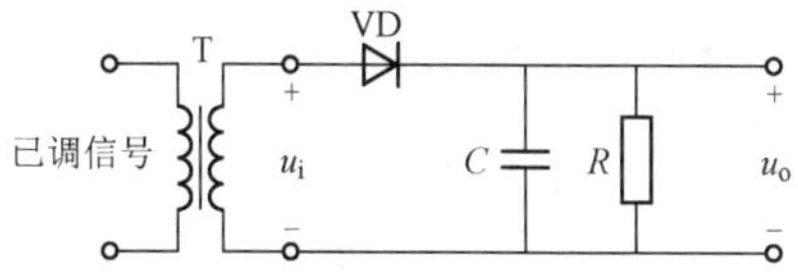

图 6-7　二极管包络检波器

1. 参数要求

（1）已调信号的振幅要大于 0.5V（二极管选用的是硅管）；

（2）二极管包络检波电路中，充电时间常数 $\tau_{充}$ 远远小于放电时间常数 $\tau_{放}$。即 $\tau_{充} \ll \tau_{放}$，其中，$\tau_{充}=r_dC$（r_d 为二极管导通时的内阻），$\tau_{放}=RC$。

2. 工作过程

工作时，当输入信号 u_i 为正半周且幅度大于 0.5V 时，二极管导通，电容 C 充电；输入信号为其他情况时，二极管截止，电容 C 上电压对电阻 R 放电。分析时可采用折线法，如图 6-8（a）所示。具体分析如下：

（1）当 u_i 为正半周，且幅度大于 0.5V 时，二极管导通，对电容 C 充电，$\tau_{充}=r_dC$

由于 r_d 很小，故 $\tau_{充}$很小，$u_o \approx u_i$。

（2）u_i 的其他时间，二极管截止，电容 C 经 R 放电，$\tau_{放}=RC$

由于 R 很大，故 $\tau_{放}$很大，电容 C 上电压下降不多，仍有：$u_o \approx u_i$。

如此循环反复，电容 C 上获得与包络（调制信号）相一致的电压波形，仅有很小的起伏，如图 6-8（b）所示，故称该检波方法为包络检波。

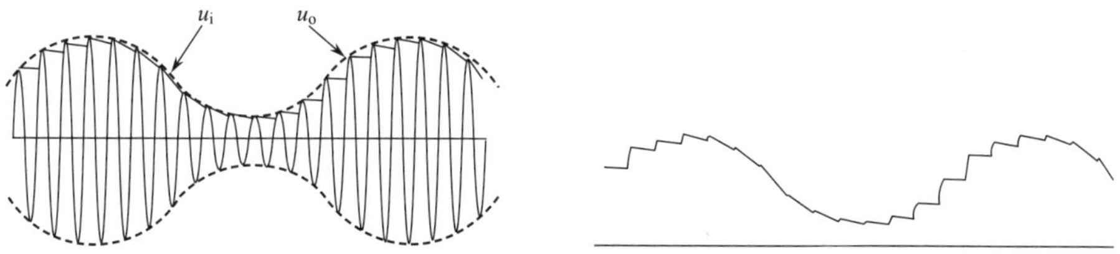

（a）输入波形　　（b）输出波形

图 6-8　二极管包络检波器输入输出波形

查一查

（1）查阅各种资料，看有没有其他类型的调幅电路和检波电路，并了解其特点。

（2）查阅各种资料，了解三极管放大器工作在丙类放大状态的特点。

技能实训　搭接与测试二极管包络检波电路

【实训目标】

（1）能识读二极管包络检波器的电路图；

（2）能在面包板上搭接二极管包络检波电路；

（3）会用双踪示波器观察电路的波形，会使用 DDS 合成信号发生器；

（4）通过实训，增强专业意识，培养良好的职业道德和职业习惯。

【实训设备与器材】

学生分为若干组，每组提供 EE1461 型 DDS 合成信号发生器与双踪示波器各一台，万用表一块，电路散件一套，面包板一块，连接导线若干。

【实训内容与步骤】

1. 清点与检测元器件

根据元器件及材料清单，清点并检测元器件。将测试结果填入表 6-1 中，正常的填“√”，如元器件有问题，及时提出并更换。将正常的元器件对应粘贴在表 6-1 中对应的区域。

表 6-1　搭接与测试调幅信号检波电路项目元器件及器材清单

序　　号	名　　称	型号规格	数　　量	配件图号	测试结果	元件粘贴区
1	电阻	680Ω	1 个	R		
2	电容	223	1 个	C_1		
3	电容	223	1 个	C_2		
4	二极管	1N4007	1 只	VD		
5	连接导线		若干			
6	面包板		1 块			

2. 搭接调幅信号检波电路

图 6-9 所示为二极管包络检波电路，其中的滤波器由 R、C_1、C_2 组成。在面包板上搭接该检波电路。

【实训注意事项】

（1）注意连接的可靠性；

（2）信号发生器接 u_i 端。

3. 观察检波电路的波形

用合成信号发生器为电路提供一个频率 465kHz、输出场强 5mV/m、调制频率 1kHz、调制度 30%的调幅波。用示波器观察 u_i 和 u_o 的波形，并在图 6-10 中分别画出。

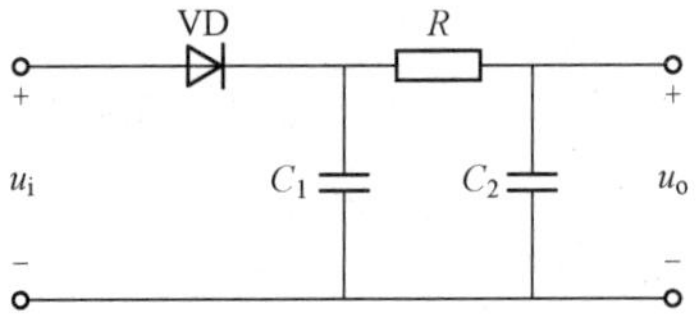

图 6-9　二极管包络检波电路

根据要求画出波形：

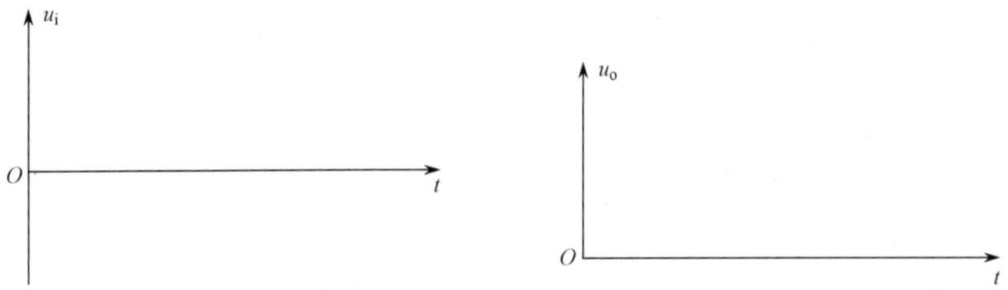

图 6-10　检波电路的输入输出波形图

想一想

若将该电路中的二极管替换为 9018 型的三极管（集电极和基极短接替换二极管的阳极，发射极替换二极管的阴极），即构成 HX108-2 型调幅收音机的检波电路。试接入信号，用示波器监测一下输出波形吧！

【实训考核】

考核要求和考核表样式参考附录 A。

练一练

习题 6.1

1．何谓调制？何谓解调？

2．调制的方式，通常有调______、调______和调________三种。

3．三极管调幅基本电路有几种？

4．在图 6-7 中，二极管包络检波器实际上就是检出正半波。（　　）

5．在二极管包络检波器中，若使用锗材料二极管，则输入信号的幅度有什么要求？

6．选择题

（1）调幅波的解调过程利用了二极管的（　　）特性。

A．光敏性　　B．非线性　　C．线性特性　　D．低频特性

（2）调幅波的（　　）按调制信号的变化而变化。

A．振幅　　B．频率　　C．波长　　D．相位

任务二　调频与鉴频电路的认识

【学习目标】

◇ 了解调频波的基本性质，了解调频与鉴频的应用

◇ 了解调频电路的工作原理

◇ 能识读相位鉴频器和比例鉴频器的电路图，了解其工作原理

看一看

用示波器观测 EE1461 型 DDS 合成信号发生器的输出调频波波形。

学一学

这是什么波形？如何获得该波形？

知识链接一　调频电路

在调频中，载波的瞬时频率受调制信号的控制，其变化的大小与调制信号的强度成线性关

系，变化的周期由调制信号的频率所决定。和调幅制相比，调频制抗干扰能力强，主要应用于调频广播、广播电视、通信及遥测等方面。

产生调频信号的方法有很多，归纳起来有两类：第一类是用调制信号直接控制载波的瞬时频率——直接调频；第二类是先将调制信号积分，然后对载波进行调相，结果得到调频波，即由调相变调频——间接调频。

1. 直接调频电路

直接调频的基本原理，是用调制信号直接线性地改变载波振荡的瞬时频率。因此，凡是能直接影响载波振荡瞬时频率的元件或参数，只要能够用调制信号去控制它们，从而使载波振荡瞬时频率按调制信号变化的规律线性地改变，就可以完成直接调频的任务。

1）变容二极管调频电路

在图 6-11 所示电路中 L_1、C_j 为高频振荡电路；C_1 为隔直电容，且对高频载波短路，对调制信号开路；L_2 为高频扼流圈，对高频信号开路，对直流信号和调制信号短路；C_2 为高频滤波电容，对高频短路，对调制频率开路。

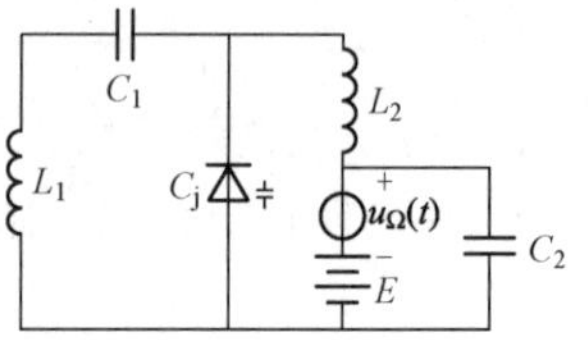

图 6-11　变容二极管调频等效电路

变容二极管调频的原理是：用调制信号去改变加在变容二极管上的反偏电压，以改变其结电容的大小，从而改变高频振荡的频率，以达到调频的目的。

图 6-12 所示是一个中心频率为 90MHz 的使用变容二极管进行直接调频的电路。

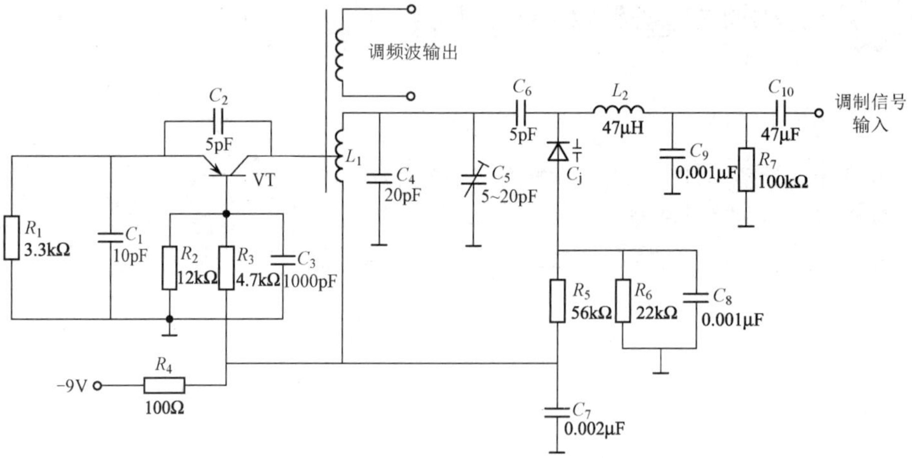

图 6-12　变容二极管调频电路示例

2）晶体振荡器调频电路

直接调频的主要优点是可以获得较大的频偏，但是中心频率的稳定性（主要是长期稳定性）较差。而在某些情况下，对中心频率的稳定度提出了比较严格的要求。稳定中心频率的方法有很多，一般采用对石英晶体振荡器进行直接调频。

利用变容二极管控制石英晶体振荡器的振荡频率来实现调频。

变容二极管接入振荡回路有两种方式：一种是与石英晶体串联，另一种是与石英晶体并联。当然，无论哪一种接入方式，当变容二极管的结电容发生变化时，都会引起石英晶体的谐振回路电抗发生变化。将两种接入方式比较，发现变容二极管与石英晶体并联的连接方式有一个较大的缺点，就是变容二极管参数的不稳定性直接严重地影响调频信号中心频率的稳定度，因而用得比较广泛的还是变容二极管与石英晶体相串联的方式。

图 6-13 所示为晶体振荡器调频电路。C_1、C_2 与石英晶体、变容二极管组成振荡电路；L_1、L_2 与 L_3 为高频扼流圈；R_1、R_2 与 R_3 是振荡管的偏置电路；C_3 对调制信号频率短路。当调制信号使变容二极管的结电容变化时，晶体振荡器的振荡频率就受到调制。

图 6-14 所示是 100MHz 晶体振荡器调频电路，该电路为无线话筒中的发射机。图中，VT_2 及周围电路组成晶体振荡电路，并由变容二极管直接调频。VT_2 集电极上的谐振回路调谐在晶体振荡频率的三次谐波上，完成三倍频功能。VT_1 为音频放大管，将话筒提供的语音信号放大后，经 2.2μH 的高频扼流圈加到变容管上。同时，VT_1 的电源电压也通过 2.2μH 高频扼流圈加到变容管上，作为变容管的偏置电压。

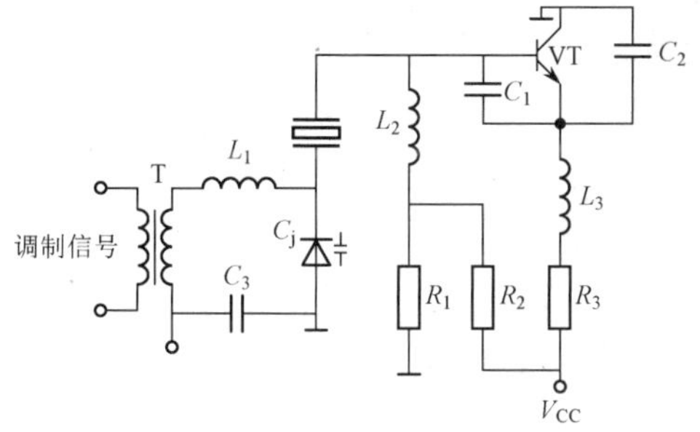

图 6-13　晶体振荡器调频电路

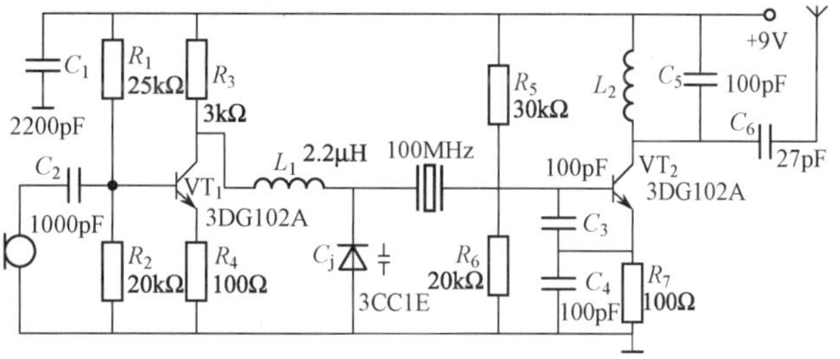

图 6-14　晶体振荡器调频电路示例

另外，对晶体振荡器进行调频时，由于振荡回路中引入了变容二极管，因此频率稳定度相对于不调频的晶体振荡器有所降低。一般情况下，其短期频率稳定度达到 10^{-6} 数量级，长期频率稳定度达到 10^{-5} 数量级。

2．间接调频电路

间接调频就是借助调相来实现调频，它能获得很高的频率稳定度（振荡器产生的频率由于种种原因而发生变化，这种频率变化的大小与额定频率的比值称为频率稳定度），原因在于它可以采用稳定度很高的振荡器作为主振器，而且调制不在主振器中进行，而是在最后的某一级放大器中进行。

具体地说，就是在放大器中用积分后的调制信号对主振器送来的载波振荡进行调相。这时中心频率的稳定度就等于主振器的频率稳定度。

调相的方法通常有三种：第一种是用调制信号控制振荡回路或移相网络的电抗或电阻元件以实现调相；第二种是矢量合成法调相；第三种是脉冲调相。在实际应用中，第一种使用得较多。

图 6-15 所示是一个 RC 移相网络，载波电压经过倒相器在移相网络 RC 上产生一个与载波电压相位相反的电压（即 u_{AB}）。

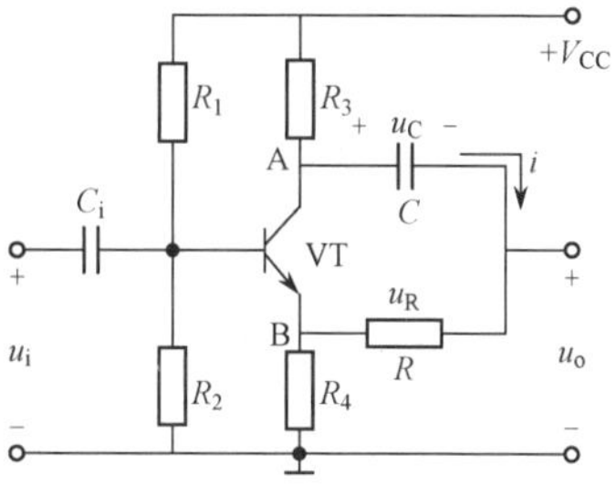

图 6-15　RC 移相网络

若输入载波电压的初相是 0，则 B 点对地电压 u_B 的初相为 0，而 A 点对地电压 u_A 的初相为 π，$u_{AB}=u_A-u_B$，那么得 u_{AB} 的初相为 π，于是 RC 网络中电流 i 的初相是 $\pi-\varphi$（φ 是 RC 串联电路的阻抗角）。输出电压 u_o 为 u_R 和倒相器发射极电压 u_B 的叠加。改变 RC 的参数，即可改变输出信号与输入信号的相位差。若用变容二极管代替 RC 网络中的电容 C，就构成了变容二极管控制移相网络的电抗以实现调相的电路。

3. 间接调频的电路与直接调频的电路性能上的差别

两种调频法各有优缺点。直接调频的电路稳定性较差，但得到的频偏大，线路简单，故应用较广；间接调频的电路稳定性较高，但不易获得较大的频偏。

知识链接二　鉴频电路

频率检波器又称鉴频器，它要求输出信号与输入调频波的瞬时频率的变化成正比，这样，输出信号就是原来传送的信息。

实现调频信号解调的鉴频方法有：一是调频-调幅调频变换型，先进行波形变化，将等幅调频波变换成幅度随瞬时频率变化的调幅波（即调幅调频波），然后用振幅检波器将振幅的变化检测出来；二是相移乘法鉴频型，也就是对调频波通过零点的数目进行计数，因为其单位时间内的数目正比于调频波的瞬时频率，所以这种鉴频器称为脉冲计数式鉴频器；三是脉冲均值型，这种类型是把调频信号通过过零比较器变换成重复频率与调频信号瞬时频率相等的单极性等幅脉冲序列，然后通过低通滤波器取出脉冲序列的平均值，恢复出与瞬时频率变化成正比的信号。

目前使用较多的是调频-调幅调频变换型鉴频方法。而这种方法中，常见的是相位鉴频器和比例鉴频器。

1. 相位鉴频器

相位鉴频器是利用双耦合回路的相位-频率特性将调频波变成调幅调频波，通过振幅检波器实现鉴频的一种鉴频器。它常用于频偏在几百千赫兹以下的调频无线接收设备中。常用的相位鉴频器根据其耦合方式可分为互感耦合和电容耦合两种鉴频器。由于其工作原理相同，所以下面仅讨论互感耦合相位鉴频器。

图 6-16 所示是互感耦合相位鉴频器的基本电路。它是由调频-调幅调频变换电路和振幅检波器两部分组成。调频-调幅调频变换电路是由双耦合回路组成，其一次侧与二次侧之间采用了两种耦合方式：一种是互感耦合，即通过互感器 M 实现信号耦合；另一种是通过电容 C_4 将 u_i 耦合到高频扼流圈 L_3 上。

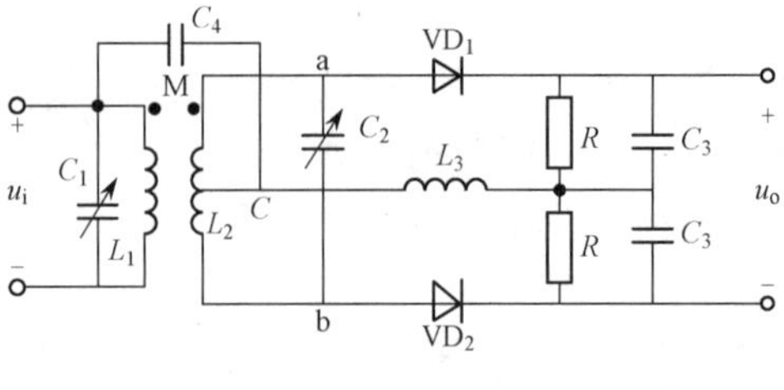

图 6-16　互感耦合相位鉴频器基本电路

振幅检波器由二极管 VD_1、VD_2 和低通滤波器 R、C_3 组成。

调频-调幅调频变换电路将等幅调频信号变换为幅度与调制信号大小成正比的信号，经振幅检波器解调得到调制信号。

2．比例鉴频器

相位鉴频器的输出电压除了与输入电压的瞬时频率有关外，还与输入电压的振幅有关。而在实际工作中，调频信号通过传输很难保证是理想的等幅波，特别是寄生调幅的干扰分量必须尽可能去掉或减小。因而在相位鉴频器前通常需加一级限幅放大，以消除寄生调幅。对于要求不太高的设备，如调频广播和电视接收中，常采用一种兼有抑制寄生调幅能力的鉴频器，这就是比例鉴频器。

图 6-17 所示为比例鉴频器的基本电路，它与相位鉴频器在调频-调幅调频变换部分相同，但检波器有较大变化，主要差别如下：

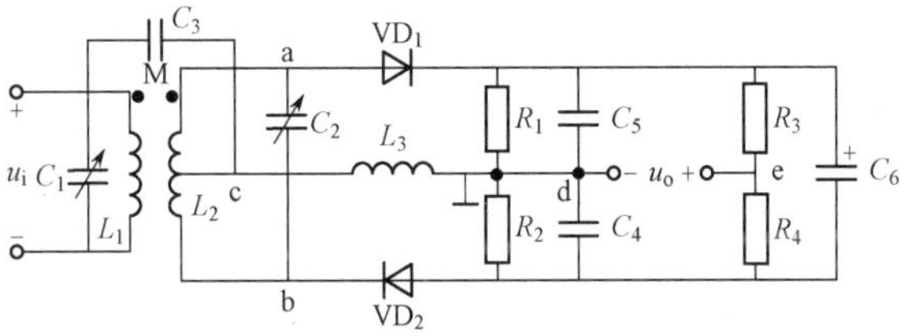

图 6-17　比例鉴频器的基本电路

（1）大电容 C_6 的接入，其容量较大，因而 C_6 与（R_3+R_4）组成电路的时间常数很大，这样在检波过程中，对于频率较高的寄生调幅变化，电容上的电压基本保持不变。

（2）两只二极管中的其中一只与相位鉴频器接法方向相反，这样就使得两个检波器的输出电压变成极性相同。

（3）将两个检波电容 C_4 和 C_5 之间的连接点 d 和两个电阻 R_3、R_4 之间的连接点 e 分开，鉴频器的输出电压从 d、e 取出。

通过公式推导可得比例鉴频器的输出等于相位鉴频器输出的一半。换言之，比例鉴频器的限幅作用是以降低输出为代价的。

练一练

习题 6.2

1．直接调频和间接调频各有什么优缺点？

2．实现调频信号解调的鉴频方法有几种？

3．比例鉴频器和相位鉴频器在电路性能上有什么区别？

4．选择题

（1）鉴频的作用是将调频信号变换成原来的（　　）信号。

A．高频　　B．调制　　C．载波　　D．辅助

（2）具有自限幅功能鉴频器是（　　）。

A．比例　　B．斜率　　C．相位　　D．脉冲式

任务三　混频器的认识

【学习目标】

◇ 通过典型应用实例，了解混频器的功能

◇ 能识读三极管混频器的电路图，了解其工作原理

读一读

调幅收音机的信号处理过程

为了保证接收机有足够的灵敏度和选择性，现代的广播接收机，不论收音机还是收录机，不管是调幅接收还是调频接收，几乎都采用了超外差原理。所谓超外差是指把高频载波信号变换成固定中频载波信号的过程。因为它是比高频信号低，比低频信号又高的超音频信号，所以这种接收方式叫超外差式。超外差式接收机的优点是很明显的，其灵敏度高、选择性好、音质好（通频带宽）、工作稳定（不容易自激）；缺点主要是会产生镜像干扰（比接收频率高两个中频的干扰信号）、假响应（混频电路的非线性造成的）。

在接收机中，把高频载波信号变换成固定中频信号的重要电路就是混频器。

知识链接一　混频器的应用

1．混频器的作用与工作原理

混频就是把高频信号经过频率变换，变成一个固定的频率。这种频率变换通常是将已调高频信号的载波频率从高频变为中频，同时必须保持其调制规律不变。具有这种作用的电路称为混频电路，亦称混频器。

混频器是调幅收音机的重要组成部分，它的主要作用就是变换频率——把输入混频器的已调信号的高频载波变换成中频载波（实质是一个降频过程），且变换前后调制规律不变，包络形状不变。

混频器的组成框图如图 6-18 所示。其工作原理是利用本机振荡器产生等幅振荡信号，与外来已调信号一同加到混频器上，其输出端将出现许多频率分量，有原来输入信号的载频，已调信号与本机信号的和频、差频，以及多次谐波，利用带通滤波器取出有用信号。在调幅收音机中，混频后的有用信号是本振信号与输入高频信号的差频信号，且带通滤波器的调谐频率为 465kHz（即 $f_L-f_S=465$kHz），此为中频信号。

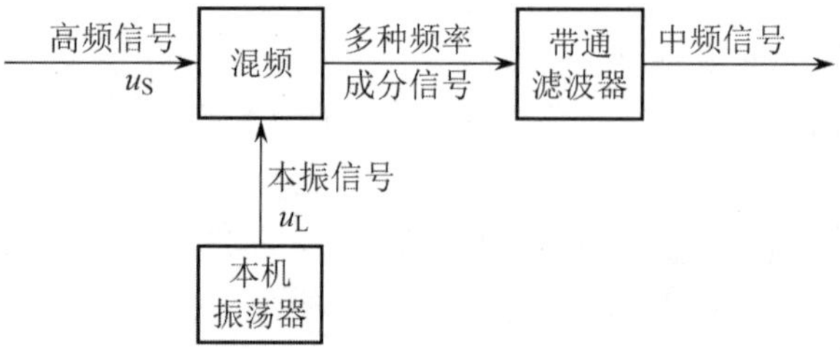

图 6-18　混频器的组成框图

2．混频器的分类

混频电路可分为自激式和他激式两种。如果非线性器件本身既产生本振信号，又实现频率变换，则整个电路称为自激式混频器；如果非线性器件本身仅实现频率变换，本振信号由其他器件产生，则该非线性器件称为混频器，包括整个本振器件在内的整个电路，称为他激式混频器。实际运用时，自激式混频电路中振荡电路和混频电路是由一只晶体管实现的，本振电路和混频电路相互牵制比较大，稳定性差，不便调整，但元件少，电路简单；他激式混频电路中振荡电路和混频电路是由两只晶体管完成的，本振电路和混频电路相互牵制比较小，调整方便，波段内均匀性好，但元件较多，电路复杂。

不管是自激式或他激式混频器，都是将高频信号和本振信号加到混频器中进行混频的。混频电路的基本形式如图 6-19 所示。

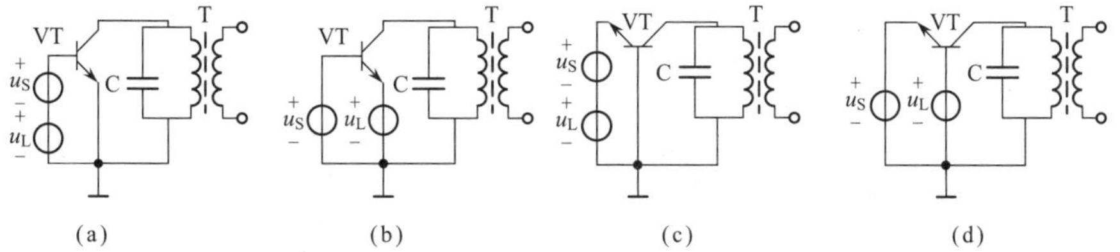

图 6-19　三极管混频器的四种基本形式

在图 6-19 所示四个电路中，图 6-19（b）所示电路对高频信号而言为共发射极电路形式，对本振信号来说是共基极电路，这种电路由于高频信号和本振信号分别加在晶体管的基极和发射极上，因而相互影响较小，在调幅收音机中应用较多。图 6-19（c）所示为共基极电路形式，其混频增益与工作频率有关，频率较低时增益也低，频率在几十兆赫兹以上时增益则较大。故在频率较低时，一般都不采用这种电路，而在调频接收机中应用较多。

知识链接二　三极管混频器

混频器的实际电路主要有两类：本振电压由单独振荡器产生的他激式混频器和本振电压由混频管自身产生的自激式混频器，它们都可接成共基极或共发射极电路。

不管哪种电路，都有其各自的优缺点。他激式混频电路比较复杂，但高频信号和本振信号之间牵连作用小，稳定性高，容易调整，而且可使本振与混频各自处于最佳工作状态，常用在质量较高的收音机中。自激式混频电路中，一管两用，高频信号和本振信号相互牵连，稳定性差，不易调到最佳工作状态，但所用元件少，线路简单，故在一般超外差收音机中广泛采用。

1．自激式混频电路

图 6-20 所示为一实用的自激式混频电路。为了使本振信号频率比已调信号频率正好高一个中频，电路中使用双联电容器（C_{1a}和 C_{1b}）。

该电路的工作过程是：从磁性天线感应来的信号，由双联电容器 C_{1a}（信号联）、微调补偿电容 C_2 以及线圈 L_1（T_1 的 1、2 端称为线圈 L_1，3、4 端称为线圈 L_2）组成的输入电路进行调谐，选出的有用信号经线圈 L_1、L_2 的互感耦合送到 VT 的基极；相对于已调信号而言，该电路为共发射极电路形式，其中 R_1 是 VT 的基极偏置电阻，R_2 是为了晶体管工作稳定而设置的发射极电阻，R_3 是隔离电阻，R_4 是集电极电阻，C_3 是高频旁路电容，使基极对本振信号来说是接地的，对外来信号有旁路作用；本机振荡电路是由 T_2 线圈、双联电容器 C_{1b}（振荡联）和补

偿电容 C_5 组成，相对于本振信号而言，电路为共基极振荡电路，本振信号经 C_4 注入 VT 发射极，振荡频率超出已调信号频率 465kHz；混频后，信号经 R_3 输入到以 T_3 线圈为主要元件的中频调谐回路，接着送到调谐放大电路。

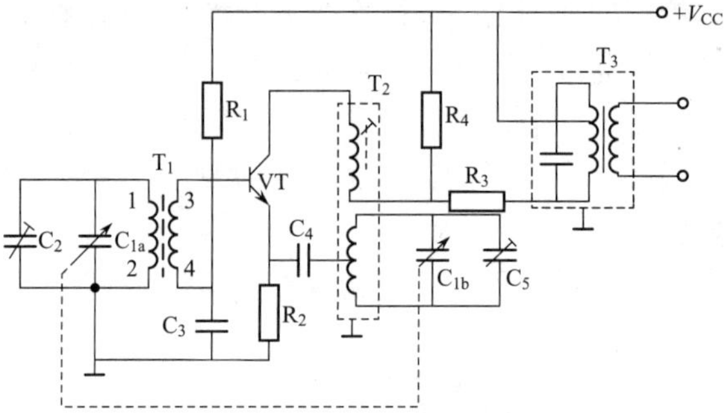

图 6-20　自激式混频电路

这种电路的外来信号由基极输入，本振信号由发射极注入。由于信号电路与振荡电路分开，所以相互耦合较弱，因而减少了频率间的相互影响。

2．他激式混频电路

图 6-21 所示为一种实用的他激式混频电路。这种电路的本机振荡与混频由两只独立的三极管分别担任。其中，VT_1 的作用为混频，VT_2 及其周围电路构成 LC 振荡器。电路中，信号电路和本振电路的相互影响很小，电路工作频率可做得较高。

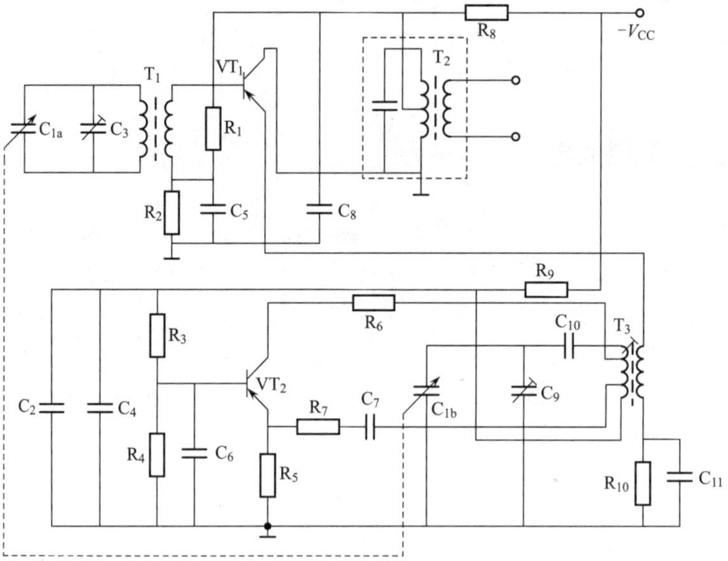

图 6-21　他激式混频电路

练一练

习题 6.3

1．调幅收音机中，混频器的作用是什么？

2．调频收音机中，混频器的作用是什么？
3．三极管混频器的基本形式有哪几种？
4．混频电路又称变频电路，在变频过程中以下正确叙述是（　　）。
A．信号的频谱结构发生变化　　B．信号的调制类型发生变
C．信号的载频发生变化　　D．信号的频率发生变化

任务四　调幅/调频收音机的组装、调试与检修

【学习目标】

◇ 会按电路图组装收音机
◇ 会进行中频调整、频率覆盖调整及统调
◇ 会分析并排除收音机电路的常见故障

技能实训一　组装调幅/调频收音机

【实训目标】
（1）能按要求清点与检测元器件；
（2）会按电路图组装收音机；
（3）增强专业意识，培养良好的职业道德和职业习惯。
【实训设备与器材】
学生每人一块 MF-47 型万用表，每人一套 ZX05 型调幅调频收音机散件（学生自备焊接工具）。
【实训内容与步骤】

学一学

调幅、调频收音机的组成与工作原理

1．收音机的组成及各部分的作用　　链接视频 6.1 收音机工作原理

收音机可以从不同的角度来分类，若按接收的广播制式，可分为调幅收音机、调频收音机等。

（1）调幅（AM）收音机工作原理。

调幅收音机原理方框图如图 6-22 所示。其工作原理为：从天线感应得到的电台载波调幅信号，经输入电路的选择（有的再经过高频放大）进入混频电路。混频电路中的本机振荡频率信号与接收到的电台载波频率信号在混频电路内经过混频作用，得出一个与接收信号调制规律相同但又固定不变的较低载频的调幅信号，混频后得到的这个载频称为中频（465kHz）。经中频放大（中放）后得到的中频信号仍是调幅信号，必须用检波器（解调器）把原音频调制信号解调出来，滤去残余中频分量，再由低频（音频）电压放大器、功率放大器放大后送到扬声器发出声音。

（2）调频（FM）收音机工作原理。

调频收音机原理方框图如图 6-23 所示。其工作原理为：天线和输入电路从选出所需接收的调频广播信号后，先进行高频放大（高放），然后经混频电路将调频信号转变成以中频

（10.7MHz）为中心频率的调频信号，这时改变的只是载波频率，调制规律并没有改变，此信号经中频放大电路放大送至鉴频电路，把频率的变化还原成音频电压的变化。后面的放大电路与调幅收音机完全相同。

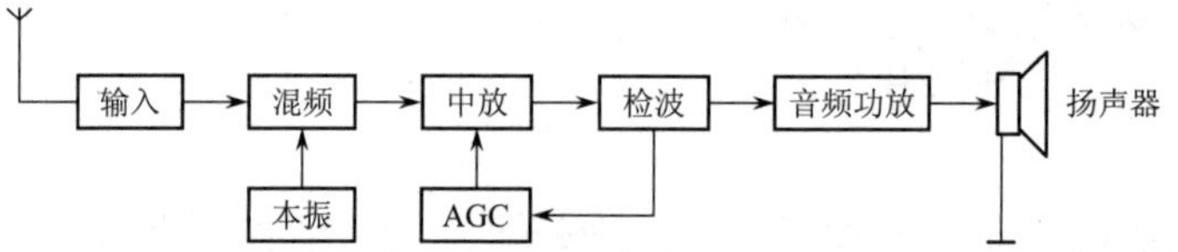

图 6-22　调幅收音机原理方框图

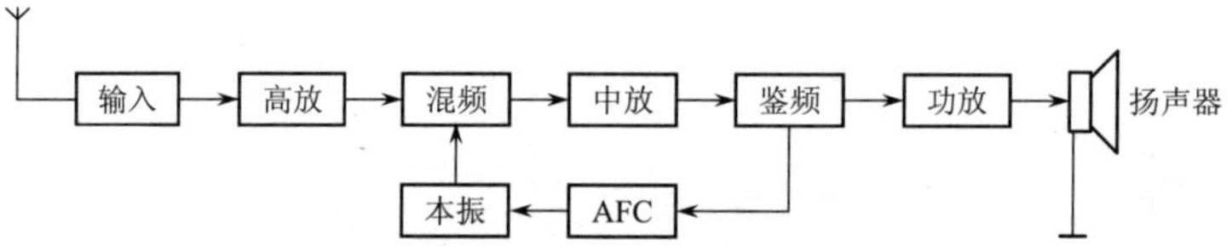

图 6-23　调频接收机原理方框图

（3）调频/调幅（FM/AM）收音机工作原理。

调频/调幅收音机电路图如图 6-24 所示，该收音机型号为 ZX05 型。其电路工作原理为：中波信号由以 C_{01} 与 C_A 组成的输入回路进行选频，选频后由 10 脚进入 IC，在 IC 内部与本振信号混频；本振由 T_1、C_{02}、C_B 及 IC 的 5 脚内部振荡电路组成。混频后的 465kHz 差频信号由 IC 的 14 脚输出，经 T_3 和陶瓷滤波器 CF_1 选频后从 16 脚进入 IC 进行中放、检波，然后由 23 脚输出，再经 C_{15} 耦合至 24 脚进行音频放大，最后由 27 脚输出至扬声器。

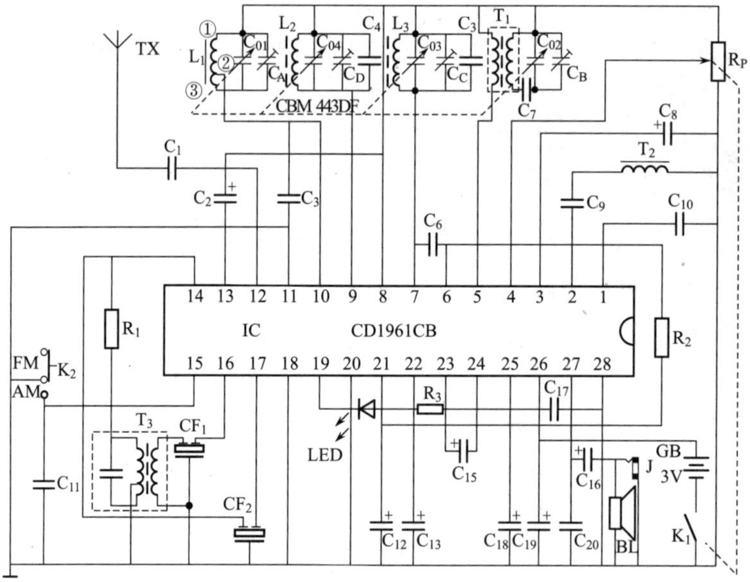

图 6-24　ZX05 型调频/调幅收音机电路图

调频信号由 TX 接收，经 C_1 由 12 脚送入 IC 进行高频放大、混频，9 脚外接 L_2、C_{04}、C_4 与 C_D 构成的调谐回路，7 脚外接 L_3、C_{03}、C_5 与 C_C 构成的本振回路，混频后的中频信号由 14 脚输出，经 10.7MHz 陶瓷滤波器 CF_2 选频后由 17 脚进入 IC 进行中频放大，并经内部鉴频，IC 的 2 脚外接鉴频网络，鉴频后的音频信号也由 23 脚输出，再经 C_{15} 耦合至 24 脚进行功放推动扬声器。

C_0为四联可变电容器，它由四个独立的可变电容器组合在同一个轴上旋转，以满足 AM、FM 的调台；在正常情况下，散件的电阻电容是不需要调整的，除电解电容外，其他的电容全部采用高频瓷介电容器，以减少高频损失；CF_1是 AM 的中频陶瓷滤波器；CF_2是 FM 的中频陶瓷滤波器；T_1是中波振荡线圈；T_2是鉴频器也可以用二端 10.7MHz 的陶瓷滤波器代替，但要将C_9改成 150～270Ω 的电阻；T_3是 AM 的中频变压器；L_2是 FM 的输入回路电感；L_3是 FM 振荡线圈。

2. 集成电路 CD1691CB 的简介

CD1691CB 是一块集成度高、外围元件少的单片 FM/AM 收音机集成电路。其特点如下。

（1）静态电流小：V_{CC}=3V 时，FM：I_{CQ}=5.3mA；AM：I_{CQ}=3.4mA（典型值）；

（2）带有 FM/AM 选择开关；

（3）输出功率大：V_{CC}=6V，R_L=8Ω 时，P_O=450mW（典型值）；

（4）内置 AFC 可变电容；

（5）内含 RF AGC、IF AGC 电路；

（6）调谐 LED 驱动；

（7）电子音量控制、FM 静音；

（8）贴片封装：SOP28。

集成电路 CD1691CB 的功能框图如图 6-25 所示，引脚说明见表 6-2。

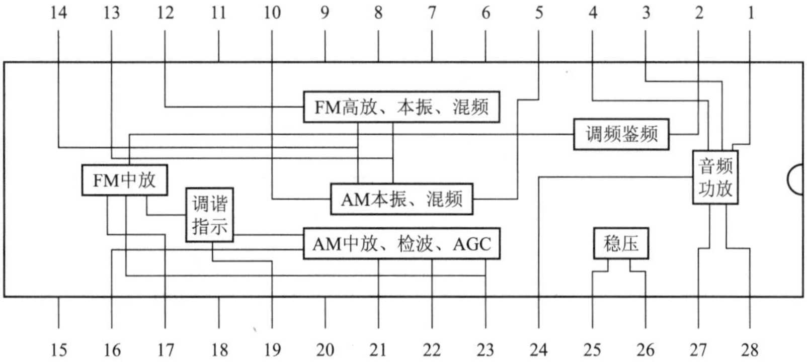

图 6-25　集成电路 CD1691CB 的功能框图

表 6-2　集成电路 CD1691CB 引脚功能一览表

序　号	符　号	功　能	序　号	符　号	功　能
1	MUTE	静音	10	IN_{AMR}	AM 射频输入
2	$DISC_{FM}$	FM 移相	11	NC	空脚
3	NF	反馈	12	IN_{FMR}	FM 射频输入
4	CON_{VOL}	音量控制	13	GND_{FE}	高频地
5	OSC_{AM}	调幅本振	14	OUT_{IF}	中频输出
6	AFC	自动频率控制	15	FM/AM SW	FM/AM 选择
7	OSC_{FM}	调频本振	16	IN_{AMI}	AM 中频输入
8	OUT_{REG}	基准源输出	17	IN_{FMI}	FM 中频输入
9	RF_{FM}	FM RF 调谐	18	NC	空脚

续表

序　号	符　号	功　能	序　号	符　号	功　能
19	METER	调谐指示	24	IN_{AF}	功放输入
20	GND_{IF}	中频地	25	C_{RIP}	纹波滤波
21	AFC/AGC	AFC/AGC 控制	26	V_{CC}	电源
22	AFC/AGC	AFC/AGC 控制	27	OUT_{AF}	功放输出
23	OUT_{DET}	检波输出	28	GND_{P}	功放

做一做

1. 清点与检测元器件

根据元器件及材料清单，清点并检测元器件。将测试结果填入表 6-3 和表 6-4 中，正常的填“√”，如元器件有问题，及时提出并更换。将正常的元器件对应粘贴在表 6-3 和表 6-4 中。

表 6-3　ZX05 型调频/调幅收音机元器件清单

序　号	名　称	型号规格	数　量	配件图号	测试结果	元件粘贴区
1	电阻	2kΩ	1 个	R_1		
2	电阻	100kΩ	1 个	R_2		
3	电阻	330Ω	1 个	R_3		
4	瓷片电容	30pF	1 个	C_1		
5	瓷片电容	223	1 个	C_3		
6	瓷片电容	15pF	1 个	C_4		
7	瓷片电容	18pF	1 个	C_5		
8	瓷片电容	1pF	1 个	C_6		
9	瓷片电容	121	1 个	C_7		
10	瓷片电容	10pF	1 个	C_9		
11	瓷片电容	223	1 个	C_{10}		
12	瓷片电容	103	1 个	C_{11}		
13	瓷片电容	104	1 个	C_{17}		
14	瓷片电容	104	1 个	C_{20}		
15	电解电容	10μF	1 个	C_2		
16	电解电容	4.7μF	1 个	C_8		
17	电解电容	4.7μF	1 个	C_{12}		
18	电解电容	10μF	1 个	C_{13}		
19	电解电容	0.47μF	1 个	C_{15}		
20	电解电容	100μF	1 个	C_{16}		
21	电解电容	10μF	1 个	C_{18}		
22	电解电容	100μF	1 个	C_{19}		
23	发光二极管	ϕ3 红	1 个	LED		
24	三端陶瓷滤波器	455B	1 个	CF_1		
25	三端陶瓷滤波器	10.7MHz	1 个	CF_2		
26	中波振荡变压器	红色	1 个	Tr_1		
27	调频中频滤波器	蓝色 10.7MHz	1 支	T_2		

续表

序　　号	名　　称	型 号 规 格	数　　量	配 件 图 号	测 试 结 果	元件粘贴区
28	中波中频变压器	黑色	1 个	T_3		
29	磁棒线圈	55mm×13mm×5mm	1 套	L_1		
30	调频天线线圈	ϕ6×4 圈	1 个	L_2		
31	调频振荡线圈	ϕ4×6 圈	1 个	L_3		
32	电位器	5kΩ	1 个	R_P		
33	四联电容	CBM－443DF	1 个	C_0		
34	扬声器	ϕ58mm	1 个	BL		
35	波段开关		1 个	K_2		
36	耳机插口	ϕ2.5mm	1 个	J		
37	集成块	CD1691CB	1 块	IC		

表 6-4　ZX05 型调频/调幅收音机结构件清单

序号	名称	型号规格	数量	检查情况
1	平机螺丝	2.5×5	4 颗	
2	自攻螺丝	2×5	1 颗	
3	元机螺丝	1.6×5	1 颗	
4	焊片	3.2	1 个	
5	螺母	2.5	1 个	
6	连体簧、负极簧片、正极片	3 件	1 套	
7	连接导线	电池、喇叭、天线	6 根	
8	前、后盖		1 套	
9	大、小拨盘		1 套	
10	磁棒支架		1 个	
11	印制电路板		1 块	
12	刻度板		1 块	
13	拉杆天线		1 根	
14	图纸装配说明书		1 份	

2. 装接调幅/调频收音机

ZX05 型调幅/调频收音机的装配图如图 6-26 所示。根据电路图、装配图和装配步骤要求，完成电路装接。

调幅/调频收音机的装配步骤主要有两种：第一种是按电路功能进行装配，先焊接调幅波段部分电路，调试，再焊接调频波段部分电路，并调试；第二种是按照整机元器件高低顺序进行焊接，先焊低层元器件，再焊高层的。在实际安装中，第二种方法比较实用，下面针对 ZX05 型调频/调幅收音机散件的装配步骤做详细介绍。

（1）焊接贴片集成块 IC，焊接时，先固定一个引脚，然后固定成对角线的那个引脚，最后焊接剩下的引脚；

（2）焊接电阻 R_1、R_2、R_3，注意阻值与元件标号的对应，采用卧式安装，焊接完毕，引脚留取 1mm，以下元器件都是这样；

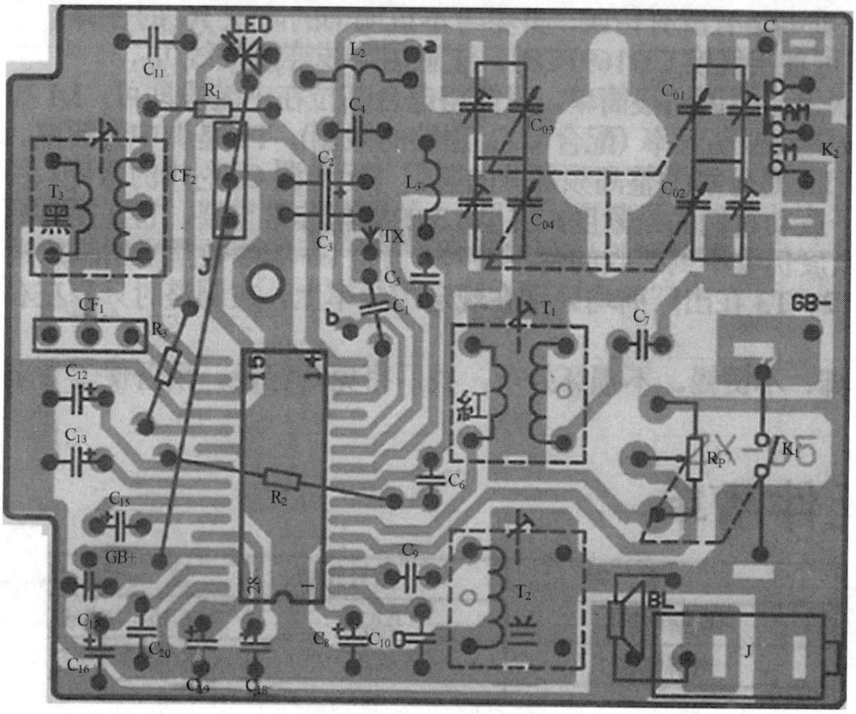

图 6-26　ZX05 型调幅/调频收音机的装配图印制电路板

（3）焊接瓷片电容 C_1、C_3、C_4、C_5、C_6、C_7、C_9、C_{10}、C_{11}、C_{17}、C_{20}；

（4）焊接调频线圈 L_2、L_3，注意先焊接 L_3（内径小），后焊接 L_2；

（5）焊接电解电容 C_2、C_8、C_{12}、C_{13}、C_{15}、C_{16}、C_{18}、C_{19}，焊接应根据高度，自行确定焊接顺序；

（6）焊接三端陶瓷滤波器 CF_1、CF_2，在进行第 5 步和第 6 步时，因为元器件的高度存在差异，可以做适当调整；

（7）焊接耳机插口 J，焊接时要注意引脚，听教师安排；

（8）焊接中波振荡变压器 T_1，焊接后，不可调节磁芯，包括 T_2 和 T_3；

（9）焊接调频中频滤波器 T_2；

（10）焊接中波中频变压器 T_3；

（11）焊接四联电容器 C_0，注意要先上磁棒支架，并固定，再焊接。焊接时，参照图 6-27 所示四联电容器的引脚示意图，并与装配图进行对应，不可装错；

（12）焊接电位器（带开关插脚）R_P（K_1）；

（13）焊接波段开关 K_2；

（14）焊接发光二极管 LED，发光二极管的引脚需要整形，使得发光体与外壳对应的孔相对应；

（15）焊接磁棒线圈 L_1，磁棒应轻拿轻放，因为撞击时容易破损；焊接时，注意一次侧和二次侧线圈的引脚，不能焊接错误，磁棒线圈引脚说明如图 6-28 所示；

（16）焊接连接线；

（17）其他结构件的组装与焊接。

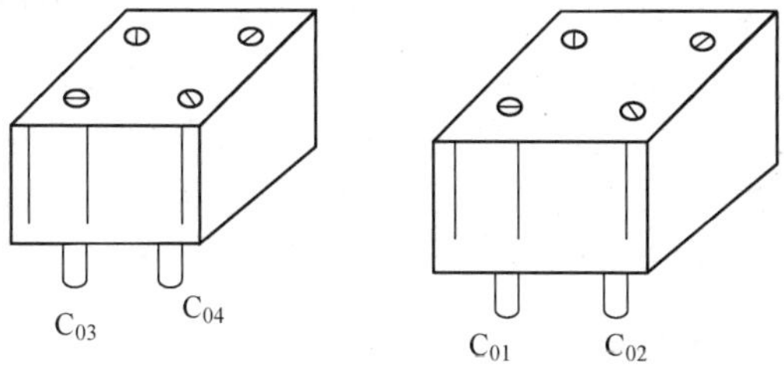

图 6-27　四联电容器（CBM-443DF）的引脚示意图

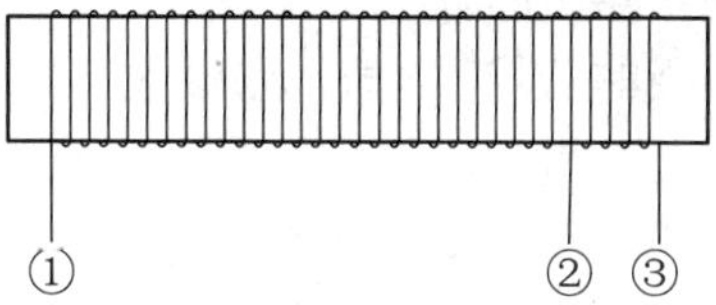

图 6-28　磁棒线圈引脚说明

【实训考核】

考核要求和考核表样式参考附录 A。

技能实训二　调试调幅/调频收音机

【实训目标】

（1）了解收音机的调试内容与方法；

（2）会对调幅/调频收音机的 AM 波段与 FM 波段进行调整；

（3）通过实训，增强专业意识，培养良好的职业道德和职业习惯。

【实训设备与器材】

学生每人一块 MF-47 型万用表，每人一台无故障的 ZX05 型调幅/调频收音机（学生自备工具）。

【实训内容与步骤】

调幅/调幅收音机的调试方法

1. 整机检查和清理

收音机安装好以后，首先要针对所有线路，检查各元件连接是否正确无误，然后再查看各个元件和焊点。可以轻轻拨动各元件，一方面查清焊接是否牢靠，有没有漏焊或虚焊；另一方面可把各元件排列整齐，以免和机壳或其他元件相碰。还应该注意把滴落机内的锡珠、线头等清理干净，防止通电后造成短路。

2. 通电试验

接通电源，观察电路的工作情况，若能收音，但收台少，声音小，说明电路和元件数值基本正确，可以进一步进行调整。

在上述工作完成之后，便可着手进行调试工作。超外差机的调试一般也是从末级开始，然后逐级向前，即从功放、低放、检波、中放级后调混频级，这样容易获得较好的效果。

3. AM 波段的调整

1）调整中频

（1）在没有仪器情况下的调整方法。

由厂家提供的收音机套件，中波中频变压器 T_3 基本上都已经调在 465kHz，因此调整工作比较简单。用收音机接收一套电台节目，最好是一套信号较弱的电台节目。用镊子（或一段导线）将四联电容器的 C_{02} 短路，如果扬声器中的节目停止了，说明混频器本振电路工作正常（如果扬声器中的节目仍在继续，说明中放级的信号不是混频后的中频信号，而是直接经混频级窜到后级的信号，本振电路没起作用，在这种情况下不能调整中频，否则不仅调不好，还会调乱）。然后松开镊子，使扬声器恢复节目声音，再用无感螺丝刀调节 T_3 的磁芯，一边调整，一边听声音的大小，反复几次，直到扬声器的声音最大即可。

（2）使用相关仪器进行调整。

使用的仪器主要有 EE1461 型 DDS 合成信号发生器和示波器。

用合成信号发生器输入一个频率 465kHz、输出场强 10mV/m、调制频率 1000Hz、调制度 30%的调幅信号，该信号从集成块 CD1691CB 的 10 脚注入，用示波器在扬声器两端监测 1kHz 信号波形。依次使用无感螺丝刀调节 T_3 的磁芯，使示波器显示最大不失真波形即可。

2）调整频率范围

调整频率范围是指调整收音机的接收频率，使其能覆盖相应波段的频率范围。中波波段频率范围为 535～1605kHz，通过调整后，收音机的中波波段必须覆盖该范围。

（1）在没有仪器情况下的调整方法。

先在波段的低端找一个广播电台，如中波段 639kHz。为了准确起见，可同时找一台已调好的标准收音机作参照。调整中波振荡变压器 T_1 的磁芯，使刻度对准时收听的广播节目声音最大。

然后在波段的高端再找一个广播电台，如选 1476kHz。调整四联电容器的 C_{02}，使声音最大。

按照上述步骤反复调整几次，基本上能保证收音机的频率范围。

（2）使用相关仪器进行调整。

使用的仪器主要是 EE1461 型 DDS 合成信号发生器和交流毫伏表。用合成信号发生器输出一个频率 520kHz、输出场强 5mV/m、调制频率 1000Hz、调制度 30%的调幅波，通过环形天线发射出去，如图 6-29 所示。收音机接通电源开始工作，用交流毫伏表监测输出电压。首先调节低端，将四联电容器调至最低端（全部旋进，即机壳指针对准频率刻度的最低频端），用无感螺丝刀调节中波振荡变压器 T_1 的磁芯，使毫伏表输出最大；调节高端时，调节合成信号发生器，使其输出频率为 1620kHz，将四联电容器调至最高端（全部旋出，即机壳指针对准频率刻度的最高频端），用无感螺丝刀调节 C_{02}，使毫伏表输出最大。

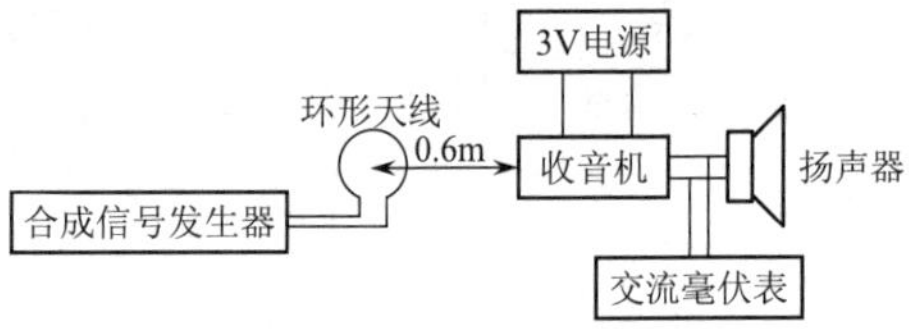

图 6-29　用合成信号发生器调整频率范围示意图

按照上述步骤反复调整几次，便可使收音机的频率范围达到 520～1620kHz，足以覆盖 535～1605kHz。

3）统调

对于调幅收音机来说，只要调节四联电容器，就可以使输入回路和本振回路的频率同时发生变化，从而使这两个回路的频率差值保持在 465kHz 上，这就是所谓的跟踪。实际上，要使整个波段内的每个频率都达到准确跟踪是不容易的，故在收音机中采用三点跟踪来解决这个问题。所谓三点跟踪是指在设计收音机输入回路和本振回路时，要求收音机在中间频率（中波 1000kHz）处达到跟踪，再通过调整，在低端（中波 600kHz）和高端（中波 1500kHz）各获得一个跟踪点。这样一来，在整个波段范围内有三个频率点的跟踪是准确的，从而其他各频率点的跟踪也就基本准确了。所以又将统调称为调整三点跟踪。

（1）在没有仪器情况下的调整方法。

先在低端 600kHz 附近找一套广播电台节目，调整输入回路线圈在磁棒上的位置，使声音最大；再在高端 1500kHz 附近找一套广播电台节目，调整输入回路中的 C_{01}，使声音最大；反复几次，基本上能保证三点跟踪。

（2）使用相关仪器进行调整。

使用的仪器主要是合成信号发生器和交流毫伏表。

用合成信号发生器输出一个频率 600kHz、输出场强 5mV/m、调制频率 1000Hz、调制度 30%的调幅波，通过环形天线发射出去，见图 6-29 所示。旋转收音机的调谐旋钮，使调谐指针指在刻度盘的 600kHz 位置上。改变磁棒上线圈的位置（调整电感），使交流毫伏表读数最大；再将合成信号发生器输出频率调到 1500kHz，旋转收音机的调谐旋钮，使调谐指针指在刻度盘的 1500kHz 位置上。调整输入回路中的 C_{01}，使交流毫伏表读数最大；如此反复几次，直到两个跟踪点 600kHz、1500kHz 调准为止。

判断统调是否正确，可以使用铜铁棒进行检验。当收音机工作在高端或低端时，当用铜铁棒两端分别靠近磁性天线时，收音机的输出均有所下降，则表示输入电路的谐振频率正好谐振在外来信号的频率上，达到了最好的跟踪。若不是，则进行调整，原则是：高端调电容，低端调电感。一般来说，低端和高端达到了较好的跟踪后，中端的跟踪不会有大的失谐，即使略有失谐，影响也不大。

统调结束后，用蜡或硅胶把磁性天线位置固定。

4. FM 波段的调整（调整前一定要接上天线）

1）中频放大电路的调整

与调幅收音电路相类似，调频收音电路的中频放大电路也要进行调整。用 EE1461 型 DDS 合成信号发生器和示波器进行调整的方法如下。

调整时，整机设置为中波 FM 收音位置，将音量电位器置于最大位置。合成信号发生器输出频率为 10.7MHz、电平为 99dB、调制频率为 1000Hz、频偏为±22.5kHz 的调频信号。把合成信号发生器输出的信号直接加到 C_1 上，用示波器观察输出波形。

然后由小至大调节信号发生器的输出信号的幅值，直至示波器里能在收音机的输出端看到 1kHz 的音频信号，此时用无感螺丝刀反复调整调频中波滤波器 T_2 的磁芯，使输出为最大，而且波形不失真。同时，注意当整机输出信号增大时，适当减小输入信号电平，再进行调整，最后将信号发生器的调制方式。由调频转向调幅，调制频率仍为 1kHz，调制度为 30%，调节 T_2 的磁芯，使输出最小，这样反复进行调整，使整机在接收 10.7MHz 中频调频信号时的输出最大，而在接收 10.7MHz 调幅信号时输出最小，即两点重合。在调整中频变压器时也可以用喇叭监听，当喇叭里能听到 1kHz 的音频信号，且声音最大，音色纯正，此时可认为中频变压器调整到最佳状态。

2）调整调频段的接收范围（频率覆盖）

调频广播的接收范围规定为 87～108MHz，实际调整时一般为 86.2～108.5MHz。使用信号发生器进行调整的方法如下。

调整时，整机设置为中波 FM 收音位置，将音量电位器置于最大位置。

（1）低端频率调整。

将四联电容器旋到容量最大处，即机壳指针对准频率刻度的最低频端，调节合成信号发生器，使其输出调制频率为 1kHz、频偏为 22.5kHz、电平为 30dB 左右、频率为 86.2MHz 的调频信号，直接加至 C_1 端，用示波器观察输出波形。调节 L_3 调频振荡线圈，以改变线圈的电感量，使示波器出现 1kHz 波形，并使波形最大。或直接监听收音机的声音，使收音机发出的声音最响最清晰。

（2）高端频率调整。

将四联电容器旋到容量最小处，即机壳指针对准频率刻度的最高频端，调节合成信号发生器，使其输出调制频率为 1kHz，频偏为 22.5kHz，电平为 30dB 左右，频率为 108.5MHz 的调频信号，直接加至 C_1 端，用示波器观察输出波形。在频率高端，调节 C_{04}，使示波器出现 1kHz 波形，并使波形最大。或直接监听收音机的声音，使收音机发出的声音最响最清晰。

由于高、低频端的谐振频率的调整相互牵制较大，所以必须反复调节多次，直到整机的接收频率范围符合要求为止。

线圈 L_2、L_3 皆为空心线圈，欲减小线圈的电感量，可将线圈拨得疏松些，欲增加线圈的电感量，可将线圈拨得紧密些。

（3）统调灵敏度。

调频波段的统调频率为 89MHz、98MHz、106MHz，但一般统调低频端和高频端两点就可以了。

调整时，整机设置为中波 FM 收音位置，将音量电位器置于最大位置。

先统调低频率 89MHz 端。调节合成信号发生器，使其输出调制频率为 1kHz、频偏为 22.5kHz、电平为 26dB 左右、频率为 89MHz 的调频信号，直接加至 C_1 端，用示波器观察输出波形。调节的天线线圈 L_2 电感量，使示波器显示输出最大。或直接监听收音机的声音，使收音机发出的声音最响最清晰。

接着统调高频端频率点。调节合成信号发生器，使其输出调制频率为 1kHz、频偏为 22.5kHz、电平为 26dB 左右、频率为 106MHz 的调频信号，直接加至 C_1 端，用示波器观察输出波形。调节四联电容器的 C_{03}，使整机输出波形最大。或直接监听收音机的声音，使收音机发出的声音最响最清晰。

以上步骤反复几次，直至 FM 波段灵敏度满足要求方可。

做一做

1．整机检查和清理。
2．通电实验。
3．调整 AM 波段。
4．调整 FM 波段。

完成收音机的调试，把所接收到的电台的信息填入表 6-5。

表 6-5　收音机调试记录表

序　号	波段（AM/FM）	频　率	电 台 名 称
1			
2			
3			

续表

序　　号	波段（AM/FM）	频　　率	电 台 名 称
4			
5			
6			
7			
8			
9			
10			

【实训考核】

考核要求和考核表样式参考附录 A。

模块小结

（1）调制，就是把调制信号“装载”到高频信号中去。根据装载的方式不同，分为调幅、调频和调相三种方式；解调是从接收到的已调信号中把原调制信号取出来。

（2）在调频中，载波的瞬时频率受调制信号的控制，做周期性的变化。变化的大小与调制信号的强度成线性关系，变化的周期由调制信号的频率所决定，产生调频信号的方法主要有直接调频和间接调频。

（3）混频就是把高频信号经过频率变换，变成另一个固定频率的信号。

教学微视频

扫一扫

模块七　数字电路基础

看一看

观看图 7-1 所示各种与数字技术有关的设备或系统的图片。

（a）手机实物图

（b）家庭影院实物图

（c）计算机实物图

（d）全自动洗衣机实物图

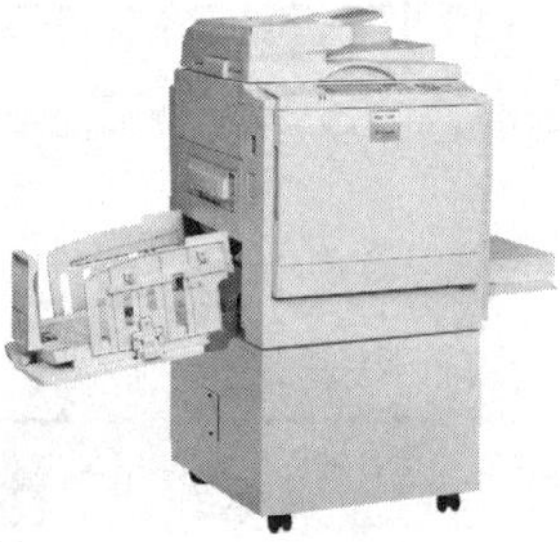

（e）速印机实物图

（f）数控机床实物图

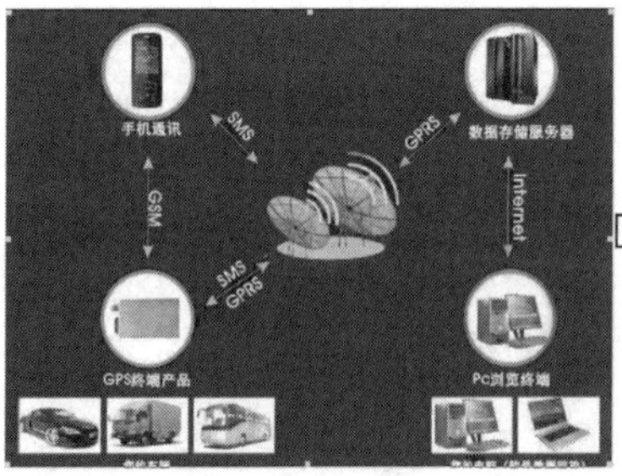

（g）GPS 定位示意图

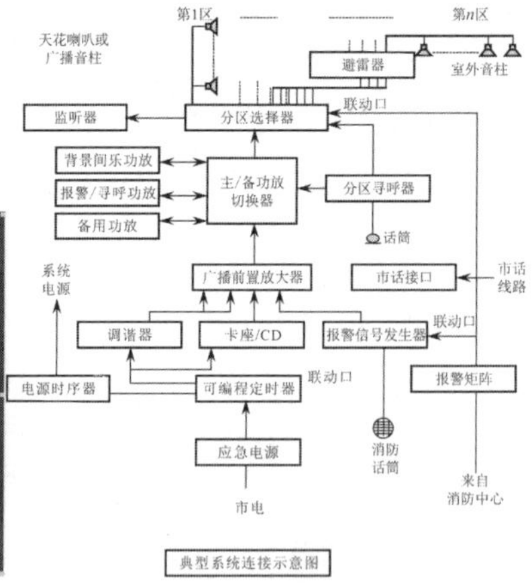

（h）校园广播系统组成框图

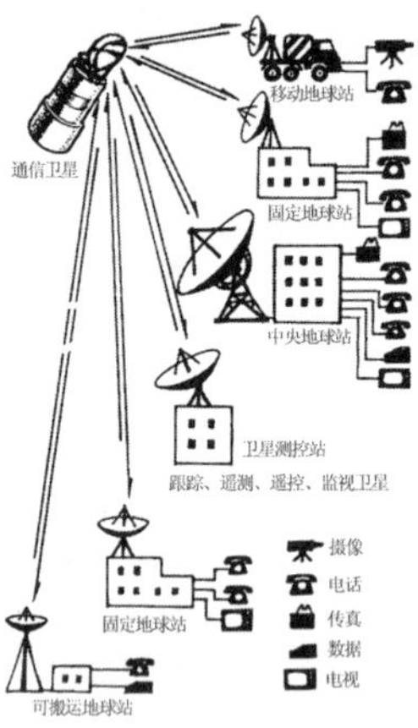

（i）卫星通信系统示意图

图 7-1　数字技术应用举例

说一说

在日常生活中，还有哪些设备是应用数字技术的？

【初步认识】数字技术是现代技术的一个重要方面，被广泛应用于电子计算机、自动控制、遥感遥测、雷达、电视、广播、通信等许多领域，已进入人类生产、生活的各个方面。

学一学

什么是数字技术？实现数字技术应用的数字电路与以前学的电子电路有什么不同？

任务一　脉冲与数字信号的认知

【学习目标】

◇ 理解模拟信号与数字信号的区别

◇ 了解脉冲波形主要参数的含义及常见脉冲波形

◇ 掌握数字信号的表示方法，了解数字信号在日常生活中的应用

学一学

什么是脉冲与数字信号？它有什么特性？它又是怎样表示的？完成本任务的学习，我们就明白了。

知识链接一　数字信号及其应用

1．模拟信号与数字信号

电子通信系统中的电信号可以分为模拟信号和数字信号两大类。凡在数值上和时间上都是连续变化的信号，称为模拟信号。如图 7-2（a）所示为模拟信号波形图。随声音、温度、压力等物理量作连续变化的电压或电流，都是模拟信号。凡在数值上和时间上不连续变化的信号，称为数字信号。如图 7-2（b）所示为数字信号波形图。如图 7-3 所示的只有高、低电平跳变的矩形脉冲信号，就是典型的数字信号。不连续性和突变性是数字信号的主要特性。

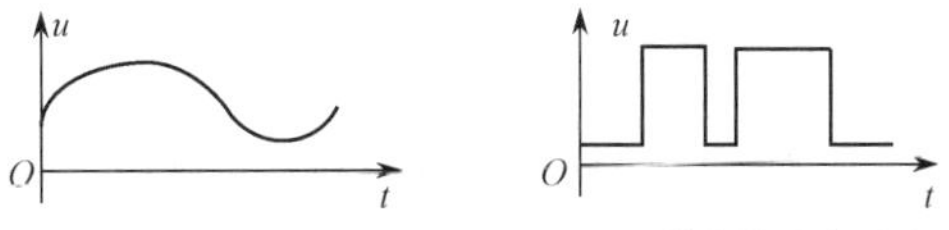

（a）模拟信号波形图　　（a）数字信号波形图

图 7-2　模拟信号与数字信号

由于数字信号只有高、低电平两种状态，所以如果赋予高、低电平分别代表 1 和 0 这两个数字的意义，则一组脉冲信号就是一串用 1、0 表示的数字量，如图 7-4 所示。这就是把这类信号称为数字信号的原因。

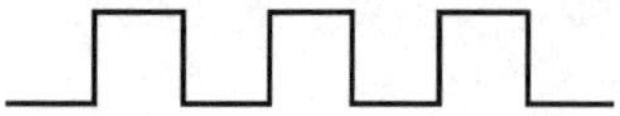

图 7-3 矩形脉冲信号波形

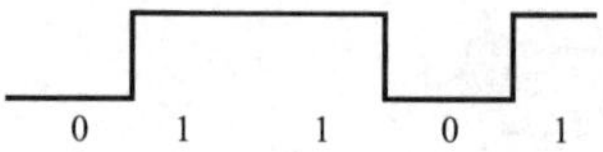

图 7-4 脉冲信号的数字表示

用这种高、低电平可以表示自然界中各种有与无、大与小、是与非、真与假的对比关系，只要按一定的要求建立起某种逻辑函数式，就可以实现判断、推理、计算和记忆等。

2. 模拟电路与数字电路

电子电路分为模拟电路与数字电路两类。我们前面所学的，都是传递和处理模拟信号的模拟电路，而数字电路传递和处理的是数字信号。

数字电路因具有抗干扰能力强、能耗低、便于集成等优点，发展迅猛，在计算机、通信、工业控制、声像、家电等许多领域已经或正在逐步取代模拟电路。图 7-5 所示为处理数字信号的电子设备。

（a）数码照相机实物图

（b）数字电视实物图

图 7-5 处理数字信号的电子设备举例

3. 数字电路的特点

（1）因为数字信号只有 0 和 1 两个状态，可很方便地用开关的通断来实现。因此数字电路是一系列的开关电路。这种电路结构简单，对元件的精度要求不高，便于集成和制造，价格便宜。

（2）数字电路中，晶体管元件均处于开关状态，利用晶体管的截止与饱和状态来表示数字信号的高、低电平。

（3）数字电路具有逻辑运算能力，因而数字电路又称为逻辑电路。

（4）在数字电路中，侧重研究输入、输出信号间的逻辑关系及其所反映的逻辑功能。分析数字电路所使用的数学工具主要是逻辑代数。

知识链接二 脉冲波形及主要参数

1. 脉冲及其常见波形

瞬间突然变化、作用时间极短的电压或电流称为脉冲信号，简称为脉冲。脉冲是脉动和冲击的意思。常见的几种脉冲波形如图 7-6 所示。

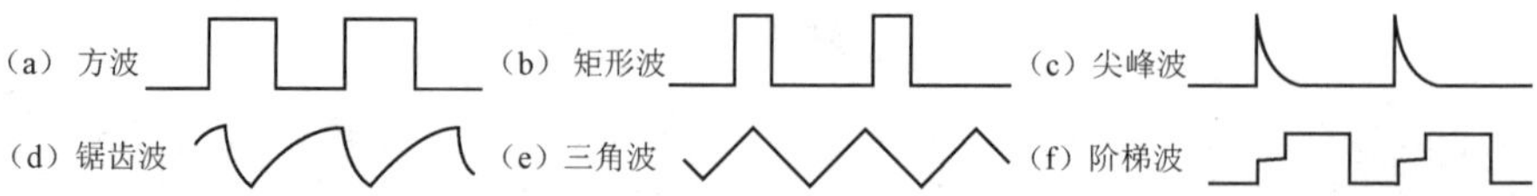

图 7-6 几种常见的脉冲波形

2．矩形脉冲波

数字电路中，矩形波是最常见也是最典型的工作信号。理想的矩形波如图 7-3 所示，每个波形都有一个上升边沿（简称上升沿）和下降边沿（简称下降沿），中间为平顶部分。因为实际的跳变总需要一定的时间，所以实际矩形脉冲的上升沿和下降沿都不可能那么陡峭，中间部分也不可能绝对平坦，在其延续的后期总会有点下降，如图 7-7 所示。

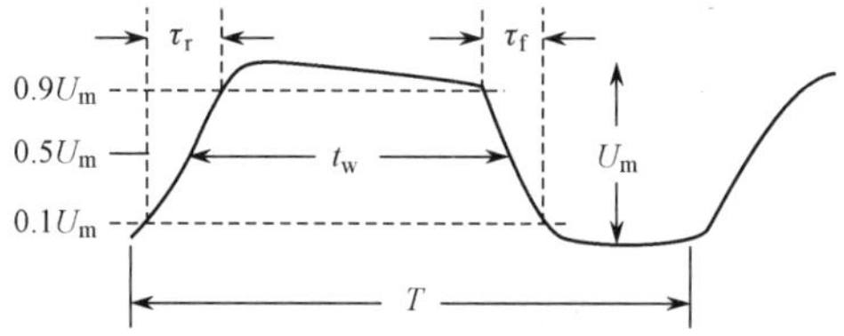

图 7-7　实际的矩形脉冲波形

常用以下几个主要参数，描述矩形脉冲波形的特性。

（1）幅度 U_m　脉冲电压变化的最大值。

（2）脉冲上升沿 τ_r　脉冲从幅度的 10%处上升到幅度的 90%处所需时间。

（3）脉冲下降沿 τ_f　脉冲从幅度的 90%处下降到幅度的 10%处所需的时间。

（4）脉冲宽度 τ_w　脉冲上升沿和下降沿幅度为 50%处的时间间隔。

（5）脉冲周期 T　相邻两脉冲波对应点间的时间间隔。

查一查

查阅各种资料，了解数字电路的发展史及数字电路的各种应用。

练一练

习题 7.1

1．在时间和数值上，模拟信号的变化都是______的，而数字信号的变化都是______的。

2．数字信号中的 0、1 表示的是什么？

3．什么是数字电路？数字电路具有哪些主要特点？

4．试画出矩形波、方波、尖峰波、三角波的脉冲波形。

任务二　数制与码制的认知

【学习目标】

◇ 掌握二进制、十六进制数的表示方法

◇ 能进行二进制、十进制数之间的相互转换

◇ 了解 8421BCD 码的表示形式

学一学

计算机等电子设备使用的数制是十进制吗？如果不是，它采用什么数制？如何实现人机对话？

知识链接一　常用数制

计数时，往往需用多位数码。多位数码中每一位的构成方法和低位向高位进位的规则称为数制。

十进制数是人们最习惯采用的一种数制。而在数字电路中广泛采用二进制、十六进制等。以下简要介绍这两种数制。

1．二进制数

二进制数只有 0 和 1 两个数码，计数的基数是 2，超过 1 就要向高位进位，进位规则是“逢二进一”，故称二进制。为了区别，二进制数常加“$(\quad)_B$”或“$(\quad)_2$”表示。如二进制数 1101、1101.01 可分别表示为

$$(1101)_B=1\times2^3+1\times2^2+0\times2^1+1\times2^0$$
$$(1101.01)_B=1\times2^3+1\times2^2+0\times2^1+1\times2^0+0\times2^{-1}+1\times2^{-2}$$

式中：2 是基数，2 的幂是各相应位的权，每个数码乘以该位的权再相加即得该数的大小。这种表达式称为加权系数展开式。

对于 n 位二进制整数，其由高位到低位的权分别为 2^{n-1}、2^{n-2}、…、2^1、2^0。对于 n 位二进制小数，其由高位到低位的权分别为 2^{-1}、2^{-2}、…、2^{-n+1}、2^{-n}。

2．十六进制数

用二进制表示数时，数码串很长，书写和显示都不方便。在数字系统中，常用十六进制等更大的数制，以便于计算机来处理。

十六进制数有 0～9 及 A(10)、B(11)、C(12)、D(13)、E(14)、F(15)，共 16 个数码，以 16 为计数基数，超过 15 就要向高位进位，进位规则是“逢十六进一”，故称十六进制。为了区别，十六进制数常加“$(\quad)_H$”或“$(\quad)_{16}$”表示。如十六进制数 3C2 可表示为

$$(3C2)_H=3\times16^2+12\times16^1+2\times16^0$$

式中 16 是基数，16 的幂是各相应位的权。

对于 n 位十六进制整数，其由高位到低位的权分别为 16^{n-1}、16^{n-2}、…、16^1、16^0，对于 n 位十六进制小数，其由高位到低位的权分别为 16^{-1}、16^{-2}、…、16^{-n+1}、16^{-n}。

知识链接二　数制之间的相互转换

1．二进制数转换成十进制数

由二进制数转换成十进制数的方法是，把二进制数首先写成加权系数展开式，然后按十进制加法规则求和。

【例 7-1】　完成数制转换：$(11001.11)_B=(\quad)_D$

解：$(11001.11)_B=1\times2^4+1\times2^3+0\times2^2+0\times2^1+1\times2^0+1\times2^{-1}+1\times2^{-2}$

$=16+8+0+0+1+0.5+0.25$

$=(25.75)_D$

2．十进制数转换成二进制数

十进制整数转换为二进制整数采用“除 2 取余逆排”法，即用 2 去除十进制整数，可以得到一个商和余数，再用 2 去除商，又会得到一个商和余数，如此进行，直到商为零时为止，然后把先得到的余数作为二进制数的低位，后得到的余数作为二进制数的高位，依次排列起来。

十进制小数转换为二进制小数采用“乘 2 取整顺排”法，即用十进制小数乘以 2，可以得到一个积，取积的整数部分，用余下的小数再乘以 2，又得到一个积，再取积的整数部分，如此进行，直到小数部分等于零为止。然后把先得到的整数作为二进制小数的高位，后得到的整数作为二进制数的低位，依次排列起来。

【例 7-2】　完成数制转换：$(12.375)_D=(\quad)_B$

解：　　　　　整数部分　　　　　　　　　　　小数部分

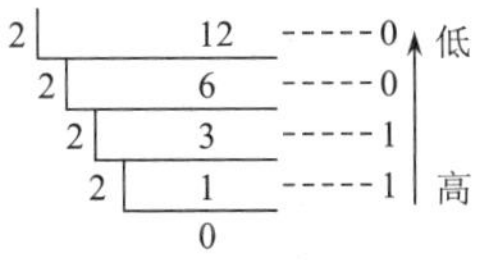

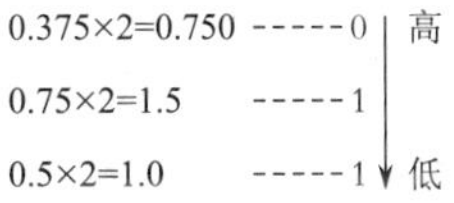

所以$(12.375)_D=(1100.011)_B$

十进制小数转换成二进制小数时，如不能完全转换，则只要达到一定精度即可。

知识链接三　码制与 8421BCD 编码

1．码制

数字信息有两类：一类是数值；另一类是文字、符号、图形等，表示非数值的其他事物。对于后一类信息，在数字系统中也用一定的数码来表示，以便于计算机来处理。这些代表信息的数码不再有数值大小的意义，而称为信息代码，简称代码。例如我们的学号、教学楼里每间教室的编号等就是一种代码。

建立代码与文字、符号、图形和其他特定对象之间一一对应关系的过程，称为编码。为了便于记忆、查找、区别，在编写各种代码时，总要遵循一定的规律，这一规律称为码制。

2．8421BCD 码

在数字系统中，最方便使用的是按二进制数码编制的代码。如在用二进制数码表示一位十进制数 0～9 十个数码的对应状态时，经常用 BCD 码。BCD 码意指“以二进制代码表示十进制数”。BCD 码有多种编制方式，8421 码制最为常见，这种编码的优点是四位二进制数码之间满足二进制的规则，8、4、2、1 分别是四位二进制数码所在位的权。表 7-1 为 8421BCD 代码表。

表 7-1　8421BCD 代码表

十进制数	8421BCD 码			
	位权 8	位权 4	位权 2	位权 1
0	0	0	0	0

续表

十进制数	8421BCD 码			
	位权 8	位权 4	位权 2	位权 1
1	0	0	0	1
2	0	0	1	0
3	0	0	1	1
4	0	1	0	0
5	0	1	0	1
6	0	1	1	0
7	0	1	1	1
8	1	0	0	0
9	1	0	0	1

如：$(9)_D=(1001)_{8421BCD}$；$(309)_D=(0011\ 0000\ 1001)_{8421BCD}$。

查一查

查阅各种资料，了解 BCD 码还有哪些编码方式及其编码规律。

练一练

习题 7.2

1．将下列十进制数转换为二进制数：（1）27；（2）38；（3）19。

2．将下列二进制数转换为十进制数：（1）1001；（2）10111；（3）110011。

3．用 8421BCD 码表示十进制数，每一位十进制数可用____位二进制数码来表示，其权值从高位到低位依次为____、____、____、____。

4．$(256)_D$=（____________________）$_B$=（____________________________）$_{8421BCD}$

任务三　逻辑运算与逻辑函数的认知

【学习目标】

◇ 了解逻辑代数的表示方法和运算法则

◇ 会用逻辑代数基本公式化简逻辑函数，了解其在工程应用中的实际意义

学一学

什么是逻辑代数呢？它与我们学过的代数有区别吗？

知识链接一　基本逻辑运算

1. 逻辑函数与逻辑体制

“逻辑”是指因果的规律性。通常把反映“原因（条件）”和“结果”之间的关系称为逻辑关系，把“原因”称为输入变量（逻辑自变量），“结果”称为输出变量（逻辑因变量）。

逻辑函数表示的不是量与量之间的数量关系而是状态与状态之间的逻辑关系。在逻辑函数中，用字母表示的输入变量和输出变量的逻辑状态都只有 1 和 0 两种取值，分别称为逻辑 1 和逻辑 0，它们表示的是事物的两种对立状态，如有与无、高与低、真与假、是与非等。

根据 1、0 代表的逻辑状态含义不同，有正、负逻辑之分。比如，认定 1 表示有、高、真、是、事件发生等，0 表示无、低、假、非、事件不发生等，称正逻辑；反之则称负逻辑。

如无特殊说明，逻辑分析均采用正逻辑体制。

2. 三种基本逻辑运算

最基本的逻辑是“与逻辑”“或逻辑”“非逻辑”，对应的最基本逻辑运算为“与运算”“或运算”“非运算”，通常简称“与”“或”“非”。

1）与运算

看一看

观察教师的演示实验：

按图 7-8 所示连接电路，分别拨动开关 S_1、S_2，仔细观察灯泡状态的变化情况。

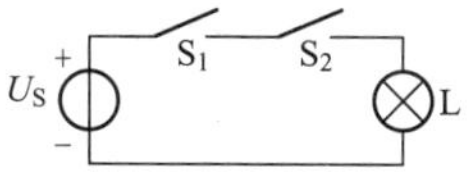

图 7-8　与逻辑实验电路

想一想

上述实验现象说明什么问题？

【实验结论】当开关 S_1、S_2 都断开时灯泡不亮，开关 S_1、S_2 中任意一个断开时灯泡也不亮，只有当开关 S_1、S_2 都闭合时灯泡才亮。灯泡的亮、灭与开关的断开、闭合之间存在与逻辑关系。

学一学

当决定某一事件的所有条件都具备时，该事件才会发生，否则事件不发生。这样的因果关系称为与逻辑关系。依据上述实验过程可列出与逻辑关系表，如表 7-2 所示。

若换为二值变量，开关 S_1 用 A 表示，开关 S_2 用 B 表示，L 用 Y 表示，开关接通为 1，断开为 0，灯泡亮为 1，灭为 0，则表 7-2 可改写为表 7-3。表 7-3 表明的是与逻辑函数输入变量和输出变量的逻辑对应关系。把这种表明逻辑函数输入变量和输出变量逻辑对应关系的表称为逻辑真值表，简称真值表。真值表应包括全部可能的输入变量取值组合及其对应的输出变量取值，所以，如果有 n 个输入变量，则真值表应有 2^n 个行。表 7-3 是两输入变量与逻辑的真值表。

表 7-2　与逻辑关系表

输入		输出
开关 S_1	开关 S_2	灯 L
断	断	灭
断	通	灭
通	断	灭
通	通	亮

表 7-3　与逻辑真值表

输入		输出
A	B	Y
0	0	0
0	1	0
1	0	0
1	1	1

真值表是逻辑函数的一种表示形式。逻辑函数还可用逻辑函数表达式（简称逻辑表达式）表示。两输入变量与逻辑的逻辑函数表达式为

$$Y=AB\text{（或 }Y=A\cdot B\text{，}Y=A\times B\text{）}$$

读作“Y 等于 A 与 B”或“Y 等于 A 乘 B”（通常又把逻辑与称为逻辑乘）。

逻辑与的运算规则为：

$$0\times0=0\quad 0\times1=0\quad 1\times0=0\quad 1\times1=1$$

与逻辑的逻辑功能可表述为：“有 0 出 0，全 1 出 1”。

2）或运算

看一看

观察教师的演示实验：

按图 7-9 所示连接电路，分别拨动开关 S_1、S_2，仔细观察灯泡状态的变化情况。

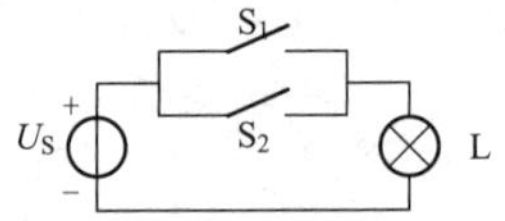

图 7-9　或逻辑实验电路

想一想

上述实验现象说明什么问题？

【实验结论】当开关 S_1、S_2 都断开时灯泡不亮，开关 S_1、S_2 中至少有一个闭合时灯泡才亮。灯泡的亮、灭与开关的断开、闭合之间存在或逻辑关系。

学一学

在决定某一事件的几个条件中，只要有一个或者多个条件具备，该事件就会发生，否则事件不发生。这样的因果关系称为或逻辑关系。依据上述实验过程可列出或逻辑关系表，如表 7-4 所示。

据表 7-4 可写出两输入变量或逻辑的真值表，如表 7-5 所示。

两输入变量或逻辑的逻辑函数表达式为

$$Y=A+B$$

读作“Y 等于 A 或 B”或“Y 等于 A 加 B”（通常又把逻辑或称为逻辑加）。

逻辑或的运算规则为

$$0+0=0 \quad 0+1=1 \quad 1+0=1 \quad 1+1=1$$

或逻辑的逻辑功能可表述为：“全 0 出 0，有 1 出 1”。

表 7-4　或逻辑关系表

输入		输出
开关 S_1	开关 S_2	灯 L
断	断	灭
断	通	亮
通	断	亮
通	通	亮

表 7-5　或逻辑真值表

输入		输出
A	B	Y
0	0	0
0	1	1
1	0	1
1	1	1

3）非运算

观察教师的演示实验：

按图 7-10 所示连接电路，拨动开关 S，仔细观察灯泡状态的变化情况。

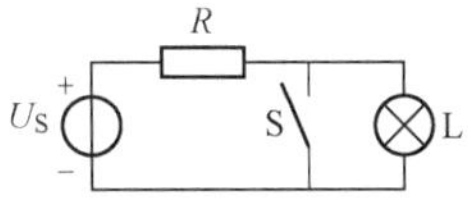

图 7-10　非逻辑实验电路

上述实验现象说明什么问题？

【实验结论】当开关 S 断开时灯泡亮，开关 S 闭合时灯泡不亮。灯泡的亮、灭与开关的断开、闭合之间存在非逻辑关系。

当决定某一事件的条件具备时，该事件就不会发生；而条件不具备时，该事件就会发生。这样的因果关系称为非逻辑关系。依据上述实验过程可列出非逻辑关系表，如表 7-6 所示。

据表 7-6 可写出非逻辑真值表，如表 7-7 所示。

表 7-6　非逻辑关系表

输入	输出
开关 S	灯 L
断	亮
通	灭

表 7-7　非逻辑真值表

输入	输出
A	Y
0	1
1	0

非逻辑的逻辑函数表达式为

$$Y=\overline{A}$$

读作“Y 等于 A 非”。

逻辑非的运算规则为

$$\overline{0}=1 \quad \overline{1}=0$$

非逻辑的逻辑功能可表述为："入 0 出 1，入 1 出 0"。

想一想

日常生活中，还有哪些事情分别属于与、或、非的逻辑关系？

知识链接二　复合逻辑运算

实际的逻辑关系往往比基本的与、或、非逻辑关系复杂，但它们都可以用基本逻辑关系的组合来实现。把由基本逻辑与、或、非组合而成的逻辑叫复合逻辑。对应的也就有复合逻辑运算。这就如同算术中，加、减、乘、除是基本运算，但实际上，我们常常需要进行加、减、乘、除四则混合运算一样。常用的复合逻辑运算关系有与非、或非、与或非、异或等。

在复合逻辑运算中，运算的顺序是有括号时，先括号内，再括号外；非号下有运算时，先非号下的运算，再非运算；同级运算时先非，再与，再或。

1. 与非运算

输入变量先与再非的逻辑关系称为与非逻辑关系。

两输入变量与非逻辑的逻辑函数表达式为

$$Y=\overline{A\cdot B}$$

读作"Y 等于 A 与 B 再非"。

表 7-8 是两输入变量与非逻辑真值表。与非逻辑功能可表述为："有 0 出 1，全 1 出 0"。

2. 或非运算

输入变量先或再非的逻辑关系称为或非逻辑关系。

两输入变量或非逻辑函数表达式为

$$Y=\overline{A+B}$$

读作"Y 等于 A 或 B 再非"。

表 7-9 是两输入变量或非逻辑函数真值表。或非逻辑功能可表述为："有 1 出 0，全 0 出 1"。

表 7-8　与非逻辑真值表

A	B	$Y=\overline{A\cdot B}$
0	0	1
0	1	1
1	0	1
1	1	0

表 7-9　或非逻辑真值表

A	B	$Y=\overline{A+B}$
0	0	1
0	1	0
1	0	0
1	1	0

3. 与或非运算

输入变量分组先与，然后各组再或，最后再非的逻辑关系称为与或非逻辑关系。

四输入变量与或非逻辑的逻辑函数表达式为

$$Y=\overline{AB+CD}$$

读作"Y 等于 A 与 B 或 C 与 D 再非"。

表 7-10 是四输入变量与或非逻辑真值表。与或非逻辑功能可表述为："当输入变量中，

至少有一组全为 1 时，输出为 0；否则，输出为 1”。

表 7-10　与或非逻辑真值表

A	B	C	D	Y
0	0	0	0	1
0	0	0	1	1
0	0	1	0	1
0	0	1	1	0
0	1	0	0	1
0	1	0	1	1
0	1	1	0	1
0	1	1	1	0
1	0	0	0	1
1	0	0	1	1
1	0	1	0	1
1	0	1	1	0
1	1	0	0	0
1	1	0	1	0
1	1	1	0	0
1	1	1	1	0

4. 异或运算

把判别两个输入变量取值是否不同的逻辑关系称为异或逻辑。

异或逻辑的逻辑函数表达式为

$$Y=\overline{A}B+A\overline{B} \quad \text{或} \ Y=A\oplus B$$

读作“Y 等于 A 异或 B”。

表 7-11 是异或逻辑真值表。其逻辑功能可表述为：“相同出 0，相异出 1”。

表 7-11　异或逻辑真值表

A	B	Y
0	0	0
0	1	1
1	0	1
1	1	0

知识链接三　逻辑代数的基本定律

逻辑代数是一种用于逻辑分析的数学工具，又称布尔代数。它是分析和设计逻辑电路的数学基础。逻辑代数有一些基本的运算定律及规则，应用这些定律和规则可以把一些复杂的逻辑函数式简化。这就如同对普通代数式进行化简需要掌握普通代数的基本运算定律及规则一样。

表 7-12 所列是逻辑代数的一些常用公式及对偶公式。逻辑代数常量运算的基本公式，前面已作介绍，这里为了对比，也一并列出了。

表 7-12 逻辑代数的常用公式及对偶公式表

序号	名称	公式	序号	对偶公式
1		$0\cdot 0=0$	1′	$1+1=1$
2		$1\cdot 0=0$	2′	$0+1=1$
3		$1\cdot 1=1$	3′	$0+0=0$
4		$\overline{1}=0$	4′	$\overline{0}=1$
5	零幺律	$0\cdot A=0$	5′	$1+A=1$
6	零幺律	$1\cdot A=A$	6′	$0+A=A$
7	自反律（互补律）	$A\cdot \overline{A}=0$	7′	$A+\overline{A}=1$
8	交换律	$A\cdot B=B\cdot A$	8′	$A+B=B+A$
9	结合律	$A\cdot(B\cdot C)=(A\cdot B)\cdot C$	9′	$A+(B+C)=(A+B)+C$
10	分配律	$A\cdot(B+C)=A\cdot B+A\cdot C$	10′	$A+B\cdot C=(A+B)\cdot(A+C)$
11	重叠律	$A\cdot A=A$	11′	$A+A=A$
12	反演律（德·摩根律）	$\overline{A\cdot B}=\overline{A}+\overline{B}$	12′	$\overline{A+B}=\overline{A}\cdot\overline{B}$
13	吸收律	$A+A\cdot B=A$	13′	$A\cdot(A+B)=A$
14	吸收律	$A+\overline{A}\cdot B=A+B$	14′	$A\cdot(\overline{A}+B)=A\cdot B$
15	冗余律	$A\cdot B+\overline{A}\cdot C+B\cdot C$ $=A\cdot B+\overline{A}C$	15′	$(A+B)\cdot(\overline{A}+C)\cdot(B+C)$ $=(A+B)\cdot(\overline{A}+C)$
16	还原律（非非律）	$\overline{\overline{A}}=A$		

表 7-12 中各公式是根据对偶规则排列的。所谓对偶规则是指，对于一个逻辑表达式，若把式中的“・”变成“+”、“+”变成“・”、“0”变成“1”、“1”变成“0”，则可得到一个新的逻辑表达式，这就是该表达式的对偶式。如果一个逻辑表达式成立，则其对偶式一定成立。

利用真值表，可对表 7-12 中的有关公式加以验证。

知识链接四 逻辑函数的表示方法

1. 逻辑函数表达式的几种形式

根据实际需求，可利用逻辑函数的基本定律，进行恒等变换使逻辑函数表达式表示为不同形式。如

$Y=(A+\overline{A})(C+D)$ 或-与表达式

$=AC+\overline{C}D$ 与-或表达式

$=\overline{\overline{AC}\cdot\overline{\overline{C}D}}$ 与非-与非表达式

$=\overline{\overline{(A+\overline{C})}+\overline{(C+D)}}$ 或非-或非表达式

$=\overline{\overline{A}\overline{C}+\overline{C}\cdot\overline{D}}$ 与-或-非表达式

上列各表达式中，与-或表达式是比较常见的一种，它也比较容易与其他形式的表达式互换。此外，通过后面的学习，我们将知道，由于与非门集成电路的大量使用，与非-与非表达式的实用价值也较大。

2. 逻辑函数表达式与真值表之间的转换

在对实际逻辑关系进行分析时，常需在逻辑函数表达式与真值表之间进行转换。

1）由逻辑函数表达式求真值表

将输入变量取值的所有组合状态逐一代入逻辑函数表达式求出函数值，列成表，即得到真值表。前面，我们在进行基本逻辑和常用组合逻辑关系分析时，就用了这一方法。

2）由真值表写逻辑函数表达式

将真值表中使输出变量取值为1的输入变量取值组合选出来；在这些输入变量取值组合中，凡取值为 1 的变量写成原变量（如 A、B 等），凡取值为 0 的变量写成反变量（如 A、B 等），然后相乘得到一个输入变量乘积项；最后，把这些输入变量乘积项相加，就得到了相应的与-或表达式。

【例 7-3】　已知某逻辑函数的真值表如表 7-13 所示，试写出其逻辑函数表达式。

解：从表 7-13 中可看出，使 Y=1 的输入变量取值组合有 000、010、100、110 四个，则对应的输入变量乘积项应为$\overline{A}\cdot\overline{B}\cdot\overline{C}$、$\overline{A}B\overline{C}$、$A\overline{B}\cdot\overline{C}$、$AB\overline{C}$四项，最后将各乘积项进行相加，有

$$Y=\overline{A}\cdot\overline{B}\cdot\overline{C}+\overline{A}B\overline{C}+A\overline{B}\cdot\overline{C}+AB\overline{C}$$

表 7-13　例 7-3 真值表

A	B	C	Y
0	0	0	1
0	0	1	0
0	1	0	1
0	1	1	0
1	0	0	1
1	0	1	0
1	1	0	1
1	1	1	0

知识链接五　逻辑函数的公式法化简

每一个逻辑函数都体现着一个电路。因此，如果逻辑函数表达式简单，则实现该逻辑函数的电路所需的元器件就比较少，既可节约器材、降低成本，又可提高电路的可靠性。逻辑函数化简的目的是使其表达式最简，一般是最简与-或式。最简与-或式的标准是：第一，乘积项的个数最少；第二，在保证乘积项最少的前提下，每个乘积项中的变量个数最少。

常用的逻辑函数化简方法有公式法和卡诺图法两种，这里只介绍公式法。

运用逻辑代数的基本定律和一些恒等式化简逻辑函数的方法，称为公式法化简。公式法化简常采用以下几种具体方法。

1．吸收法

利用公式 $A+AB=A$，消去多余的项。如

$$Y=A\overline{B}+A\overline{B}C(D+E)=A\overline{B}$$

$$Y=C+\overline{AB}C=C$$

2．并项法

利用公式 $A+\overline{A}=1$，将两项并为一项，并消去一个变量。如

$$Y=AB+A\overline{B}=A$$

$$Y=A\bar{B}\cdot\bar{C}D+A\bar{B}\cdot\bar{C}\cdot\bar{D}=A\bar{B}\cdot\bar{C}$$

3. 消去法

利用公式 $A+\bar{A}B=A+B$、$AB+\bar{A}C+BC=AB+\bar{A}C$，消去多余的因子或乘积项。如

$$Y=\bar{A}+AB=\bar{A}+B$$

$$Y=AB+\bar{A}C+\bar{B}C=AB+(\bar{A}+\bar{B})C=AB+\overline{AB}C=AB+C$$

$$Y=A\bar{B}\cdot\bar{C}+\bar{A}\cdot\bar{D}+\bar{B}\cdot\bar{C}\cdot\bar{D}=A\bar{B}\cdot\bar{C}+\bar{A}\cdot\bar{D}$$

4. 配项法

利用公式 $A+\bar{A}=1$，增加必要的乘积项，再用并项或吸收的办法化简。如

$$Y=AB+\bar{A}C+BCD$$
$$=AB+\bar{A}C+(A+\bar{A})BCD$$
$$=AB+ABCD+\bar{A}C+\bar{A}BCD$$
$$=AB(1+CD)+\bar{A}C(1+BD)$$
$$=AB+\bar{A}C$$

在实际化简过程中，有时要灵活使用上述方法和相关公式。这需要我们多加练习，掌握一定的技巧，才能快速便捷地得到最简的与-或表达式。

【例 7-4】 化简：$Y=A\bar{B}+C+\bar{A}\cdot\bar{C}D+B\bar{C}D$

解：$Y=A\bar{B}+C+\bar{A}\cdot\bar{C}D+B\bar{C}D$

$$=A\bar{B}+C+\bar{C}D(A+B)$$
$$=A\bar{B}+C+D(\overline{\bar{A}+B})$$
$$=A\bar{B}+C+D(\overline{A+\bar{\bar{B}}})$$
$$=A\bar{B}+C+D\overline{A\bar{\bar{B}}}$$
$$=A\bar{B}+C+D$$

【例 7-5】 化简：$Y=\overline{AB+AC+\bar{A}D}$

解：$Y=\overline{AB+AC+\bar{A}D}$

$$=\overline{A(B+C)+\bar{A}D}$$
$$=\overline{A(B+C)}\cdot\overline{\bar{A}D}$$
$$=[\bar{A}+\overline{(B+C)}](\bar{\bar{A}}+\bar{D})$$
$$=(\bar{A}+\bar{B}\cdot\bar{C})(A+\bar{D})$$
$$=A\bar{A}+\bar{A}\cdot\bar{D}+A\bar{B}\cdot\bar{C}+\bar{B}\cdot\bar{C}\cdot\bar{D}$$
$$=\bar{A}\cdot\bar{D}+A\bar{B}\cdot\bar{C}+\bar{B}\cdot\bar{C}\cdot\bar{D}$$
$$=\bar{A}\cdot\bar{D}+A\bar{B}\cdot\bar{C}$$

练一练

习题 7.3

1. 基本逻辑运算和常见的复合逻辑运算有哪几种？写出这些逻辑运算的表达式。
2. 试分别列出 $Y=A+B$、$Y=\overline{A\cdot B}$ 的真值表。

3．试根据表 7-14 所示真值表，写出其对应的逻辑函数表达式。

表 7-14　真值表

A	B	C	Y
0	0	0	0
0	0	1	1
0	1	0	1
0	1	1	0
1	0	0	0
1	0	1	1
1	1	0	1
1	1	1	0

4．逻辑代数有哪些常用公式？

5．为什么要对逻辑函数进行化简？什么是公式法化简？它有哪些常见方法？

6．试用列真值表的方法求证：（1）$\overline{A\overline{B}+\overline{AB}}=AB+\overline{AB}$；（2）$\overline{\overline{AB}+\overline{A}C}=A\overline{B}+\overline{A}\,\overline{C}$

7．用公式法化简下列逻辑函数。

（1）$Y=AB(BC+A)$

（2）$Y=\overline{ABC}(B+\overline{C})$

（3）$Y=A+ABC+A\overline{BC}+BC+\overline{B}C$

（4）$Y=AD+A\overline{D}+AB+\overline{A}C+BD$

任务四　逻辑门电路的功能与选用

【学习目标】

◇ 掌握与门、或门、非门等基本逻辑门的逻辑功能，了解与非门、或非门、与或非门等复合逻辑门的逻辑功能，会画电路符号，会使用真值表

◇ 了解 TTL、CMOS 门电路的型号、引脚功能等使用常识

◇ 能识别 TTL、CMOS 门电路典型产品的型号、引脚功能，会测试其逻辑功能

◇ 能根据要求，合理选用集成门电路

看一看

门电路的作用是什么？

观察教师的演示实验：

（1）按图 7-11 所示连接电路；

（2）输入信号脉冲（频率要低于 5Hz），观察发光二极管的状态。

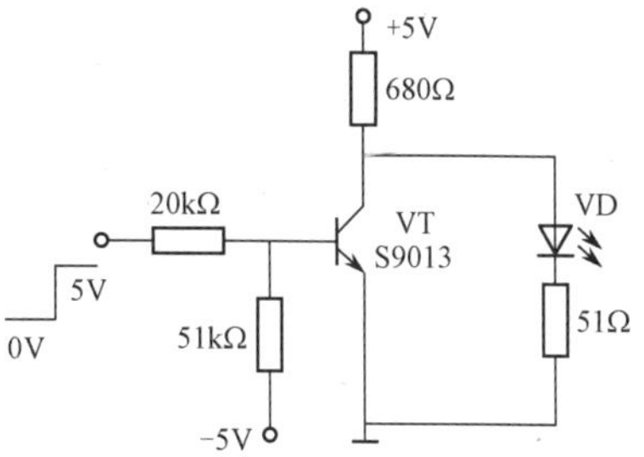

图 7-11　演示实验电路图

想一想

上述实验说明什么问题？

【初步认识】该电路中，当输入电压是＋5V时，三极管VT饱和导通，其集电极电压很低，不足以使发光二极管VD发光；而当输入电压是0V时，三极管VT截止，集电极电源使VD发光。从逻辑上讲，这个电路具有逻辑判断功能，VD发光，表示输入电压较低；而VD不亮，表示输入电压较高。把这种能够根据输入逻辑状态决定输出逻辑状态的电路称为逻辑门电路，又称为逻辑门或门电路。

学一学

逻辑门电路有哪些种类呢？它们又都是如何工作的呢？我们怎样才能合理选用各种逻辑门电路呢？

知识链接一　逻辑门的基本知识

所谓逻辑门电路，是指具有某一逻辑功能的电路，即当输入具备一定状态时电路将有与之对应的输出状态。

在逻辑电路中，输入、输出状态是以其电压状态，即电压水平（简称电平）来反映的。从逻辑的角度讲，逻辑电路中的电平只能有高电平和低电平两种状态。因此，我们对高、低电平做如图7-12所示的规定。可见，高、低电平不是一个固定值，而是一个电平变化范围。

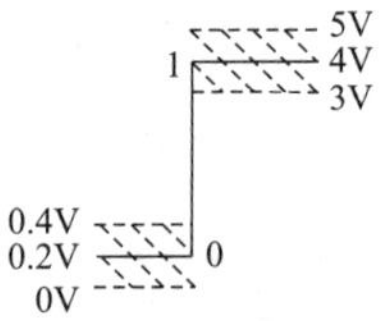

图7-12　高、低电平的规定

1. 基本逻辑门电路

最基本的逻辑门有与门、或门、非门三种，分别对应于与、或、非逻辑。

1）与门

能实现与逻辑关系的电路称为与门。

看一看

二极管与门电路的逻辑功能

观察教师的演示实验。

【实验器材】数字电路实验箱，二极管，万用表。

【实验步骤】

（1）按图7-13所示连接电路；（输入变量取1时电平为＋5V，取0时电平为0V）

（2）A、B中有至少有一个为0时，测量输出端Y的电位；

（3）A、B都为1时，测量输出端Y的电位。

实验结果表明，该电路满足与逻辑的要求：只有所有输入为高电平时，输出才是高电平，否则输出就是低电平，即“全1出1、有0出0”，所以是与门。

与门的逻辑符号如图7-14所示。与门可具有两个或多个输入端。两输入端时，其真值表见表7-3，其逻辑函数表达式为Y＝AB。在已知各输入状态的波形条件下，可作出其输出状态波形图，如图 7-15 所示。

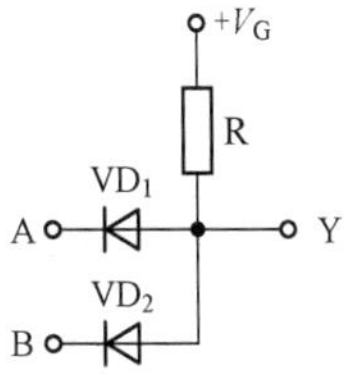

图 7-13　二极管与门

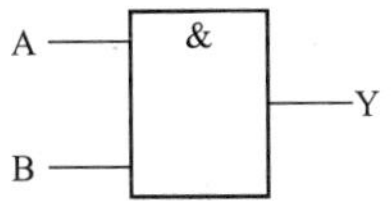

图 7-14　与门的逻辑符号

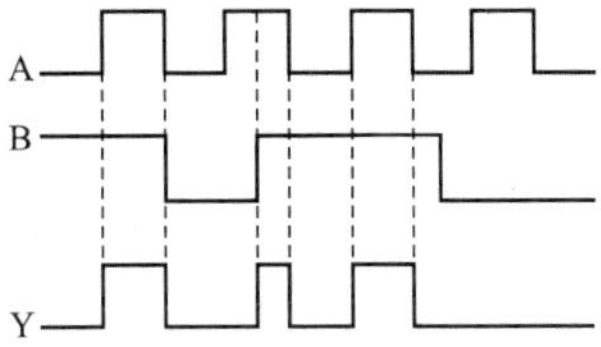

图 7-15　与门的波形

2）或门

能实现或逻辑关系的电路称为或门。

看一看

二极管或门电路的逻辑功能

观察教师的演示实验。

【实验器材】数字电路实验箱，二极管，万用表。

【实验步骤】

（1）按图 7-16 所示连接电路（输入变量取 1 时电平为＋5V，取 0 时电平为 0V）；

（2）A、B 都为 0 时，测量输出端 Y 的电位；

（3）A、B 中有至少有一个为 1 时，测量输出端 Y 的电位。

实验结果表明，该电路满足或逻辑关系的要求：输入只要有高电平，输出就为高电平；输入全为低电平，输出才为低电平，即“全 0 出 0、有 1 出 1”，所以是或门。

或门的逻辑符号如图 7-17 所示。或门可具有两个或多个输入端。两输入端时，其真值表见表 7-5，其逻辑函数表达式为 Y＝A＋B。在已知各输入状态波形条件下，可作出其输出状态波形图，如图 7-18 所示。

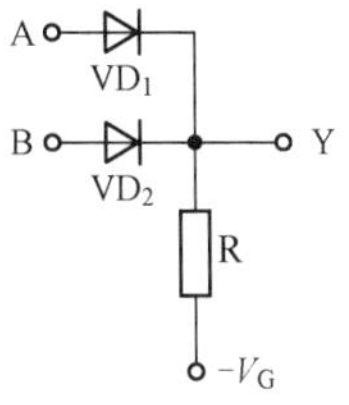

图 7-16　二极管或门

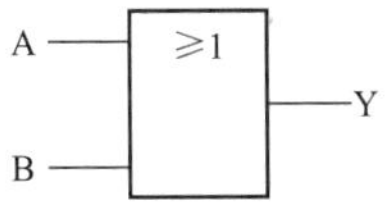

图 7-17　或门的逻辑符号

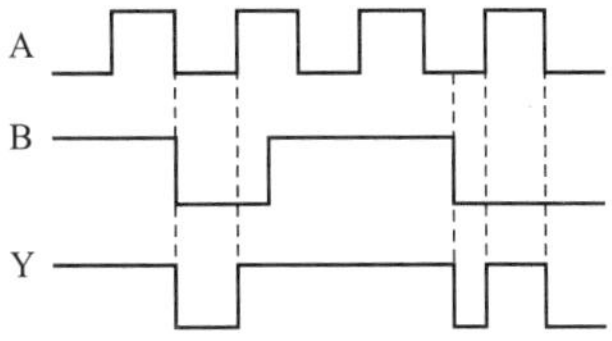

图 7-18　或门的波形

3）非门

能实现非逻辑关系的电路称为非门。

看一看

三极管非门电路的逻辑功能

观察教师的演示实验。

【实验器材】数字电路实验箱，三极管，万用表。

【实验步骤】

（1）按图 7-19 所示连接电路（输入变量取 1 时电平为＋5V，取 0 时电平为 0V）；

（2）A 为 0 时，测量输出端 Y 的电位；

（3）A 为 1 时，测量输出端 Y 的电位。

实验结果表明，该电路满足非逻辑关系的要求：输入低电平，输出为高电平；输入高电平，输出为低电平，即“入 0 出 1、入 1 出 0”，所以是非门。

非门的逻辑符号如图 7-20 所示。非门只有一个输入端。其真值表见表 7-7，其逻辑函数表达式为 Y＝A。在已知输入状态波形的条件下，可作出其输出状态波形图，如图 7-21 所示。

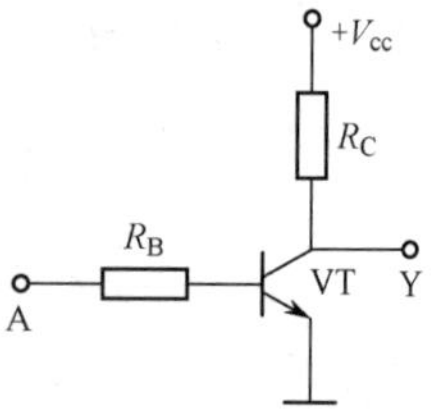

图 7-19　三极管非门

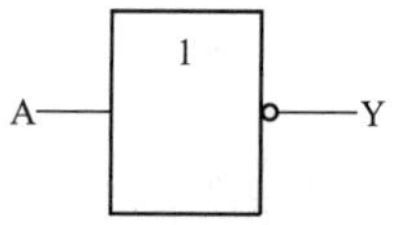

图 7-20　非门的逻辑符号

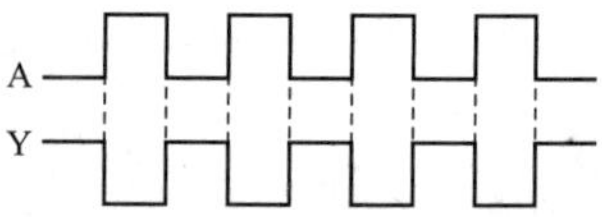

图 7-21　非门的波形

2．组合逻辑门电路

把基本门组合起来使用可以构成具有各种不同功能的组合逻辑门电路。常见的组合逻辑门电路有与非门、或非门、与或非门、异或门等。

1）与非门

把一个与门和一个非门直接连接起来可以构成一个与非门，其中与门的输出作为非门的输入，如图 7-22 所示。图 7-23 所示为与非门的逻辑符号。与非门可具有两个或多个输入端。两输入端时，其真值表见表 7-8，逻辑函数表达式为 Y＝AB。与非门的逻辑功能为“有 0 出 1、全 1 出 0”。在已知各输入状态波形的条件下，可作出其输出状态波形图，如图 7-24 所示。

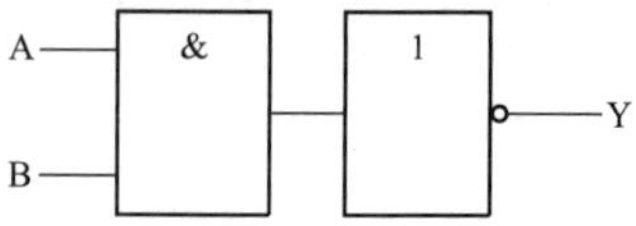

图 7-22　基本门组成的与非门

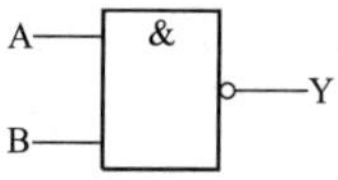

图 7-23　与非门的逻辑符号

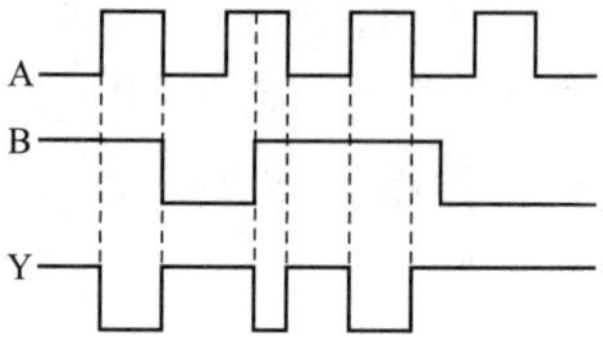

图 7-24　与非门的波形

2）或非门

把一个或门和一个非门直接连接起来可以构成一个或非门，其中或门的输出作为非门的输入，如图 7-25 所示。图 7-26 所示为或非门的逻辑符号。或非门可具有两个或多个输入端。两输入端时，其真值表见表 7-9，逻辑函数表达式为 Y＝A＋B。或非门的逻辑功能为“有 1 出 0、全 0 出 1”。在已知各输入状态波形的条件下，可作出其输出状态波形图，如图 7-27 所示。

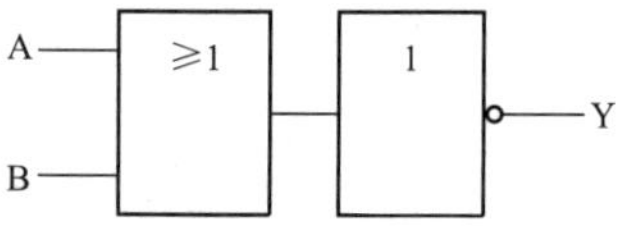

图 7-25　基本门组成的或非门

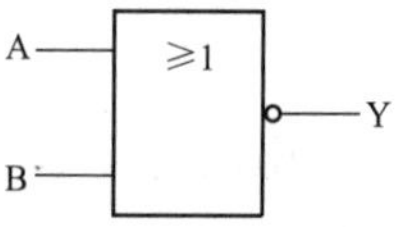

图 7-26　或非门的逻辑符号

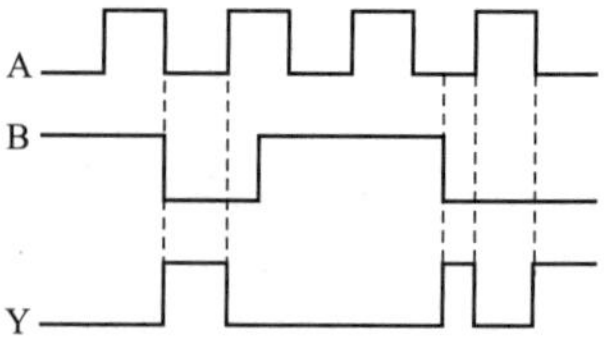

图 7-27　或非门的波形

3）与或非门

把两个或两个以上与门的输出作为或非门的输入，可构成一个与或非门。图 7-28 是由两个与门、一个或门及一个非门连接构成的与或非门。图 7-29 所示为与或非门的逻辑符号。对应于图 7-28，其真值表见表 7-10，逻辑函数表达式为 $Y=AB+CD$。与或非门的逻辑功能为“当输入变量中，至少有一组全为 1 时，输出为 0；否则，输出为 1”。在已知各输入状态波形的条件下，可作出其输出状态波形图，如图 7-30 所示。

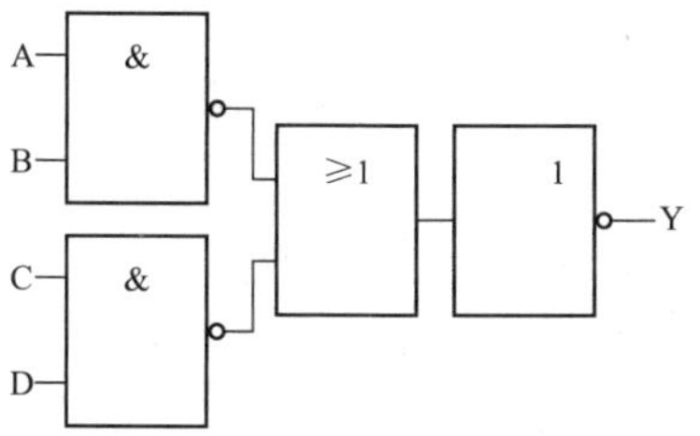

图 7-28　基本门组成的与或非门

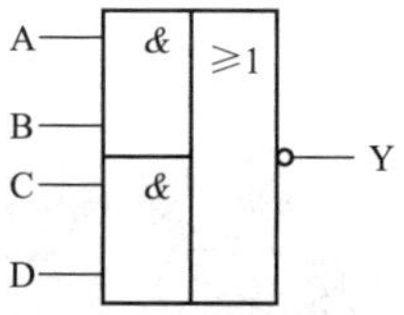

图 7-29　与或门的逻辑符号

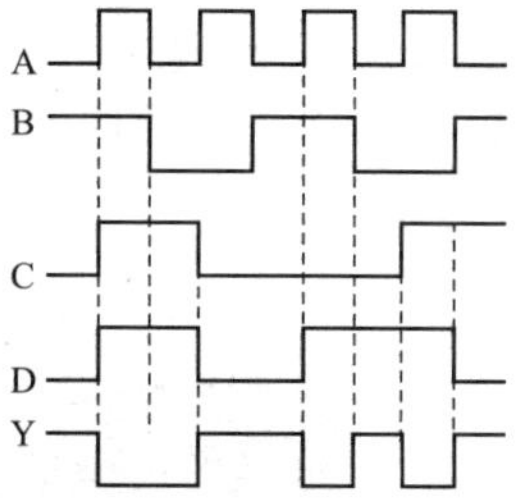

图 7-30　与或非门的波形

4）异或门

图 7-31 是用基本门构成的异或门。图 7-32 所示为异或门的逻辑符号。其真值表见表 7-11，逻辑表达式为 $Y=AB+AB$，逻辑功能为“相同出 0；相异出 1”。在已知各输入状态波形的条件下，可作出其输出状态波形图，如图 7-33 所示。

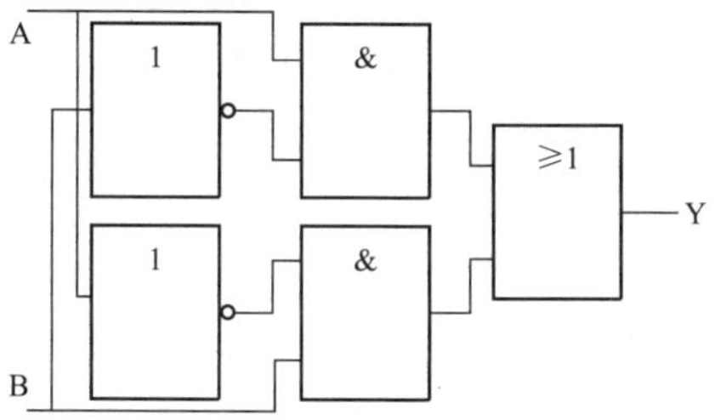

图 7-31　基本门组成的异或门

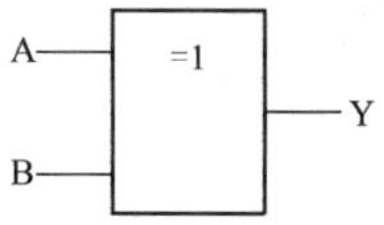

图 7-32　异或门的逻辑符号

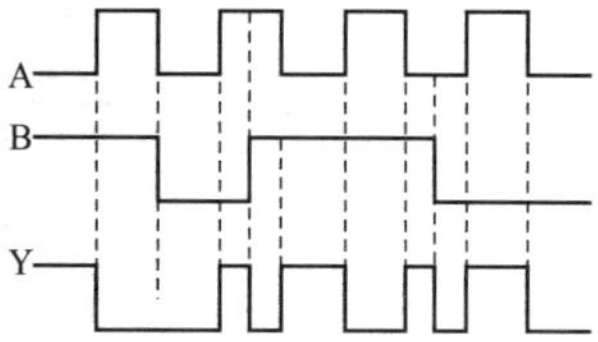

图 7-33　异或门的波形

知识链接二　集成逻辑门电路及其使用

常用的集成门电路主要有两类：双极型的 TTL 门电路和单极型的 MOS 门电路。这两类集成门电路的主要产品系列见表 7-15。

表 7-15　TTL、MOS 集成门电路的主要产品系列

系　列	子 系 列	名　称	国 标 型 号
TTL	TTL	基本型中速 TTL	CT54/74
	HTTL	高速 TTL	CT54/74H
	STTL	超高速 TTL	CT54/74S
	LSTTL	低功耗 TTL	CT54/74LS
	ALSTTL	先进低功耗 TTL	CT54/74ALS
MOS	CMOS	互补场效应晶体管型	CC4000
	HCOMS	高速 CMOS	CT54/74HC
	HCMOST	与 TTL 兼容的高速 CMOS	CT54/74HCT

1. TTL 集成逻辑门电路

TTL 是英文 Transistor-Transistor Logic 字头的缩写。TTL 集成逻辑门电路是一种双极型三极管集成电路，主要以三极管、二极管、电阻等为元器件，经过光刻、氧化、扩散等工艺制成。由于 TTL 集成电路生产工艺成熟、产品参数稳定、工作可靠、开关速度高，因此获得了广泛的应用。国产 TTL 系列产品只要与国外的规格一致，其功能、性能、引脚排列和封装形式就一致，可以互换。

1）TTL 与非门

图 7-34 所示是常用的二输入四与非门 74LS00 的实物外形和引脚排列。其逻辑函数表达式为 Y＝AB。

图 7-34　74LS00 的实物外形和引脚排列

图 7-35 所示是三输入三与非门 74LS10 的实物外形和引脚排列。其逻辑函数表达式为 Y＝ABC。

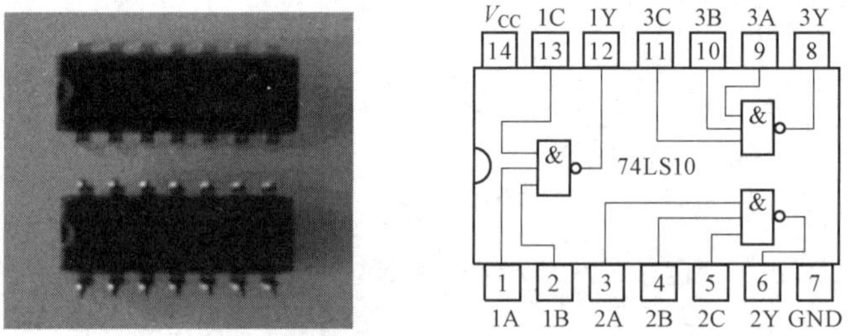

图 7-35　74LS10 的实物外形和引脚排列

2）TTL 非门

图 7-36 所示是常用的六非门 74LS04 的实物外形和引脚排列。其逻辑函数表达式为 Y＝$\overline{A}$。

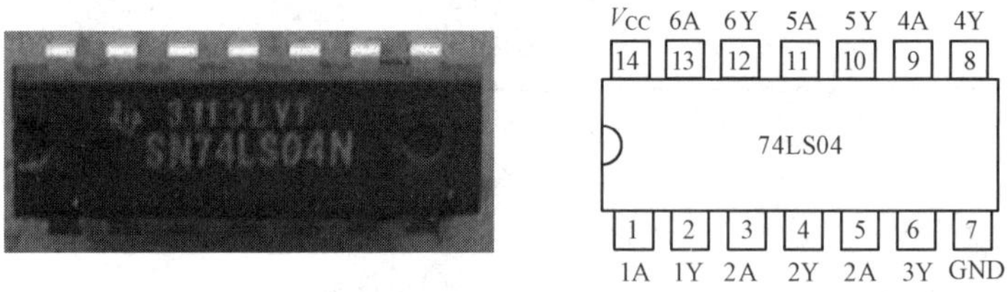

图 7-36　74LS04 的实物外形和引脚排列

3）TTL 或非门

图 7-37 所示是常用的二输入四或非门 74LS02 的实物外形和引脚排列。其逻辑函数表达式为 Y＝$\overline{A+B}$。

4）TTL OC 门

上述典型的 TTL 与非门，是不能将两个或多个门的输出端直接并联在一起的，否则可能使门电路损坏。而实用中，常常需要将两个或多个与非门的输出端直接并联在一起，这称为线与。

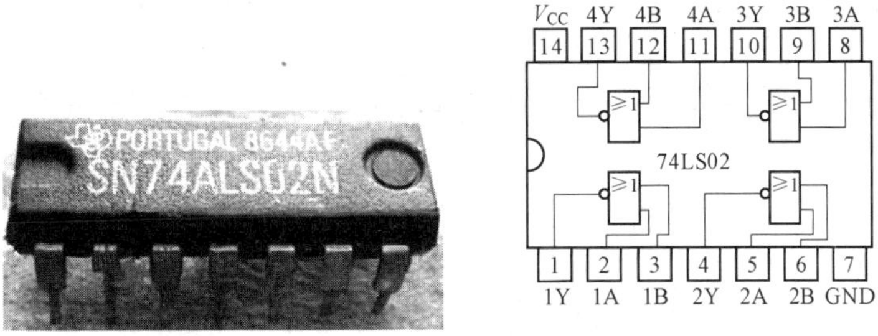

图 7-37　74LS02 的实物外形和引脚排列

TTL 集电极开路与非门称为 OC 门，可实现线与功能。图 7-38 所示是 OC 门的逻辑符号。图 7-39 所示是常用的二输入四 OC 门 74LS09 的实物外形和引脚排列。

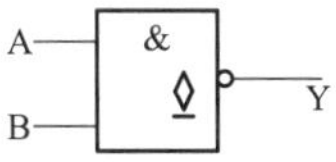

图 7-38　OC 门的逻辑符号

图 7-39　74LS09 的实物外形和引脚排列

图 7-40 所示是用 OC 门实现线与的电路图。为保证 OC 门正常工作，必须接上一个上拉电阻 R_L 与电源 V_{CC} 相连。该电路中，只有当三个 OC 门中至少有一个 OC 门的输入全为高电平时，输出 Y 才是低电平，否则 Y 是高电平，其逻辑函数表达式为

$$Y=Y_1 \cdot Y_2 \cdot Y_3=\overline{AB} \cdot \overline{CD} \cdot \overline{EF}$$

这种与功能并不是由与门来实现的，而是由输出端线连接而产生的，故称为线与逻辑。

5）TTL 三态门（TS 门）

输出状态有高电平、低电平、高电阻三种的三态与非门简称三态门，它比一般的与非门多了一个称为使能端的控制输入端 EN 或 $\overline{EN}$ 。图 7-41 所示是三态门的逻辑符号。

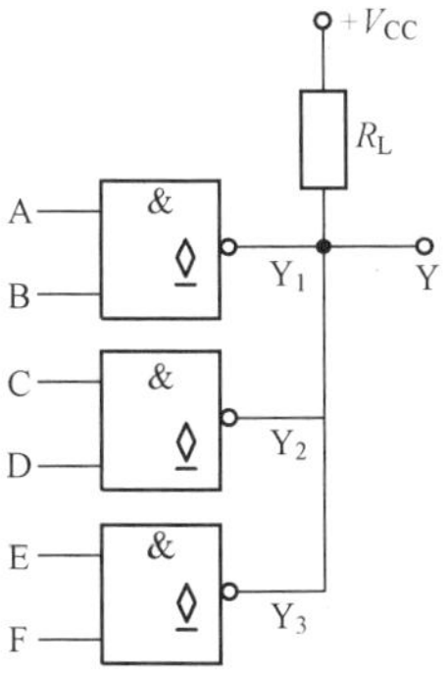

图 7-40　用 OC 门实现线与的电路

图 7-41　三态门的逻辑符号

在图 7-41（a）中，$\overline{EN}$ 低电平有效。即当 $\overline{EN}$ =0 时，其逻辑功能同普通与非门；而当 $\overline{EN}$ = 1 时，输出呈现高阻状态，输出端相当于开路。

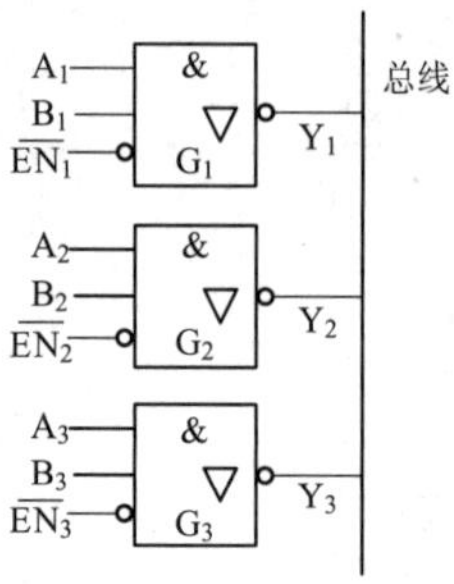

图 7-42　用三态门实现总线传输

在图 7-41（b）中，EN 高电平有效。即当 EN＝1 时，其逻辑功能同普通与非门；而当 EN＝0 时，输出呈现高阻状态，输出端相当于开路。

三态门是一种重要的接口电路，应用很广，特别是在计算机接口电路中。图 7-42 所示是三态门的应用之一，三态门 G_1、G_2、G_3 各代表一路输出，使用一个公共总线，实现总线传输。只要保证控制信号 $\overline{EN_1}$、$\overline{EN_2}$、$\overline{EN_3}$ 每一时刻只有一个为 0，那么 $\overline{EN}$ ＝0 的这一路信号就可以通过总线传送出去，而其他各路都处于高阻状态。这就避免了各门之间的相互干扰，从而简化了传输线路。

查一查

查阅各种资料，了解更多的 TTL 门电路的型号、引脚功能等。

6）TTL 集成电路使用注意事项

（1）电源电压使用范围为＋4.5～＋5.5V，通常可取 V_{CC}＝＋5V。电源极性绝对不允许接反。

（2）闲置输入端处理方法。

① 不使用的与输入端可通过 1kΩ 电阻接电源，或直接接至≤5V 的电源上。

② 不使用的与输入端可悬空（悬空的输入端相当于接高电平），不使用的或输入端可接地（相当于接低电平）。由于悬空的输入端容易接收各种干扰信号，导致电路工作不稳定，所以应尽量不用。

③ 不使用的输入端并联在使用的输入端上。这会增加前级的负载及输入电容，影响电路的工作速度。

④ 输入端不可串接大电阻，不使用的与非输入端应剪短。

（3）输出端处理方法。

① 除 OC 门和三态门外，输出端不允许线与连接，否则不仅会使电路逻辑功能混乱，还会导致器件损坏。

② 输出端不允许直接接地或直接接电源，否则将损坏器件。有时为了使后级电路获得较高的输出电平，允许输出端通过电阻 R 接至 V_{CC}，一般取 R＝3～5.1kΩ。

（4）其他注意事项。

① 接插集成块时，要认清定位标记，不得插反，用力适度，防止引脚折伤。

② 焊接时用 25W 烙铁较合适，焊接时间不宜过长。

③ 调试使用时，要注意电源电压的大小和极性，尽量稳定在＋5V，以免损坏集成块。

④ 引线要尽量短。在引线不能缩短时，要考虑加屏蔽措施或采用合线。

2. CMOS 集成门电路

MOS 门电路的主要组成是 MOS 场效应管，按所用的管子不同，分为 PMOS 电路、NMOS 电路、CMOS 门电路。由于 CMOS 门电路被更多地使用，故下面重点介绍 CMOS 门电路。CMOS 是 Complementary Metal-Oxide-Semiconductor 的英文字头缩写。CMOS 门电路是由 NMOS 管和 PMOS 管组合而成的互补型 MOS 电路。

CMOS 门电路比 TTL 门电路静态功耗低（中规模电路可在 25～100μW）、输入阻抗高（可

达 $10^8\Omega$ 以上）、抗干扰能力强、电源电压允许范围大、带负载能力强，但速度较慢。

1）CMOS 非门（反相器）

图 7-43 所示是常用的六非门 CC4069 的实物外形和引脚排列。

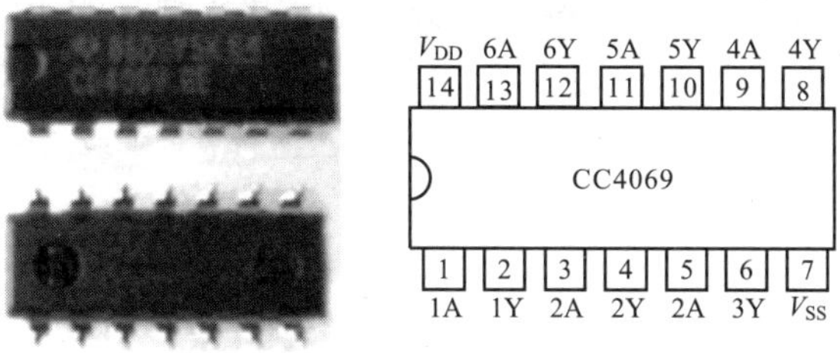

图 7-43　CC4069 的实物外形和引脚排列

2）CMOS 与非门

图 7-44 所示是常用的二输入四与非门 CC4011 的实物外形和引脚排列。

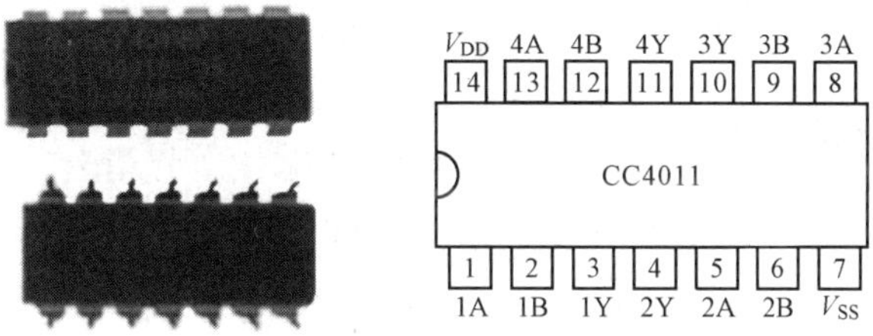

图 7-44　CC4011 的实物外形和引脚排列

3）CMOS 或非门

图 7-45 所示是常用的二输入四或非门 CC4001 的实物外形和引脚排列。

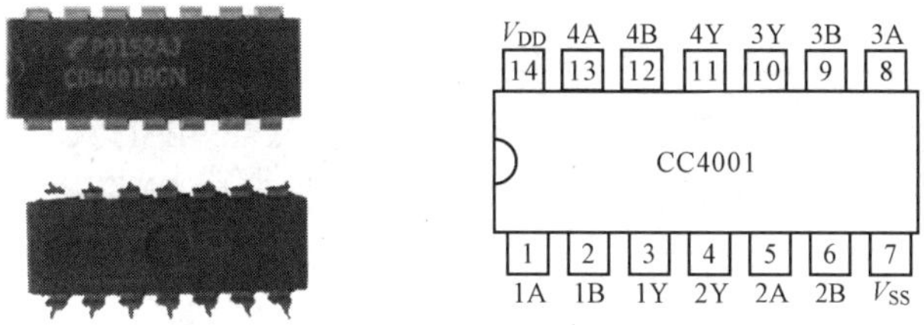

图 7-45　CC4001 的实物外形和引脚排列

查一查

查阅各种资料，了解更多的 CMOS 门电路的型号、引脚功能等。

4）CMOS 门电路使用注意事项

（1）电源电压。

CMOS 门电路比 TTL 门电路的电源电压范围宽，如 CC4000 系列的可在＋3～＋18V 电压下正常工作，CMOS 门电路使用的标准电压一般为＋5V、＋10V、＋15V 三种。在使用中注意电源极性不能接反。电源接通期间不能把器件从测试座上插入或拔出。

（2）多余输入端的处理。

CMOS 门电路输入端不允许悬空。因为悬空的输入端易接受干扰信号，使电路误动作，也极易使场效应管感应静电，造成击穿。

对与非门和与门的多余输入端应接高电平，而或门和或非门则应接低电平。也可将多余的输入端与使用的输入端并联。

（3）测试 CMOS 电路时，禁止在 CMOS 本身未通电情况下输入信号。

（4）其他安全措施。

为确保安全，在存放和运送 CMOS 门电路的过程中，要用铝锡纸包好并放入屏蔽盒中；要使用小于 20W 且有良好接地保护的烙铁，禁止在电路通电情况下焊接；测试时，要使用有良好接地的仪表。

做一做

【实验设备与器材】

数字电路实验箱，万用表 1 块，74LS00、74LS02、74LS86、CC4001、CC4011 各 1 个。

1．74LS00 逻辑功能测试

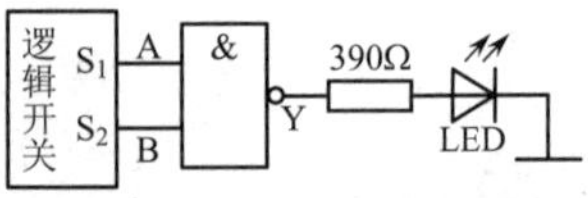

图 7-46　74LS00 逻辑功能测试电路

【实验步骤】

（1）将 74LS00 插入数字电路实验箱，任选四个与非门中的一个，按图 7-46 所示，将其输入端 A、B 接实验箱上的逻辑开关，输出端 Y 接实验箱上的发光二极管。将 74LS00 的 V_{CC} 端接上＋5V 电源正极，GND 端接电源地。

表 7-16　74LS00 真值表

A	B	Y	
0	0		输出 0 电平＝______V 1 电平＝______V
0	1		
1	0		
1	1		

（2）接通电源，按表 7-16，拨动逻辑开关，改变输入 A、B 的状态，观测发光二极管的状态（发光为 1、不发光为 0），将结果填入表 7-16，并用万用表测得输出端分别为 0、1 时的电平值。

步骤（2）的结果说明：____。

（3）将其中的一个输入端悬空，另一个输入端分别接高电平和低电平，观察输出结果并与表 7-16 的结果比较。

步骤（3）的结果说明：____。

2．CC4001 逻辑功能测试

【实验步骤】

（1）将 CC4001 插入数字电路实验箱，任选四个或非门中的一个，按图 7-47 所示，将其输入端 A、B 接实验箱上的逻辑开关，输出端 Y 接实验箱上的发光二极管。将 CC4001 的 V_{DD} 端接上＋5V 电源正极，V_{SS} 端接电源地。

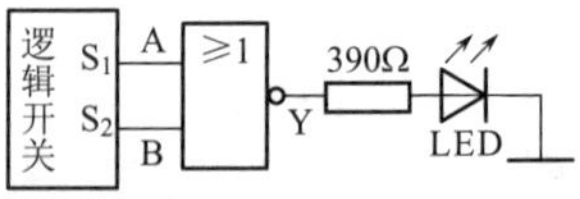

图 7-47　CC4001 逻辑功能测试电路

（2）接通电源，按表 7-17，拨动逻辑开关，改变输入 A、B 的状态，观测发光二极管的状态（发光为 1、不发光为 0），将结果填入表 7-17，并用万用表测得输出端分别为 0、1 时的电平值。

步骤（2）的结果说明：____。

表 7-17　CC4001 真值表

A	B	Y	
0	0		输出
0	1		0 电平=____V
1	0		1 电平=____V
1	1		

3．74LS02、74LS86、CC4011 逻辑功能测试

74LS02 是 TTL 二输入四或非门，74LS86 是 TTL 二输入四异或门，CC4011 是 CMOS 二输入四是非门。

请参照上面的测试方法和步骤分别进行测试。

想一想

上述实验中，如果输入端不接逻辑开关，高、低电平应如何接入输入端？

练一练

习题 7.4

1．试填写表 7-18。

表 7-18　基本逻辑门、常用组合门比较表

名　称	逻 辑 符 号	逻辑表达式	逻 辑 功 能
与门			
或门			
非门			
与非门			
或非门			
与或非门			
异或门			

2．已知 A、B 的波形如图 7-48 所示。试画出 A、B 分别作为与门、或非门、异或门的输入时的输出波形。

3．TTL 门电路与 CMOS 门电路各有何特点？使用时各有哪些主要注意点？

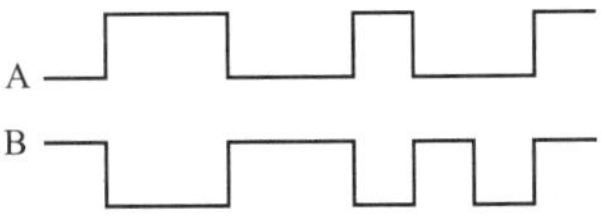

图 7-48　题 2 图

模块小结

（1）数字信号是数值上和时间上都不连续变化的信号，常为各种形式的脉冲，以矩形脉冲为代表。数字电路是处理数字信号的电路。与模拟电路相比，数字电路有许多突出的优点。数字电路的研究对象是电路的输入与输出之间的逻辑关系，分析数字电路的工具是逻辑代数。

（2）数字信号最适合用二进制数码表示。二进制数只有 0、1 两个数码，以 2 为计数基数，以“逢二进一”为进位规则。二进制整数转化为十进制整数的方法是“加权系数展开”法，十进制整数转化为二进制整数的方法是“除 2 取余逆排”法。8421BCD 码是一种常用的表示十进制数码的码制。

（3）与、或、非是三种基本逻辑运算。常用的复合逻辑运算有与非、或非、与或非、异或等。表示逻辑函数关系的方法有表达式、真值表等。逻辑代数是一种用于逻辑分析的数学工具，它有着不同于普通代数的运算定律和规则。利用逻辑代数的基本定律和公式可对逻辑函数进行公式法化简。

（4）逻辑门是实现逻辑关系的电路。基本逻辑门有与门、或门和非门。基本逻辑门可组合成各种组合门，如与非门、或非门、与或非门、异或门等。门电路的逻辑关系可用表达式、真值表、逻辑符号、波形图等来表示。实际中，广泛使用 TTL 和 CMOS 集成门电路。不同型号的 TTL、CMOS 集成门电路的引脚排列和功能是有区别的，使用要求也不一样。

教学微视频

扫一扫

模块八　组合逻辑电路

看一看

图 8-1 所示为生活中常见的一些组合电路应用装置。这些装置的功能都可以用组合逻辑电路来实现。

（a）会议表决器和表决系统　　（b）交通信号灯　　（c）智力抢答器

图 8-1　生活中常见的组合电路应用装置

任务一　三人表决器的设计、制作和测试

【学习目标】

◇ 掌握组合逻辑电路的分析方法和步骤
◇ 了解组合逻辑电路的设计方法和步骤
◇ 了解组合逻辑电路的种类
◇ 能根据功能要求，设计三人表决器的逻辑电路
◇ 会制作三人表决器电路，并能进行逻辑功能测试

读一读

前面介绍了典型的逻辑门电路，能解决一些逻辑问题，而在实际应用中，往往需要将若干个门电路组合起来，实现更复杂的逻辑功能，这种电路称为组合逻辑电路。组合逻辑电路的特点是：任何时刻电路的输出状态直接由当时的输入状态决定，输入状态消失，则相应的输出状态立即消失，即无记忆功能。

常见的组合逻辑电路有加法器与比较器、编码器与译码器、数据分配器与数据选择器等。

学一学

组合逻辑电路是怎样构成的？它有哪些特性呢？应如何分析、设计组合逻辑电路呢？

知识链接一　组合逻辑电路的分析

组合逻辑电路的分析，就是已知组合逻辑电路，分析其实现的逻辑功能。组合逻辑电路分析的一般步骤是：①根据所给的逻辑电路图，写出逻辑函数表达式；②对逻辑函数表达式进行化简，得到最简表达式；③由最简表达式列出真值表；④根据真值表，分析、确定电路的逻辑功能。以上组合逻辑电路的分析过程如图 8-2 所示。

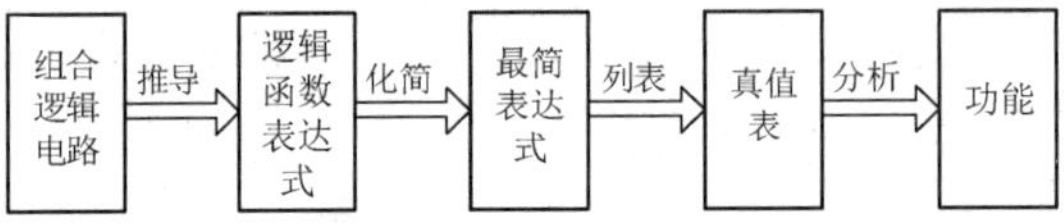

图 8-2　组合逻辑电路的分析步骤框图

【例 8-1】　根据图 8-3 所示逻辑电路，写出该电路的逻辑函数表达式、真值表，并分析其逻辑功能。

解：（1）根据所给的逻辑电路图，写出输出逻辑函数表达式。

$$Y=\overline{\overline{A\overline{AB}}\cdot\overline{B\overline{AB}}}$$

（2）对逻辑函数表达式进行化简，得到最简表达式：

$$\begin{aligned}Y&=\overline{\overline{A\overline{AB}}\cdot\overline{B\overline{AB}}}\\&=A\,\overline{AB}+B\,\overline{AB}\\&=(A+B)\,\overline{AB}\\&=(A+B)(\overline{A}+\overline{B})\\&=\overline{A}B+A\overline{B}\end{aligned}$$

（3）由最简表达式列出真值表，如表 8-1 所示。

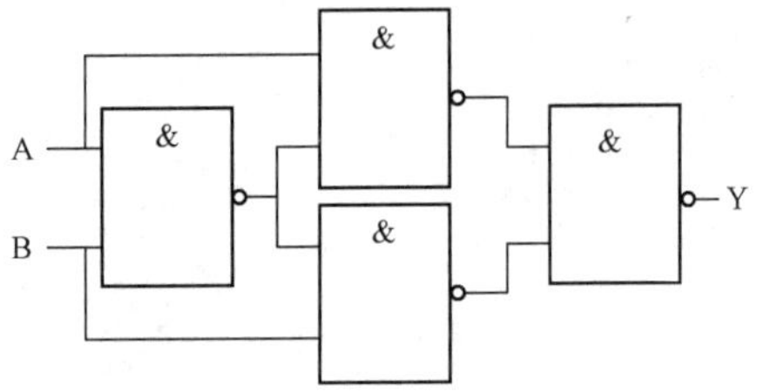

图 8-3　例 8-1 逻辑电路

表 8-1　例 8-1 真值表

A	B	Y
0	0	0
0	1	1
1	0	1
1	1	0

（4）根据真值表分析，确定电路的逻辑功能。

当输入 A、B 取值相同时，输出 Y 为 0；当输入 A、B 取值不同时，输出 Y 为 1，这是一个异或门电路。

知识链接二　组合逻辑电路的设计

组合逻辑电路的设计，就是根据实际的逻辑功能要求，设计一个能实现该功能的电路，其过程恰好是组合逻辑电路分析的逆过程。其步骤是：①根据要求实现的逻辑功能，列出真值表；②由真值表写出逻辑函数表达式；③化简逻辑函数表达式；④根据化简后的逻辑函数表达式画出逻辑电路图。组合逻辑电路的设计过程可用图 8-4 表示。

在进行组合逻辑电路的设计时，最关键的在于第一步，即由实际的逻辑功能写出正确的真值表。在分析实际逻辑功能时，首先要确定输入变量、输出变量，搞清楚输入变量、输出变量的逻辑关系。

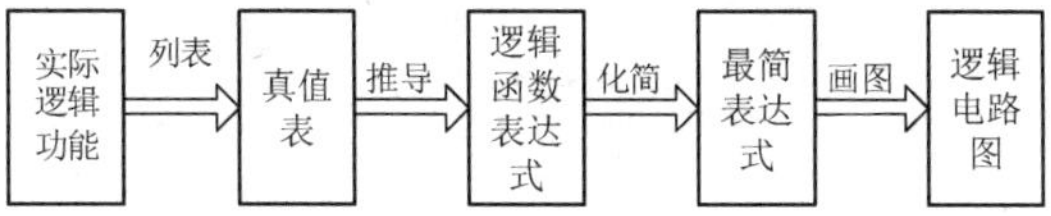

图 8-4　组合逻辑电路的设计步骤框图

【例 8-2】　试用异或门设计一个有三个输入端的奇偶校验电路。要求输入奇数个 1 时，输出为 1，否则，输出为 0。

解：（1）根据题意可知输入有 3 个变量，分别用 A、B、C 表示，输出用 Y 表示，列出真值表 8-2。

（2）由真值表，将输出 Y 为 1，所对应 A、B、C 取值组合的输入变量乘积项相加即可得到 Y 的表达式　$Y=\overline{A}\cdot\overline{B}C+\overline{A}B\overline{C}+A\overline{B}\cdot\overline{C}+ABC$

（3）$Y=\overline{A}\cdot\overline{B}C+\overline{A}B\overline{C}+A\overline{B}\cdot\overline{C}+ABC$ 已是最简与或表达式，根据题目要求对其进行变换

$$\begin{aligned}Y&=(\overline{A}\cdot\overline{B}+AB)C+(A\overline{B}+\overline{A}B)\overline{C}\\&=\overline{(A\oplus B)}C+(A\oplus B)\overline{C}\\&=A\oplus B\oplus C\end{aligned}$$

（4）由表达式作出电路图，如图 8-5 所示。

表 8-2　例 8-2 真值表

A	B	C	Y
0	0	0	0
0	0	1	1
0	1	0	1
0	1	1	0
1	0	0	1
1	0	1	0
1	1	0	0
1	1	1	1

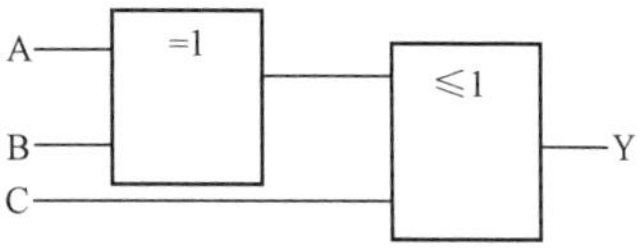

图 8-5　三输入端奇偶校验电路

技能实训　设计、制作三人表决器

【实训目标】

（1）通过三人表决器的设计，了解实用组合电路的一般设计程序和方法；

（2）通过三人表决器电路的制作与测试，学会合理选用集成门电路等元器件，进一步熟悉电子电路的装接工艺要求；

（3）熟悉直流稳压电源、万用表等仪器设备的正确使用。

【实训内容与步骤】

试一试

某举重馆需设计、制作一个裁判判定装置。其要求是：

（1）三名裁判各有一个表决器的按钮；

（2）三人中多数人判定运动员举重成功，结果才有效；

（3）用与非门来实现。

1．三人表决器的设计

三名裁判的判定分别用A、B、C表示，认为举重成功，取值为1，否则为0。最终裁判的结果用Y表示，取值为1表示举重成功，取值为0表示举重失败。

（1）试列写真值表，如表8-3所示。

表8-3　三人表决器真值表

输　入			输　出
A	B	C	Y
0	0	0	
0	0	1	
0	1	0	
0	1	1	
1	0	0	
1	0	1	
1	1	0	
1	1	1	

（2）将真值表中输出Y为1，所对应的A、B、C取值组合的输入变量乘积项相加，得到Y的表达式。

Y＝

（3）把表达式化简为最简与或表达式。

Y＝

（4）把最简与或表达式转化成与非-与非表达式。

Y＝

（5）在图8-6中完成三人表决器的逻辑电路图。

2．三人表决器的制作

【实训设备与器材】

直流稳压电源 1 台，万用表 1 块，通用面包板 1 块；镊子等装接工具一套，导线若干，元器件及器材一套（详见表 8-4）。

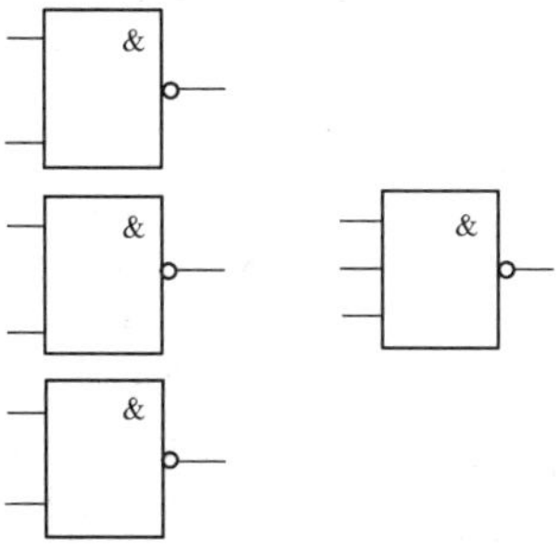

图 8-6　三人表决器的逻辑电路图

做一做

（1）清点与检测元器件。

根据元器件及材料清单，清点并检测元器件。将测试结果填入表 8-4 中，正常的填"√"，如元器件有问题，及时提出并更换。将正常的元器件对应粘贴在表 8-4 中。

表 8-4　三人表决器的元器件清单

序　号	名　称	型号规格	数　量	配件图号	测试结果	元件粘贴区
1	碳膜电阻器	RT－0.25–1kΩ	3 个	R_1		
2				R_2		
3				R_3		
4	碳膜电阻器	RT－0.25－390Ω	1 个	R_4		
5	集成电路	74LS00	1 个	U_1		
6	集成电路	74LS20	1 个	U_2		
7	发光二极管	红	1 个	LED		
8	动合按钮		3 个	A		
9				B		
10				C		
11	IC 管座	DIP14	2 个			

（2）根据图 8-6 所示原理电路和表 8-4 提供的元器件，在图 8-7 中完成实验电路图。

（3）装接三人表决器。

① 根据图 8-7 所示电路，在图 8-8 中完成三人表决器的装配图。

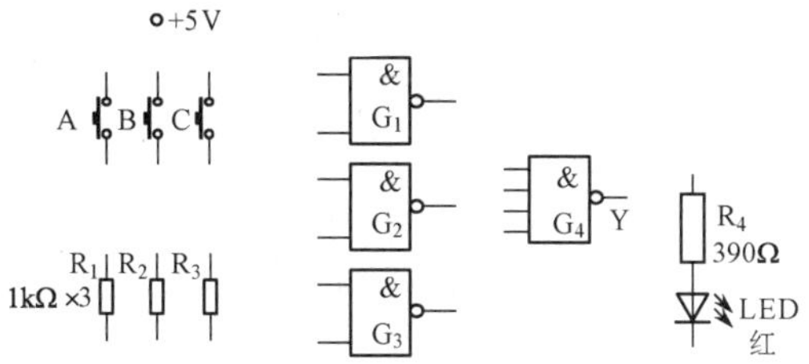

图 8-7　三人表决器的实验电路

② 根据装配图按工艺要求完成电路装接。

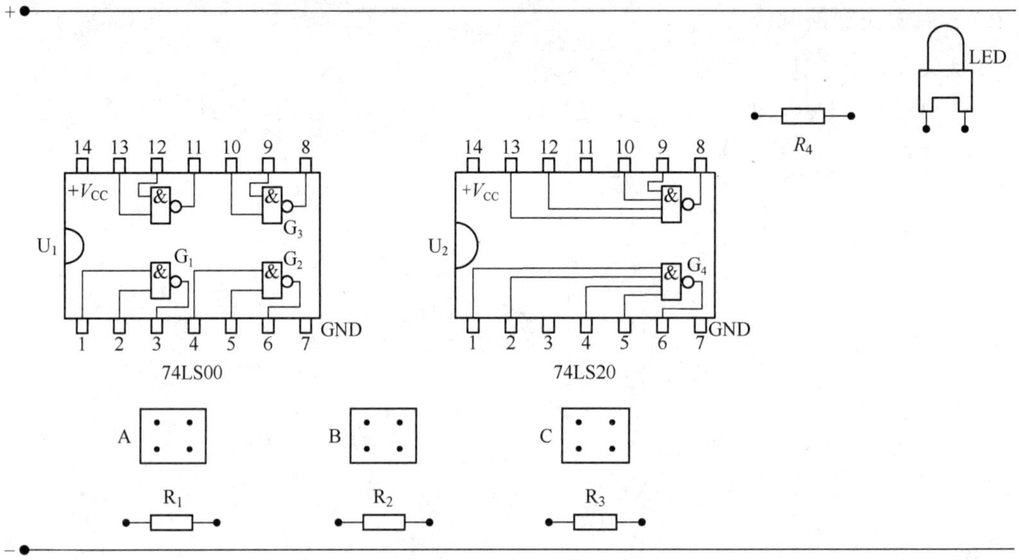

图 8-8　三人表决器的装配图

【实训注意事项】

（1）装接时，集成电路的标识向左，不能插反，装接前必须明确引脚功能；

（2）同一种信号线路最好用相同颜色的线；

（3）利用现有的上、下两条线作为电源线和地线；

（4）G_4 门多余输入端的正确处理。

3．验证三人表决器的逻辑功能

单个或同时两个、三个按下按钮 A、B、C，观察发光二极管的发光情况，验证电路功能吧！

想一想

如果三人表决器全部由 74LS00 来制作，需要几块？画出实验电路图。

【实训考核】

考核要求和考核表样式参见附录 A。

练一练

习题 8.1

1．如图 8-9 所示逻辑电路图，试写出该电路的逻辑函数表达式、真值表并分析其逻辑功能。

2．如图 8-10 所示逻辑电路图，试写出该电路的逻辑函数表达式、真值表并分析其逻辑功能。

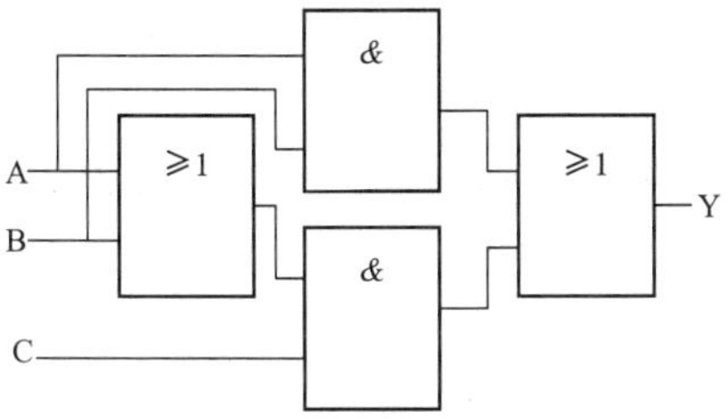

图 8-9　题 1 图

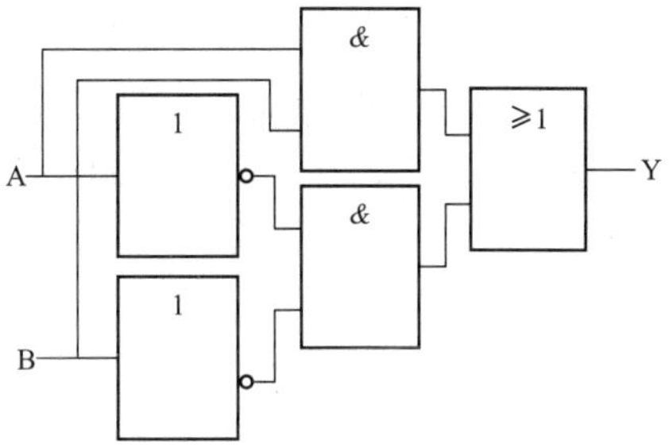

图 8-10　题 2 图

3. 设计一个判断三变量不一致的逻辑电路，要求三个变量不一致时输出为 0，一致时输出为 1。

任务二　集成编码器功能的认识与使用

【学习目标】

◇ 通过电视机遥控器的应用实例，了解编码器的基本功能

◇ 了解 74LS147/148、CC40147/148 等典型集成编码器的引脚功能

◇ 通过 74LS148、CC40147 的功能测试，学会正确使用集成优先编码器

看一看

图 8-11 所示为电视机的遥控器。按下音量按钮、对比度按钮后，电视机的音量、对比度将发生相应的变化。

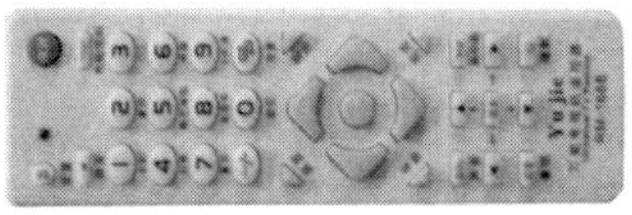

图 8-11　电视机遥控器

想一想

为什么按下电视机遥控器的某一按钮后，电视机相应的量会发生变化呢？

【初步认识】这是因为遥控器内有一个编码器，它把某一个按钮与一个特定的控制信息对应起来，从而实现对电视机的控制。

学一学

什么是编码器？它有什么功能？典型集成编码器的引脚功能怎样识别和使用呢？让我们来学习下面的内容吧！

知识链接　典型集成优先编码器及其应用

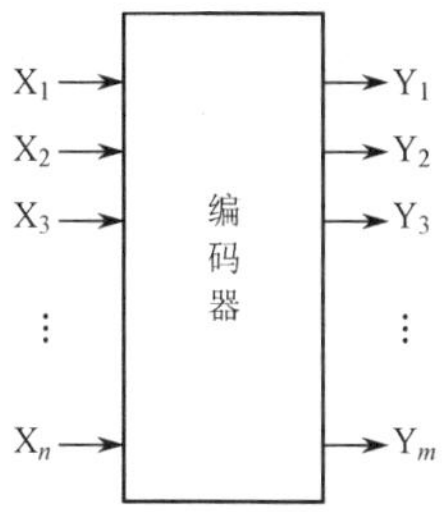

图 8-12　编码器示意图

在数字系统中，经常需要将某一信息（输入）变换成某一特定的代码（输出）。把二进制数码按一定的规律排列组合，并给每组代码赋予一定的含义（代表某个数或控制信号）的过程称为编码。

具有编码功能的电路称为编码器。编码器的示意图如图 8-12 所示，它的输入端数 n 与输出端数 m 满足 $n \leqslant 2^m$ 的关系。在 n 个输入端中，每次只能有一个信号有效，其余无效；每次输入有效时，只能有唯一的

一组输出与之对应，即一个输入对应一组 *m* 位二进制代码的输出。

常见的编码器有普通编码器（二进制编码器、二-十进制编码器）、优先编码器两种。

在普通编码器中，任何时刻只允许输入一个编码信号，否则输出将发生混乱。

在实际产品中，均采用优先编码器。在优先编码器中，允许同时输入两个及两个以上的编码信号，编码器自动对所有输入信号按优先顺序排队，只对优先级最高的信号进行编码。

这里介绍两种常用的集成电路优先编码器。

1．8-3 线优先编码器 74LS148、CC40148

74LS148 是 8-3 线 TTL 集成电路优先编码器，CC40148 是 8-3 线 CMOS 集成电路优先编码器。它们在逻辑功能上没有区别，只是电性能参数不同，以 74LS148 为例。

74LS148 的主要特点有：①有 $\overline{I_0}$、$\overline{I_1}$、…、$\overline{I_7}$ 8 个输入端，输入低电平有效，即在 $\overline{EI}=0$ 条件下，当 $\overline{I_i}=0$ 时编码；②电路为优先编码器，高阶编码；③输出 $\overline{Y_2Y_1Y_0}$ 为反码形式。

74LS148 的实物外形和引脚排列如图 8-13 所示。

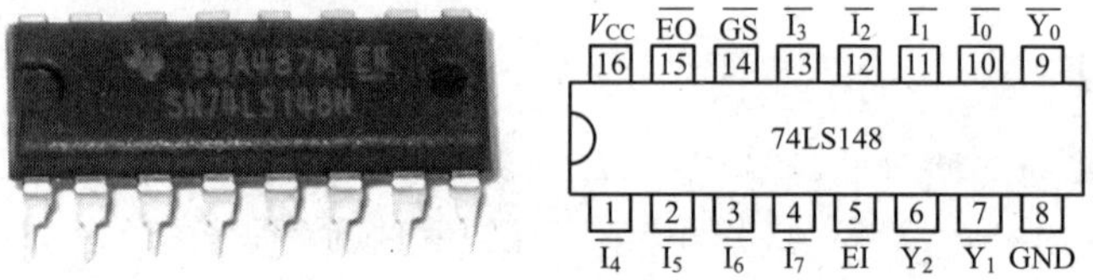

图 8-13　74LS148 的实物外形和引脚排列

74LS148 的功能表如表 8-5 所示。

表 8-5　74LS148 功能表

输入									输出				
$\overline{EI}$	$\overline{I_0}$	$\overline{I_1}$	$\overline{I_2}$	$\overline{I_3}$	$\overline{I_4}$	$\overline{I_5}$	$\overline{I_6}$	$\overline{I_7}$	$\overline{Y_2}$	$\overline{Y_1}$	$\overline{Y_0}$	$\overline{GS}$	$\overline{EO}$
1	×	×	×	×	×	×	×	×	1	1	1	1	1
0	1	1	1	1	1	1	1	1	1	1	1	1	0
0	×	×	×	×	×	×	×	0	0	0	0	0	1
0	×	×	×	×	×	×	0	1	0	0	1	0	1
0	×	×	×	×	×	0	1	1	0	1	0	0	1
0	×	×	×	×	0	1	1	1	0	1	1	0	1
0	×	×	×	0	1	1	1	1	1	0	0	0	1
0	×	×	0	1	1	1	1	1	1	0	1	0	1
0	×	0	1	1	1	1	1	1	1	1	0	0	1
0	0	1	1	1	1	1	1	1	1	1	1	0	1

其中，$\overline{EI}$ 是选通输入端，低电平有效；$\overline{EO}$ 是选通输出端；$\overline{GS}$ 是扩展输出端。$\overline{EI}$、$\overline{GS}$、$\overline{EO}$ 三者之间的关系为：当 $\overline{EI}=1$ 时，输出与输入无关，这时 $\overline{Y_2Y_1Y_0}=111$，$\overline{EO}=1$，$\overline{GS}=1$。当 $\overline{EI}=0$ 时，若 $\overline{I_0}$、$\overline{I_1}$、…、$\overline{I_7}$ 8 个输入中有 0，则 $\overline{EO}=1$，$\overline{GS}=0$，表示有编码信号输入；若 $\overline{I_0}$、$\overline{I_1}$、…、$\overline{I_7}$ 8 个输入全为 1，则 $\overline{EO}=0$，$\overline{GS}=1$，表示无编码信号输入。

2．10-4 线优先编码器 74LS147、CC40147

74LS147、CC40147 分别为 TTL 集成电路和 CMOS 集成电路，以 CC40147 为例。

CC40147 的主要特点有：①有 I_0、I_1、…、I_9 十个输入端，输入高电平有效，即当 $I_i=1$ 时编码；②电路为优先编码器，高阶编码；③输出 $Y_3Y_2Y_1Y_0$ 为高电平有效。

CC40147 引脚排列如图 8-14 所示。

CC40147 的功能如表 8-6 所示。

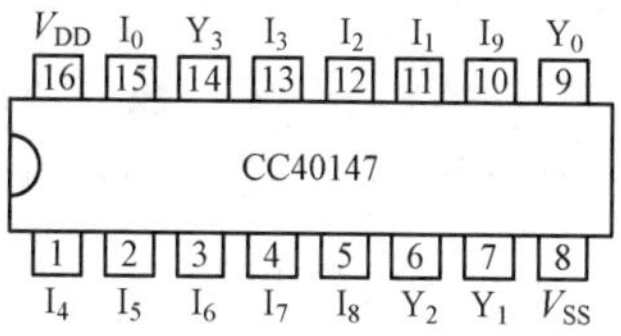

图 8-14　CC40147 的引脚排列

表 8-6　CC40147 功能表

输　入										输　出			
I_0	I_1	I_2	I_3	I_4	I_5	I_6	I_7	I_8	I_9	Y_3	Y_2	Y_1	Y_0
1	0	0	0	0	0	0	0	0	0	0	0	0	0
×	1	0	0	0	0	0	0	0	0	0	0	0	1
×	×	1	0	0	0	0	0	0	0	0	0	1	0
×	×	×	1	0	0	0	0	0	0	0	0	1	1
×	×	×	×	1	0	0	0	0	0	0	1	0	0
×	×	×	×	×	1	0	0	0	0	0	1	0	1
×	×	×	×	×	×	1	0	0	0	0	1	1	0
×	×	×	×	×	×	×	1	0	0	0	1	1	1
×	×	×	×	×	×	×	×	1	0	1	0	0	0
×	×	×	×	×	×	×	×	×	1	1	0	0	1
0	0	0	0	0	0	0	0	0	0	1	1	1	1

做一做

【实验设备与器材】

数字电路实验箱，74LS147、74LS148、CC40147、CC40148 各 1 个，发光二极管 5 个，390Ω 电阻 5 个。

1．熟悉 74LS147、CC40148 的引脚及功能

（1）查阅资料，熟悉 74LS147、CC40148 的引脚排列和引脚功能，在图 8-15 中标注引脚功能。

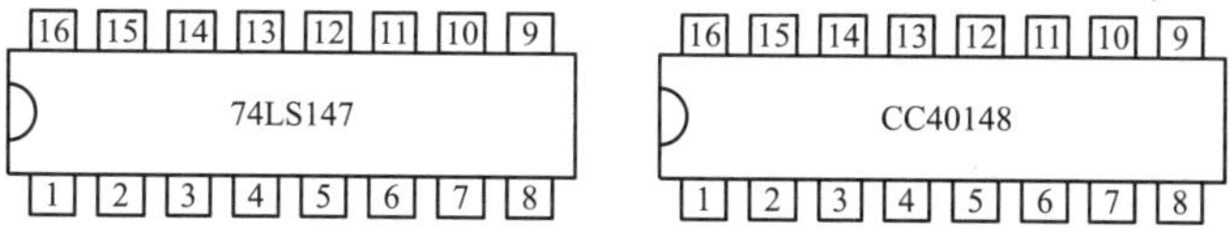

图 8-15　74LS147、CC40148 的引脚及其功能

（2）查阅资料，熟悉 74LS147、CC40148 的功能，并分别与 CC40147、74LS148 的功能进行比较，找出其异同之处。

2．测试 74LS148 的逻辑功能

【实验步骤】

（1）将 74LS148 插入数字电路实验箱，按图 8-16 所示，将其各输入端接实验箱上的逻辑

开关。注意输出指示用发光二极管正极接电源正极，当输出为 0 时发光，当输出为 1 时不发光。

（2）接通电源，按表 8-5，拨动逻辑电平开关，使输入端接高电平或低电平，输入控制信号和编码信号，观察输出端的编码输出状态。对照表 8-5，验证 74LS148 的功能。

3．测试 CC40147 的逻辑功能

【实验步骤】

（1）将 CC40147 插入数字电路实验箱，按图 8-17 所示，将其各输入端接实验箱上的逻辑开关。注意输出指示用发光二极管负极接地，当输出为 1 时发光，当输出为 0 时不发光。

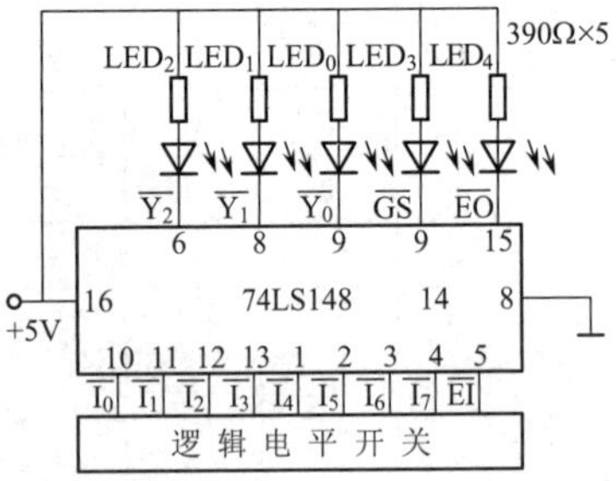

图 8-16　74LS148 功能测试电路

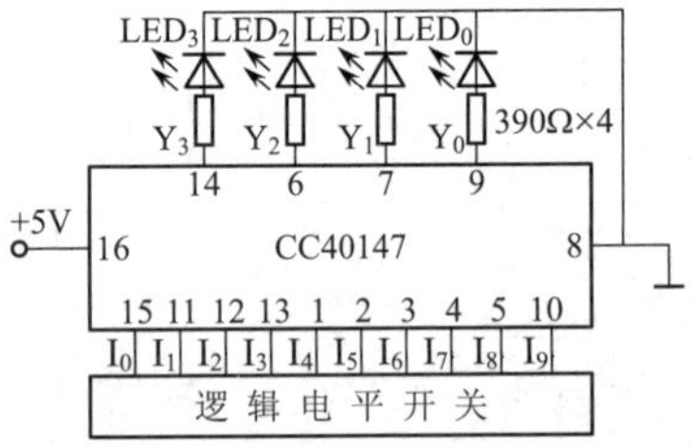

图 8-17　CC40147 功能测试电路

（2）接通电源，按表 8-6，拨动逻辑电平开关，使输入端接高电平或低电平，输入编码信号，观察输出端的编码输出状态。对照表 8-6，验证 CC40147 的功能。

练一练

习题 8.2

1．什么是编码？什么是编码器？

2．用________码实现二-十进制编码的电路称为 8421BCD 编码器。它有________个编码信号输入端，有________个编码信号输出端。

3．________编码器允许同时输入两个及两个以上的编码信号，但只对优先级别最________的输入信号进行编码。

任务三　集成译码器功能的认识与使用

【学习目标】

◇ 通过电视机接收遥控器控制信号的应用实例，了解译码器的基本功能

◇ 了解 74LS138/42/48、CC4511 等典型集成译码器的引脚功能

◇ 了解 BS 系列常用 LED 数码显示器件的基本结构和工作原理

◇ 通过搭接 CC4511、BS202 构成的数码管显示电路，测试其逻辑功能，学会正确使用译码显示器

看一看

电视机接收到遥控器的信号（如图 8-18 所示），就能做出相应的改变，如改变音量、对比度等。

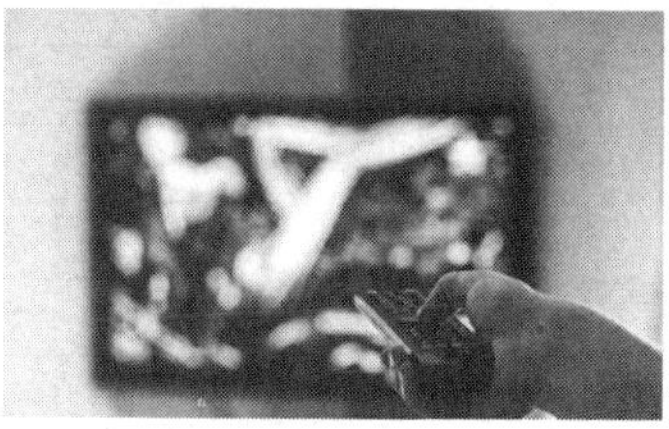

图 8-18　电视机及遥控器

想一想

为什么电视机能准确地执行遥控器发出的指令呢？

【初步认识】电视机接收到遥控器输出的编码信号后，送给 CPU 进行译码，用译码得到的操作指令去控制相应的电路，最终做出相应的改变。

学一学

什么是译码器？它有什么功能？典型集成译码器的引脚功能怎样识别和使用呢？让我们来学习下面的内容吧！

知识链接一　通用译码器及应用

译码是编码的逆过程，它将二进制数码按其原意翻译成相应的输出信号。实现译码功能的电路称为译码器。

图 8-19 所示是译码器示意图，它的输入端数 n 和输出端数 m 的关系为 $2^n > m$。

译码器按用途不同可分为通用译码器和显示译码器两大类。通用译码器又分为二进制译码器、BCD 译码器，它们主要用来完成各种码制之间的转换；显示译码器主要用来译码并驱动显示器显示译码结果。

1. 74LS138 集成通用译码器

用 74LS138 是三位二进制译码器，其实物外形和引脚排列如图 8-20 所示，它有 3 条输入线 A、B、C，8 条输出线 $\overline{Y_0} \sim \overline{Y_7}$，输出低电平有效。3 个控制端 G_1、$\overline{G_{2A}}$、$\overline{G_{2B}}$ 用于扩展译码字长，只有当 $G_1=1$ 且 $\overline{G_{2A}}=\overline{G_{2B}}=0$ 时，译码器才能工作，否则处于无效的 1 状态。

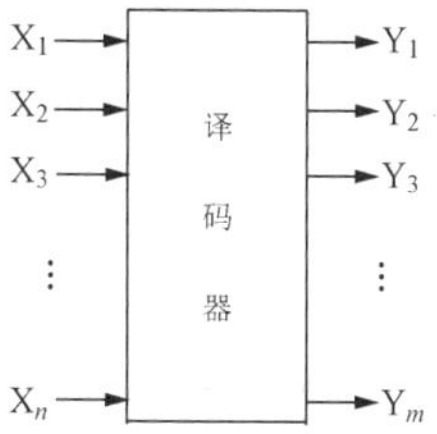

图 8-19　译码器示意图

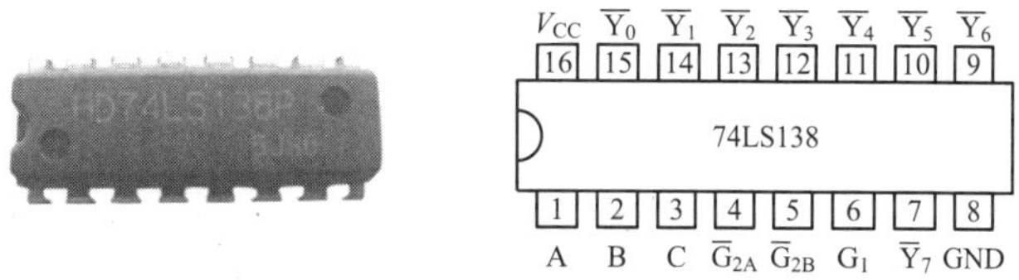

图 8-20　74LS138 的实物外形和引脚排列

74LS138 功能如表 8-7 所示。

表 8-7　74LS138 功能表

输入						输出							
G_1	$\overline{G_{2A}}$	$\overline{G_{2B}}$	C	B	A	$\overline{Y_0}$	$\overline{Y_1}$	$\overline{Y_2}$	$\overline{Y_3}$	$\overline{Y_4}$	$\overline{Y_5}$	$\overline{Y_6}$	$\overline{Y_7}$
×	1	×	×	×	×	1	1	1	1	1	1	1	1

续表

输入						输出							
G_1	$\overline{G_{2A}}$	$\overline{G_{2B}}$	C	B	A	$\overline{Y_0}$	$\overline{Y_1}$	$\overline{Y_2}$	$\overline{Y_3}$	$\overline{Y_4}$	$\overline{Y_5}$	$\overline{Y_6}$	$\overline{Y_7}$
×	×	1	×	×	×	1	1	1	1	1	1	1	1
0	×	×	×	×	×	1	1	1	1	1	1	1	1
1	0	0	0	0	0	0	1	1	1	1	1	1	1
1	0	0	0	0	1	1	0	1	1	1	1	1	1
1	0	0	0	1	0	1	1	0	1	1	1	1	1
1	0	0	0	1	1	1	1	1	0	1	1	1	1
1	0	0	1	0	0	1	1	1	1	0	1	1	1
1	0	0	1	0	1	1	1	1	1	1	0	1	1
1	0	0	1	1	0	1	1	1	1	1	1	0	1
1	0	0	1	1	1	1	1	1	1	1	1	1	0

2. 74LS42 集成通用译码器

74LS42 是 8421BCD 译码器，其实物外形和引脚排列如图 8-21 所示，它有 4 个输入端 A、B、C、D，10 个输出端 Y_0～Y_9，输出低电平有效，可拒绝伪码输入。

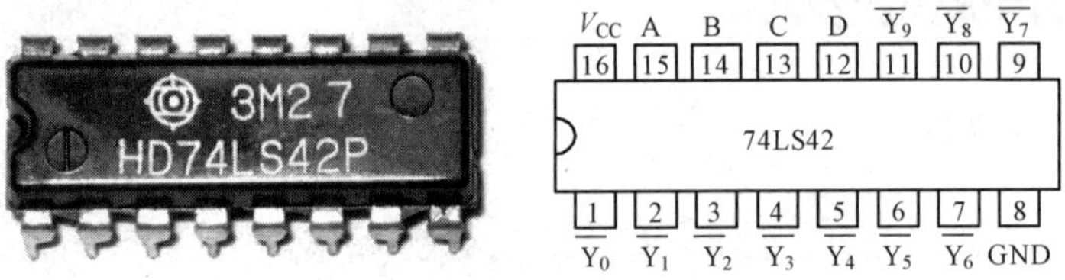

图 8-21 74LS42 的实物外形和引脚排列

74LS42 的功能表如表 8-8 所示。

表 8-8 74LS42 功能表

输　入				输　出									
D	C	B	A	$\overline{Y_0}$	$\overline{Y_1}$	$\overline{Y_2}$	$\overline{Y_3}$	$\overline{Y_4}$	$\overline{Y_5}$	$\overline{Y_6}$	$\overline{Y_7}$	$\overline{Y_8}$	$\overline{Y_9}$
0	0	0	0	0	1	1	1	1	1	1	1	1	1
0	0	0	1	1	0	1	1	1	1	1	1	1	1
0	0	1	0	1	1	0	1	1	1	1	1	1	1
0	0	1	1	1	1	1	0	1	1	1	1	1	1
0	1	0	0	1	1	1	1	0	1	1	1	1	1
0	1	0	1	1	1	1	1	1	0	1	1	1	1
0	1	1	0	1	1	1	1	1	1	0	1	1	1
0	1	1	1	1	1	1	1	1	1	1	0	1	1
1	0	0	0	1	1	1	1	1	1	1	1	0	1
1	0	0	1	1	1	1	1	1	1	1	1	1	0

做一做

测试 74LS138、74LS42 的功能。

【实验设备与器材】

数字电路实验箱，74LS138、74LS42 各 1 个，发光二极管 10 个，390Ω 电阻 10 个。

1．测试 74LS138 的逻辑功能

【实验步骤】

（1）将 74LS138 插入数字电路实验箱，按图 8-22 所示，将其各输入端接实验箱上的逻辑开关。注意输出指示用发光二极管正极接电源正极，当输出为 0 时发光，当输出为 1 时不发光。

（2）接通电源，按表 8-7，拨动逻辑电平开关，使输入端接高电平或低电平，输入控制信号和译码信号，观察输出端的译码输出状态。对照表 8-7，验证 74LS138 的功能。

2．测试 74LS42 的逻辑功能

【实验步骤】

（1）将 74LS42 插入数字电路实验箱，按图 8-23 所示，将其各输入端接实验箱上的逻辑开关。输出指示用发光二极管的正极接电源正极，当输出为 0 时发光，当输出为 1 时不发光。

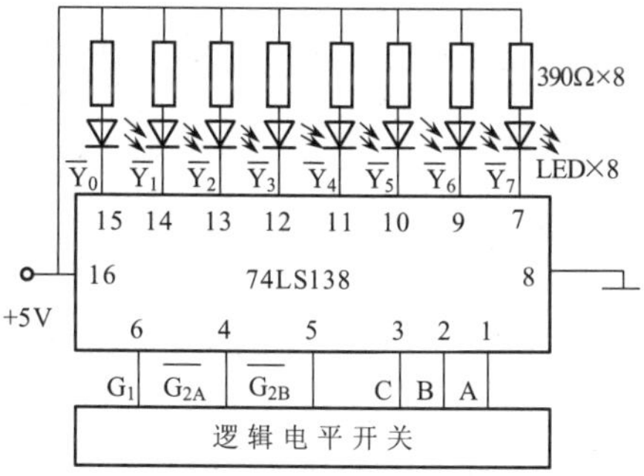

图 8-22 74LS138 功能测试电路

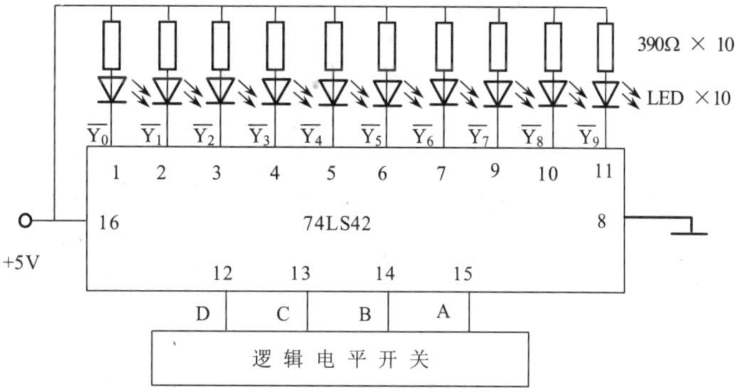

图 8-23 74LS42 功能测试电路

（2）接通电源，按表 8-8，拨动逻辑电平开关，使输入端接高电平或低电平，输入译码信号，观察输出端的译码输出状态。对照表 8-8，验证 74LS42 的功能。

知识链接二 常见的数码显示器件

在数字系统中，经计算机等处理的信息常需要经显示器件显示出来，以便于人们接收。图 8-24 所示是生活中常见的显示器件应用场景。

图 8-24 生活中常见的显示器件应用场景

在数字计算系统及数字式测量仪表中，常需要把计数译码后的输出状态用人们习惯的十进制数码的字形显示出来，数码显示器就可以完成这一工作。数码显示器有多种形式，目前广泛使用七段数码显示器。它由七段能各自独立发光的线段按一定的方式组合构成的，如图 8-25 所示为七段数码显示器的实物外形、发光段分布及显示数字图形。

图 8-25（b）是七段数码显示器的排列形状，一定的发光段组合能显示出相应的十进制数码，例如当 a、b、c、d、e、f、g 段均发光时，就能显示数字“8”；当 a、c、d、f、g 段发光时，就能显示数字“5”。

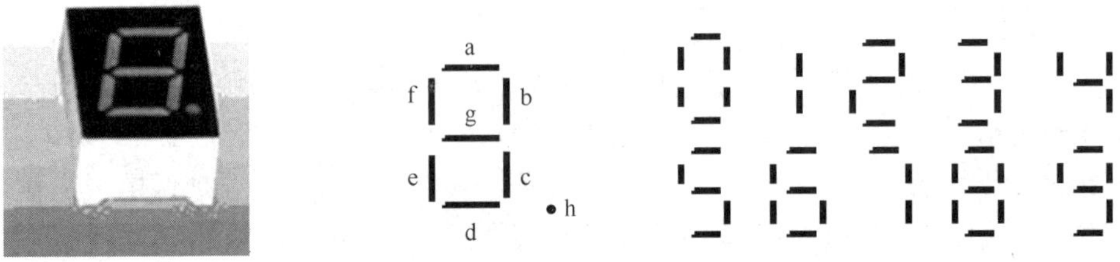

（a）实物外形　　（b）发光段分布　　（c）显示数字图形

图 8-25　七段数码显示器

七段显示器有半导体数码管、液晶显示器及荧光数码管等几种，虽然它们结构各异，但译码显示的电路原理是相同的，常用的是 LED 数码管、LCD 显示器。

1. LED 数码管

半导体数码管是将发光二极管（LED）按图 8-25（b）排列为“日”字形制成的，具有较高的亮度、字形清晰、工作电压低（1.5～3V）、体积小、寿命长、响应速度较快等特点，因而应用广泛。

根据连接方式不同，LED 数码管有共阳极和共阴极两种连接方式，如图 8-26 所示。其中的 h 段发光，可显示小数点位。

共阴极连接时，译码器输出高电平才能驱动相应的发光二极管导通发光；共阳极连接时，译码器输出低电平才能驱动相应的发光二极管导通发光。

常用的共阴极 LED 数码管型号有 BS201、BS202、BS207 及 LC5011-11 等；共阳极 LED 数码管型号有 BS204、BS206 及 LA5011-11 等，它们的引脚排列如图 8-27 所示。图 8-28 所示是双位共阴极 LED 七段数码管实物外形。在使用 LED 七段数码管前应先查阅资料，明确其连接方式。

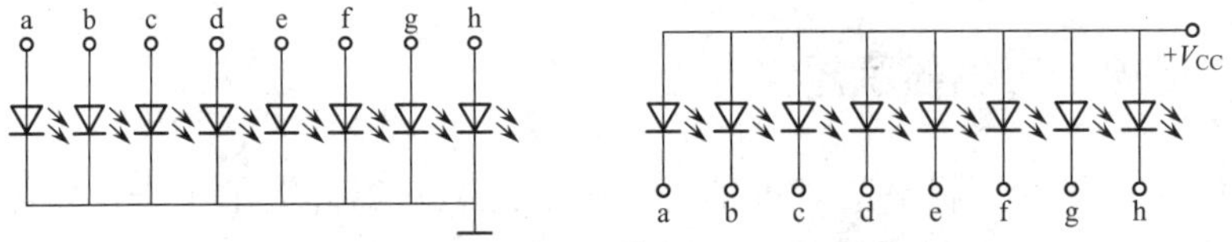

（a）共阴极连接　　（b）共阳极连接

图 8-26　LED 数码管的两种连接方式

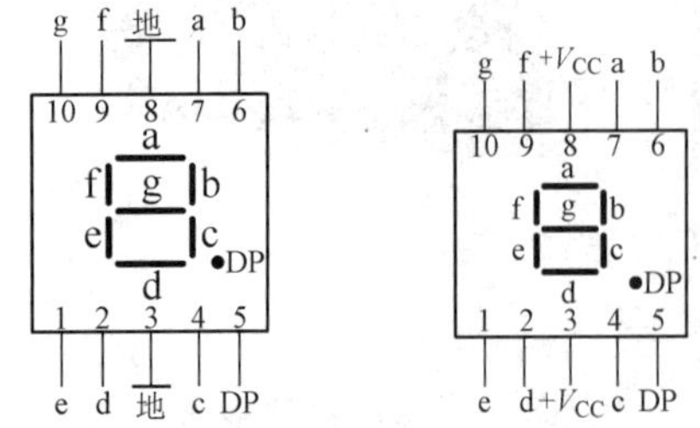

（a）共阴极显示器　　（b）共阳极显示器

图 8-27　LED 七段数码管的引脚排列

图 8-28　双位共阴极 LED 七段数码管实物外形

2．LCD 显示器

在电子手表、微型计算器等小型电子器件的数字显示部分，多采用液晶分段式数码显示器。它是利用液晶在电场作用下，光学性能变化的特性而制成的。如图 8-29 所示，在涂有导电层的基片上，按分段图形灌注液晶并封装好，然后用译码器输出端与各脚相连，在控制电压作用下的液晶段由于光学性能的变化而出现反差，从而显示相应数字。液晶显示器工艺简单、体积小、功耗极小，但清晰度较低。

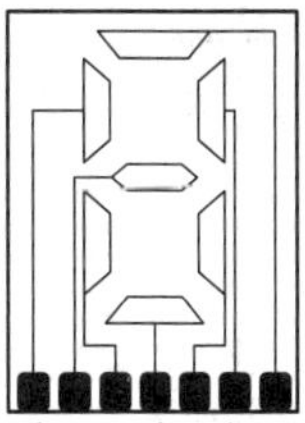

图 8-29　LCD 显示器示意图

知识链接三　显示译码器及应用

七段显示器如果要将相应的数字显示出来，还要有译码显示电路。译码显示电路的功能就是将输入的 BCD 码翻译成十进制数的信号，并驱动显示器显示数字。常见的有 TTL 显示译码器与 CMOS 显示译码器。

1．共阴极与共阳极显示译码器

七段显示译码器按其译码器的驱动和显示器的结构可分为共阴极、共阳极两种。同样，显示器也分为共阴极、共阳极两种。它们配套使用时必须两者都共阴极或都共阳极。

共阴极显示译码器特点是以译码器输出高电平驱动点亮共阴极显示器（七段 GaAsP 字型管，以下同），输出低电平时，字段熄灭。74LS48 等是发射极开路（OE）输出的共阴极显示译码器，不需外接电阻，使用时直接同共阴极显示器连接。

共阳极显示译码器的特点是以译码器输出低电平驱动点亮共阳极显示器，输出高电平时，字段熄灭。74LS49 等是集电极开路（OC）输出显示译码器，使用时需在译码器与显示器之间外接 400Ω 左右的限流电阻。

2．典型显示译码器功能介绍

显示译码器种类和型号很多，现以 74LS48 和 CC4511 为例分别介绍如下。

1）74LS48

74LS48 是七段显示译码器，输出 1 有效，驱动共阴极数码管。其实物外形和引脚如图 8-30 所示，其功能表如表 8-9 所示。从功能表可知，当输入码对应的十进制数大于 9 时，七段显示器会显示一定的图形而不是数字，从而可鉴别相应的输入情况。三个辅助控制端及功能如下。

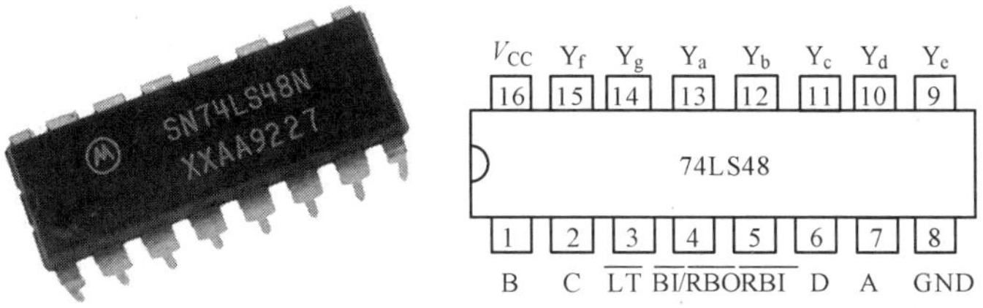

图 8-30　74LS48 的实物外形和引脚排列

（1）$\overline{LT}$——试灯信号输入端。用于检查显示数码管的好坏，当 $\overline{LT}=0$、$\overline{BI}=1$ 时，七段全亮，显示“日”。这表明数码管是好的，否则是坏的。

（2）$\overline{BI}$——熄灭控制信号输入端（与灭零信号输出共用该端）。用于间歇显示的控制，当 $\overline{BI}=0$ 时，不论输入 DCBA 和其他辅助控制信号是什么状态，七段全灭。

（3）$\overline{RBI}$——灭零控制信号输入端。当 $\overline{RBI}=0$，且输入 DCBA＝0000 时，七段全灭，数

码管不显示。

（4）$\overline{RBO}$——灭零控制信号输出端。在多位显示电路中，它与$\overline{RBI}$配合使用。

表 8-9　74LS48 功能表

十进制数或功能	输入							输出							
	$\overline{LT}$	$\overline{RBI}$	D	C	B	A	$\overline{BI}/\overline{RBO}$	Y_a	Y_b	Y_c	Y_d	Y_e	Y_f	Y_g	显示字形
0	1	1	0	0	0	0	1	1	1	1	1	1	1	0	0
1	1	×	0	0	0	1	1	0	1	1	0	0	0	0	1
2	1	×	0	0	1	0	1	1	1	0	1	1	0	1	2
3	1	×	0	0	1	1	1	1	1	1	1	0	0	1	3
4	1	×	0	1	0	0	1	0	1	1	0	0	1	1	4
5	1	×	0	1	0	1	1	1	0	1	1	0	1	1	5
6	1	×	0	1	1	0	1	1	0	1	1	1	1	1	6
7	1	×	0	1	1	1	1	1	1	1	0	0	0	0	7
8	1	×	1	0	0	0	1	1	1	1	1	1	1	1	8
9	1	×	1	0	0	1	1	1	1	1	1	0	1	1	9
10	1	×	1	0	1	0	1	0	0	0	1	1	0	1	⊏
11	1	×	1	0	1	1	1	0	0	1	1	0	0	1	⊐
12	1	×	1	1	0	0	1	0	1	0	0	0	1	1	⊔
13	1	×	1	1	0	1	1	1	0	0	1	1	1	1	E
14	1	×	1	1	1	0	1	0	0	0	1	1	1	1	⊢
15	1	×	1	1	1	1	1	0	0	0	0	0	0	0	
熄灭	×	×	×	×	×	×	0	0	0	0	0	0	0	0	
灭零	1	0	0	0	0	0	1	0	0	0	0	0	0	0	
试灯	0	×	×	×	×	×	1	1	1	1	1	1	1	1	日

当$\overline{BI}/\overline{RBO}=\overline{DCBA}\cdot\overline{RBI}\cdot\overline{LT}=0$时，可将整数部分前面数位和小数部分后面数位的无效零熄灭。

2）CC4511

CC4511 为 BCD 码锁存/七段译码/驱动器，驱动共阴极 LED 数码管，其引脚排列如图 8-31 所示。其中

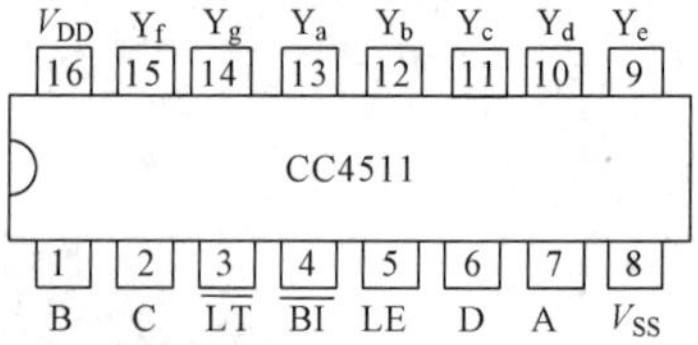

图 8-31　CC4511 的引脚排列

A、B、C、D——BCD 码输入端；

Y_a、Y_b、Y_c、Y_d、Y_e、Y_f、Y_g——译码输出端，输出 1 有效，用来驱动共阴极 LED 数码管；

$\overline{LT}$——测试输入端，$\overline{LT}=0$时，译码输出全为 1；

$\overline{BI}$——消隐输入端，$\overline{BI}=0$时，译码输出全为 0；

LE——锁定端，LE=1 时译码器处于锁定（保持）状态，译码输出保持先前在 LE=0 时的数值，LE=0 为正常译码。

表 8-10 为 CC4511 功能表。CC4511 内接有上拉电阻，故只需在输出端与数码管各段之间串入限流电阻即可工作。该电路还有拒伪功能，当输入码超过 1001 时，输出全为 0，数码管熄灭。

表 8-10　CC4511 功能表

输　入							输　出							
LE	$\overline{BI}$	$\overline{LT}$	D	C	B	A	Y_a	Y_b	Y_c	Y_d	Y_e	Y_f	Y_g	显示字形或功能
×	×	0	×	×	×	×	1	1	1	1	1	1	1	8
×	0	1	×	×	×	×	0	0	0	0	0	0	0	消隐
0	1	1	0	0	0	0	1	1	1	1	1	1	0	0
0	1	1	0	0	0	1	0	1	1	0	0	0	0	1
0	1	1	0	0	1	0	1	1	0	1	1	0	1	2
0	1	1	0	0	1	1	1	1	1	1	0	0	1	3
0	1	1	0	1	0	0	0	1	1	0	0	1	1	4
0	1	1	0	1	0	1	1	0	1	1	0	1	1	5
0	1	1	0	1	1	0	1	0	1	1	1	1	1	6
0	1	1	0	1	1	1	1	1	1	0	0	0	0	7
0	1	1	1	0	0	0	1	1	1	1	1	1	1	8
0	1	1	1	0	0	1	1	1	1	1	0	1	1	9
0	1	1	1	0	1	0	0	0	0	0	0	0	0	消隐
0	1	1	1	0	1	1	0	0	0	0	0	0	0	消隐
0	1	1	1	1	0	0	0	0	0	0	0	0	0	消隐
0	1	1	1	1	0	1	0	0	0	0	0	0	0	消隐
0	1	1	1	1	1	0	0	0	0	0	0	0	0	消隐
0	1	1	1	1	1	1	0	0	0	0	0	0	0	消隐
1	1	1	×	×	×	×	锁存							锁存

3. 译码显示电路

译码显示电路是由译码器、显示器构成的，图 8-32 所示为需外接电阻的译码显示电路。74LS48 是驱动共阴极 LED 数码管的，而 74LS49 是驱动共阳极 LED 数码管的。只要接通＋5V 电源和将十进制数的 BCD 码接至译码器的相应输入端 A_0、A_1、A_2、A_3 即可显示 0～9 的数字。

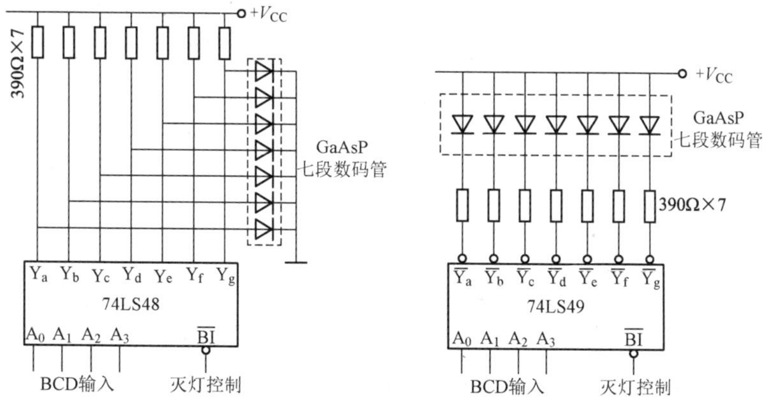

（a）共阴极译码显示电路　　（b）共阳极译码显示电路

图 8-32　需外接电阻的译码显示电路

查一查

查阅资料，识别其他常用集成译码器的引脚及其功能。

做一做

测试 CC4511 的功能

【实验设备与器材】

数字电路实验箱，CC4511、BS202 各 1 个，390Ω 电阻 7 个。

【实验步骤】

（1）按图 8-33 所示，在数字电路实验箱上连接电路。

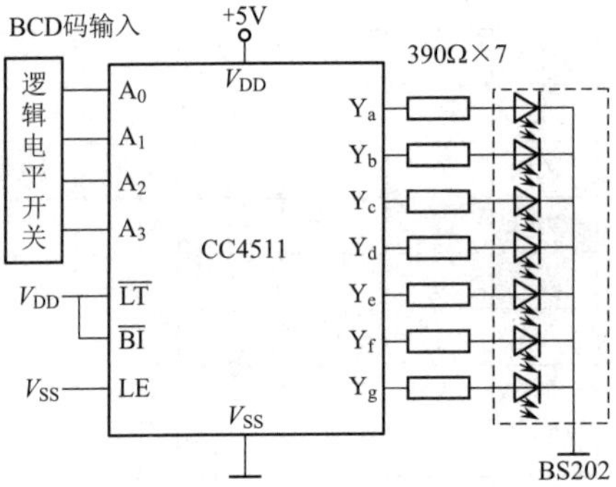

图 8-33　CC4511 功能测试电路

（2）拨动逻辑电平开关，使输入端接高电平或低电平，输入译码信号，观察输出端的译码输出状态，与表 8-10 对照，验证 CC4511 的功能。

想一想

为什么图 8-33 所示电路中的数码管没有外加驱动电路？

____

____

练一练

习题 8.3

1．译码器的功能是什么？

2．74LS138、CC4511 各是什么功能的集成电路？

3．BS202 显示器的 abcdefg＝1101101 时，显示数字为多少？

4．LED 数码管、LCD 显示器各有何特点？

5．共阴极、共阳极译码显示电路连接时分别应注意什么？

6．74LS48、CC4511 显示译码器能驱动 BS201、BS202 显示器吗？

模块小结

（1）组合逻辑电路是没有记忆功能的逻辑电路，常见的有编码器、译码器、加法器等。

组合逻辑电路的分析过程是：①根据所给的逻辑电路图，写出逻辑函数表达式；②对逻辑函数表达式进行化简，得到最简表达式；③由最简表达式列出真值表；④根据真值表，分析、确定电路的逻辑功能。

组合逻辑电路的设计过程正好与分析过程相反。

（2）在数字系统中，经常需要将某一信息变换成某一特定的代码，把二进制数码按一定的规律排列组合，并给每组代码赋予一定的含义称为编码。

具有编码功能的电路，称为编码器。优先编码器允许同时输入两个及以上的编码信号，但只对优先级别最高的输入信号进行编码输出。常见的优先编码器有 74LS147、74LS148、CC40147、CC40148 等。

（3）译码是编码的逆过程，它将二进制数码按其原意翻译成相应的输出信号。

实现译码功能的电路，称为译码器。译码器有通用译码器和显示译码器之分，常见的通用译码器有 74LS138、74LS42 等，常见的显示译码器有 74LS48、CC4511 等。常用的七段显示器是 LED 数码管、LCD 显示器。

教学微视频

扫一扫

模块九　触发器

读一读

在生活中我们常遇到多个用户申请同一种服务，而服务者在同一时间内只能服务于一个用户的情况，这时就需要把其他用户的申请信息存储起来，再依次逐一服务。图 9-1（a）所示是银行大厅使用的排队叫号服务系统示意图。其中能将用户的申请信息存储起来的功能需要用到具有记忆功能的部件。

图 9-1（b）、（c）、（d）所示分别是我们常用的数码电子产品 MP4、摄像机、移动 U 盘实物图。它们内部都有存储信息的存储卡。

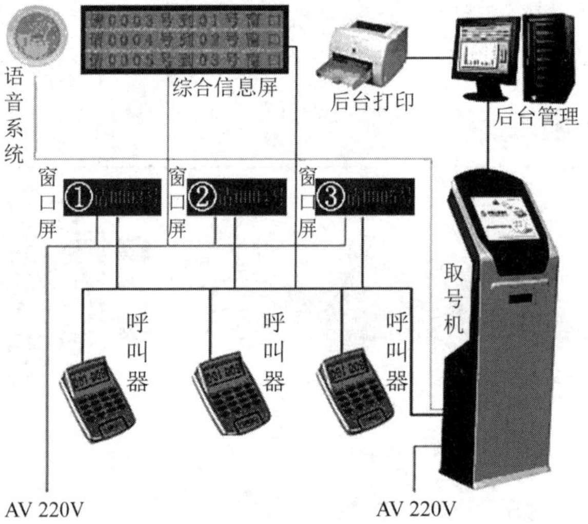

（a）银行大厅使用的排队叫号服务系统示意图

（b）MP4　　（c）摄像机　　（d）移动 U 盘

图 9-1　触发器的应用举例

上述具有记忆功能的部件都是由称为触发器的单元电路构成的。触发器是一种具有记忆功能，且其状态能在触发脉冲作用下迅速翻转的逻辑电路。它是时序逻辑电路的基本单元，能存放一位二进制数字信号，在信号产生、变换和控制电路中有着广泛的应用。

触发器的种类较多，有不同的分类方式。按电路结构形式的不同，可分成基本 RS 触发器、同步 RS 触发器、主从触发器、维持阻塞触发器；按逻辑功能不同，可分成 RS 触发器、D 触发器、JK 触发器、T 触发器、T′触发器。

任务一　RS 触发器逻辑功能的认知

【学习目标】

◇ 了解基本 RS 触发器的电路组成，通过测试由 74LS00 组成的基本 RS 触发器，掌握其逻辑功能

◇ 了解同步 RS 触发器的特点、时钟脉冲的作用，了解逻辑功能

学一学

RS 触发器结构是怎样的？它有什么功能？让我们一起进入下面的学习吧！

知识链接一　基本 RS 触发器的逻辑功能

基本 RS 触发器是结构最简单的触发器，是构成其他性能更完善的触发器的基础，了解其电路组成，掌握其逻辑功能是有必要的。

1. 电路组成和符号

由两个与非门首尾交叉耦合构成的基本 RS 触发器及符号如图 9-2 所示。

Q、$\overline{Q}$为基本 RS 触发器的输出端，其状态总是互补的，通常规定触发器 Q 端的状态为触发器的状态。即 Q=0 与$\overline{Q}$=1 时触发器处于 0 态，Q=1 与$\overline{Q}$=0 时触发器处于 1 态。图中$\overline{R}$、$\overline{S}$端的小“○”表示低电平有效。

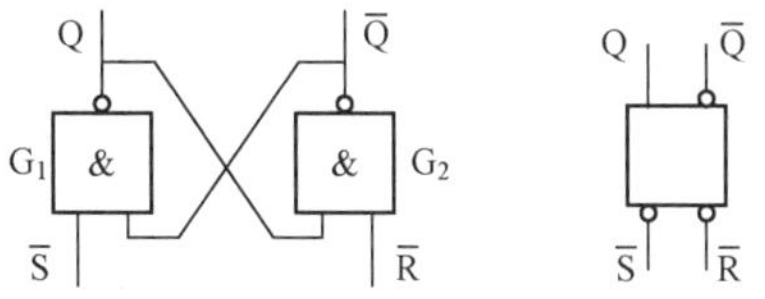

（a）电路　　（b）符号

图 9-2　基本 RS 触发器的组成及符号

2. 逻辑功能

为讨论方便，我们以 Q_n 表示触发器触发翻转前的状态，Q_{n+1} 表示触发器触发翻转后的状态。

看一看

基本 RS 触发器有哪些逻辑功能？

观察教师的演示实验。

【实验器材】　由与非门构成的基本 RS 触发器（图 9-2 所示）计算机仿真电路，输入变量

用开关设置，输出变量用发光二极管指示。

【演示步骤】

（1）分别在 $Q_n=0$ 和 $Q_n=1$ 时，使 $\overline{R}=\overline{S}=1$，观察输出端的状态变化情况；

（2）分别在 $Q_n=0$ 和 $Q_n=1$ 时，使 $\overline{R}=0$、$\overline{S}=1$，观察输出端的状态变化情况；

（3）分别在 $Q_n=0$ 和 $Q_n=1$ 时，使 $\overline{R}=1$、$\overline{S}=0$，观察输出端的状态变化情况；

（4）分别在 $Q_n=0$ 和 $Q_n=1$ 时，使 $\overline{R}=\overline{S}=0$，观察输出端的状态变化情况。

归纳上述实验结果，可得基本 RS 触发器的特性表，如表 9-1 所示。

表 9-1　与非门组成的基本 RS 触发器特性表

$\overline{R}$	$\overline{S}$	Q_{n+1}	逻辑功能
0	0	不定	
0	1	0	置 0
1	0	1	置 1
1	1	Q_n	保持

可见，基本 RS 触发器具有置 0、置 1 和保持的功能。

在上述基本 RS 触发器中，因为仅当 $\overline{R}$ 端出现有效电平时，电路为 0 态；仅当 $\overline{S}$ 端出现有效电平时，电路为 1 态，所以通常称 $\overline{R}$ 端为置 0 端（又称复位端），$\overline{S}$ 端为置 1 端（又称置位端）。

需要说明的是，当 $\overline{R}=\overline{S}=0$ 时，门 G_1、G_2 的输出都为 1，破坏了 Q 与 $\overline{Q}$ 互补的约定，故这种情况是禁止的。而且，当 $\overline{R}$、$\overline{S}$ 的低电平信号消失后，Q 与 $\overline{Q}$ 的状态是不确定的。

做一做

测试基本 RS 触发器的功能

【实验设备与器材】

面包板 1 块，稳压电源 1 台，单刀开关 2 个，74LS00 1 个，1kΩ、390Ω 电阻各 2 个，不同颜色的发光二极管 2 个。

【实验步骤】

（1）将 74LS00 插入面包板，并按图 9-3 连接测试电路。

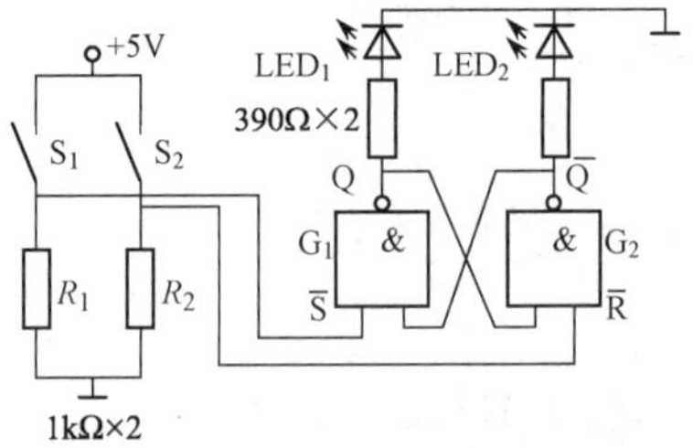

图 9-3　基本 RS 触发器功能测试电路

（2）调节直流稳压电源，使输出电压为+5V，分别拨动开关 S_1、S_2，观察发光二极管 LED_1、LED_2 的发光情况；

（3）将测试结果填入表 9-2。

表 9-2　基本 RS 触发器功能测试记录表

$\overline{R}$	$\overline{S}$	Q 逻辑状态
0	0	
0	1	
1	0	
1	1	

（4）实验结论：基本 RS 触发器的功能为________________________________。

知识链接二　同步 RS 触发器的逻辑功能

在学校里，为了保证正常的教学秩序，各个班都必须按统一的信号上、下课，即各个班上、下课的时间必须同步，否则就会产生混乱。这里的上、下课信号就是同步信号。同样，在数字系统中，为协调各部分的工作状态，需要由同步信号来控制各触发器按统一的节拍同步动作。这个同步信号称为时钟信号，简称时钟，用 CP 表示。由时钟控制的触发器称为同步触发器，也称钟控触发器。

1. 电路组成和符号

同步 RS 触发器是由基本 RS 触发器和两个控制门构成，输入信号经过控制门传送，如图 9-4（a）所示。

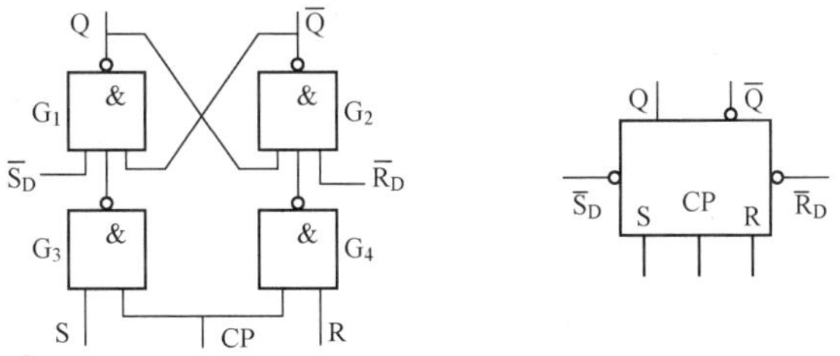

（a）电路　　（b）符号

图 9-4　同步 RS 触发器的组成及符号

门 G_1、G_2 组成基本 RS 触发器，门 G_3、G_4 是控制门，CP 为时钟信号。在图 9-4（b）所示逻辑符号中，CP 为钟控端，控制门 G_3、G_4 的开通和关闭；R、S 为信号输入端；R、S、CP 处均无小圆圈，表示高电平有效；Q、$\overline{Q}$ 为输出端；$\overline{S_D}$ 为异步置 1 端，$\overline{R_D}$ 为异步置 0 端，可直接使触发器置 0 或置 1，低电平有效，即当 $\overline{R_D}$（或 $\overline{S_D}$）出现低电平时，触发器的状态与 R、S、CP 均无关，直接由 $\overline{R_D}$（或 $\overline{S_D}$）决定置 0（或置 1）。

2. 逻辑功能

同步 RS 触发器有哪些逻辑功能？

观察教师的演示实验：

【实验器材】 由与非门构成的同步 RS 触发器（图 9-4 所示）计算机仿真电路，输入变量用开关设置，输出变量用发光二极管指示。

【演示步骤】

（1）在 CP＝1 时，输入不同的 R、S 变量，观察输出状态变化情况；

（2）在 CP＝0 时，输入不同的 R、S 变量，观察输出状态变化情况；

（3）比较、理解基本 RS 触发器与同步 RS 触发器的区别。

上述实验表明：CP＝0 时，不论输入信号 R、S 如何变化，触发器的状态不变；CP＝1 时，触发器的状态随输入信号 R、S 的不同而不同。

归纳可得同步 RS 触发器的特性表，如表 9-3 所示。

表 9-3　同步 RS 触发器的特性表

R	S	Q_{n+1}	逻辑功能
0	0	Q_n	保持
0	1	1	置 1
1	0	0	置 0
1	1	不定	

练一练

习题 9.1

1．画出用与非门组成的基本 RS 触发器逻辑连接图，列出真值表，标出置 1 和置 0 端。

2．当基本 RS 触发器的 R 和 S 端加上如图 9-5 所示的波形时，试画出 Q 端的输出波形。

3．当同步 RS 触发器的 CP、R 和 S 端加上如图 9-6 所示的波形时，试画出 Q 端的输出波形（设初始状态 Q＝0）。

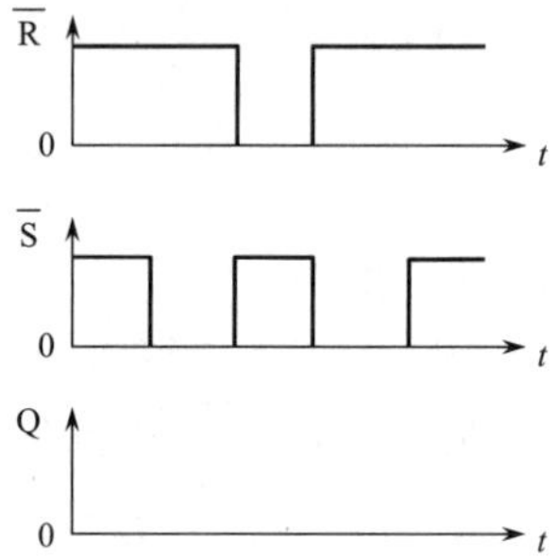

图 9-5　题 2 图

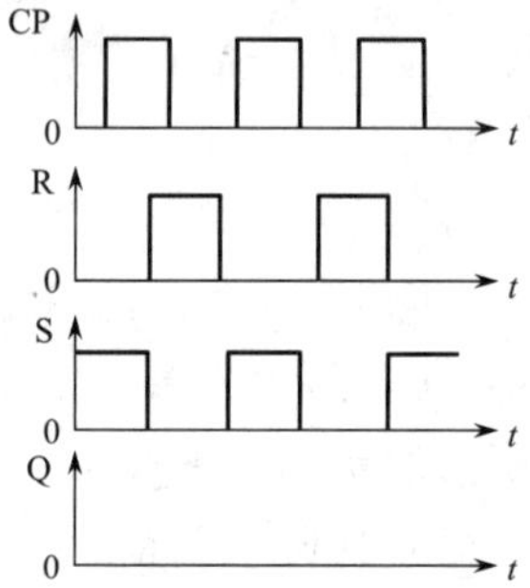

图 9-6　题 3 图

任务二　JK 触发器逻辑功能的认知和使用

【学习目标】

◇ 熟悉 JK 触发器的电路符号

◇ 了解触发器边沿触发方式

◇ 通过 74LS70 和 74LS112 的功能测试，掌握 JK 触发器的逻辑功能

◇ 了解典型集成 JK 触发器的引脚功能，会使用集成 JK 触发器

学一学

JK 触发器有哪些功能呢？它是怎样触发的呢？我们如何使用 JK 触发器呢？

知识链接一　JK 触发器的触发方式、逻辑符号和逻辑功能

1．触发方式

JK 触发器是触发器的一个主要品种。它有主从触发方式和边沿触发方式两种，其中边沿触发方式又分上升沿触发和下降沿触发。

主从触发方式是利用 CP 脉冲的上升沿和下降沿两个边沿，把触发器的触发翻转分成两拍进行的，以下降沿触发为例，第一拍，在 CP＝1 期间，触发器接收输入信号，但触发器的输出状态不变，只为触发翻转做准备；第二拍，在 CP 下降沿到来时，触发器触发翻转，主从触发 JK 触发器，抗干扰能力不如边沿触发 JK 触发器。

边沿触发方式只是利用 CP 脉冲的上升沿或下降沿的一个边沿，在这个边沿，触发器在接收输入信号的同时触发翻转。

边沿触发 JK 触发器和主从触发 JK 触发器的电路结构有区别，但逻辑功能是相同的。

2．逻辑符号

JK 触发器的逻辑符号如图 9-7 所示。图中，Q、$\overline{Q}$ 端的“—”表示主从触发；CP 端的“∧”表示边沿触发；CP 端无“○”表示上升沿触发，有“○”表示下降沿触发。

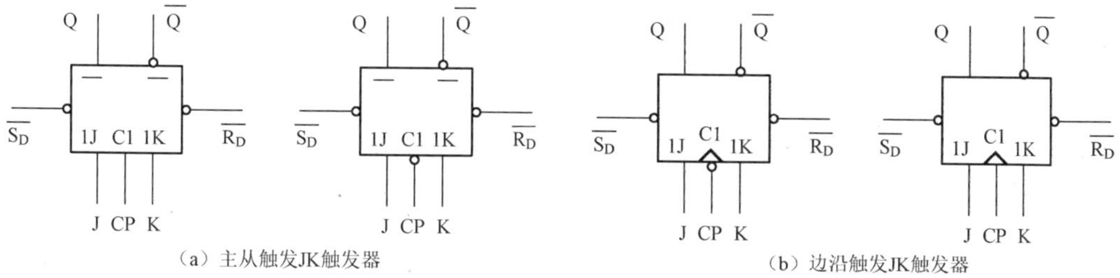

图 9-7　JK 触发器的逻辑符号

3．逻辑功能

74LS70 是上升沿触发单 JK 触发器，其引脚排列如图 9-8 所示。它有三个 J 输入端 J_1、J_2 和 $\overline{J_3}$，三个 K 输入端 K_1、K_2 和 $\overline{K_3}$，直接置 0 端 $\overline{R_D}$ 和直接置 1 端 $\overline{S_D}$。这种有多个 J、K 输入端的器件在构成各种实际电路时比较灵活，其中 $J=J_1J_2\overline{J_3}$，$K=K_1K_2\overline{K_3}$。

做一做

测试基本 JK 触发器的功能

【实验设备与器材】

数字电路实验箱、74LS70。

【实验步骤】

（1）按图 9-9 连接测试电路，输出用实验箱上的指示灯显示，接通＋5V 直流电源；

（2）按表 9-4 分别输入信号，观察输出信号变化情况，测试 74LS70 的功能。将结果填入表 9-4。

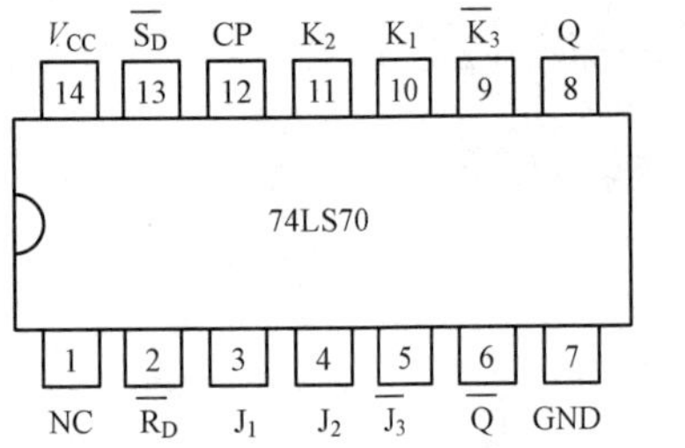

图 9-8　74LS70 的引脚排列

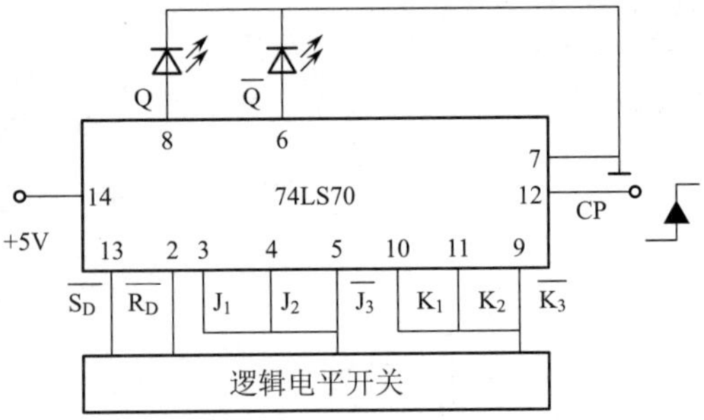

图 9-9　74LS70 逻辑功能测试电路

表 9-4　74LS70 功能测试记录表

输入					输出	
$\overline{R_D}$	$\overline{S_D}$	CP	$J=J_1J_2\overline{J_3}$	$K=K_1K_2\overline{K_3}$	Q_{n+1}	$\overline{Q_{n+1}}$
1	1	↑	0	0		
1	1	↑	0	1		
1	1	↑	1	0		
1	1	↑	1	1		
1	1	0	×	×		
1	1	1	×	×		
0	1	×	×	×		
1	0	×	×	×		

（3）对上述测试结果进行分析归纳，填写 JK 触发器的特性表，如表 9-5 所示。

表 9-5　JK 触发器特性表

J	K	Q_{n+1}	逻辑功能
0	0		
0	1		
1	0		
1	1		

结论：JK 触发器具有置 0、置 1、保持、翻转（计数）功能。

【例 9-1】　已知下降沿触发 JK 触发器 J、K 及 CP 的波形如图 9-10 所示。试根据 JK 触发器的逻辑功能画出 Q、$\overline{Q}$ 的波形（设初态为 0）。

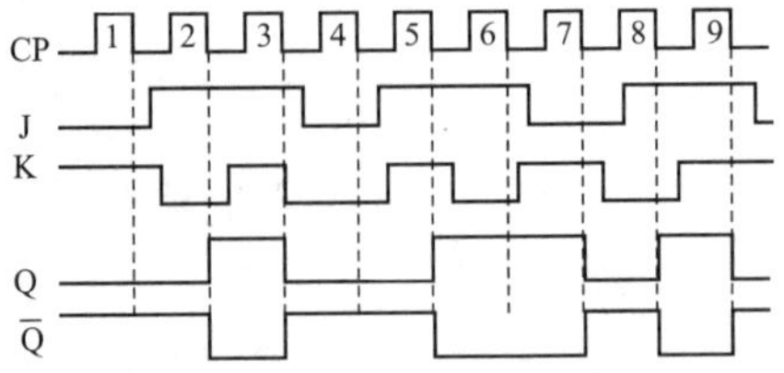

图 9-10　例 9-1 的波形图

解：这是一个用已知 J、K 的状态确定 Q 状态的问题。只要根据每个 CP 下降沿时刻 J、K

的状态，去对照特性表中 Q 的相应状态，即可作出 Q、$\overline{Q}$ 的波形，如图 9-10 所示。

知识链接二　常用集成 JK 触发器

常见的集成 JK 触发器有上升沿触发的 74LS1092、CC4027、CC4095 等，下降沿触发的 74LS112、74LS113、74LS107 等。

1. CC4027

CC4027 是主从型双 JK 触发器，在时钟脉冲为低电平时读入输入信号，在时钟脉冲为高电平时，触发翻转器。触发器的 R_D 和 S_D 为高电平有效的直接置 0、置 1 端。

CC4027 的实物外形和引脚排列如图 9-11 所示。表 9-6 是其逻辑功能表。

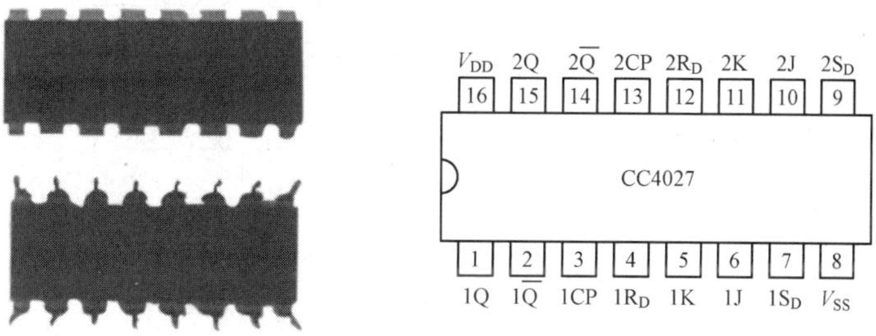

图 9-11　CC4027 的实物外形和引脚排列

表 9-6　CC4027 逻辑功能表

输入					输出	
CP	J	K	R_D	S_D	Q_{n+1}	$\overline{Q_{n+1}}$
↑	0	0	0	0	Q_n	Q_n
↑	0	1	0	0	0	1
↑	1	0	0	0	1	0
↑	1	1	0	0	Q_n	Q_n
↓	×	×	0	0	Q_n	Q_n
0	×	×	0	0	Q_n	Q_n
1	×	×	0	0	Q_n	Q_n
×	×	×	0	1	1	0
×	×	×	1	0	0	1

2. 74LS112

74LS112 是下降沿触发的双 JK 触发器，内部包含两个独立的 JK 触发器单元。其实物外形和引脚排列如图 9-12 所示。表 9-7 是其逻辑功能表。

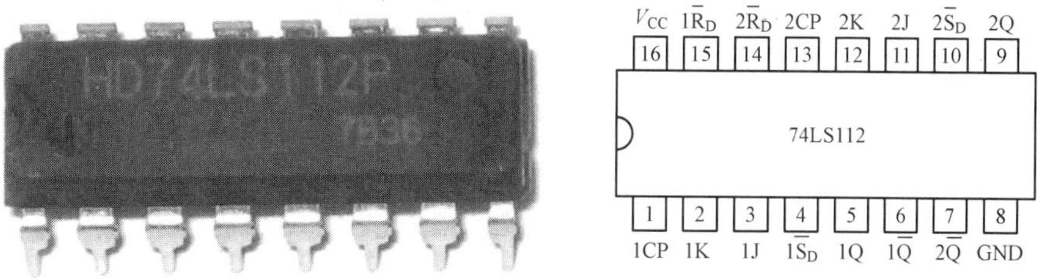

图 9-12　74LS112 的实物外形和引脚排列

表 9-7　74LS112 逻辑功能表

输入					输出	
CP	J	K	$\overline{R_D}$	$\overline{S_D}$	Q_{n+1}	$\overline{Q_{n+1}}$
↓	0	0	1	1	Q_n	$\overline{Q_n}$
↓	0	1	1	1	0	1
↓	1	0	1	1	1	0
↓	1	1	1	1	$\overline{Q_n}$	Q_n
↑	×	×	1	1	Q_n	Q_n
0	×	×	1	1	Q_n	Q_n
1	×	×	1	1	Q_n	Q_n
×	×	×	0	1	0	1
×	×	×	1	0	1	0

做一做

测试 74LS112 的逻辑功能

【实验设备与器材】

数字电路实验箱、74LS112。

【实验步骤】

（1）$\overline{R_D}$、$\overline{S_D}$ 功能测试。

① 按图 9-13 连接测试电路；

② 接通+5V 电源，拨动逻辑开关，观察 0-1 显示器状态；将测试结果填入表 9-8。

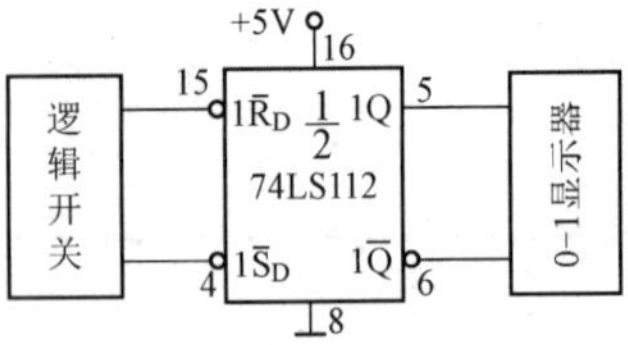

图 9-13　74LS112 的置 0、置 1 功能测试电路

表 9-8　74LS112 的 $\overline{R_D}$ 、$\overline{S_D}$ 的功能记录表

CP	J	K	$\overline{R_D}$	$\overline{S_D}$	Q 逻辑状态
×	×	×	0	1	
×	×	×	1	0	

（2）逻辑功能测试。

① 按图 9-14 连接测试电路，使 $\overline{R_D}=\overline{S_D}=1$；

② 按表 9-9 拨动逻辑开关，按动 0-1 按钮，观察 0-1，显示器状态；将测试结果填入表 9-9 中（每次测试前，触发器先置零）。

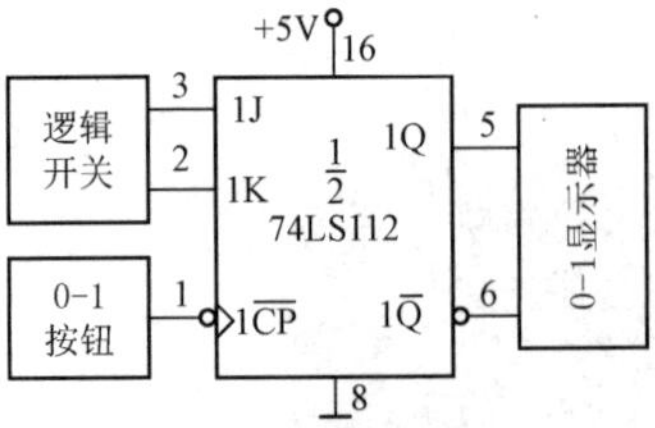

图 9-14　74LS112 集成触发器的功能测试电路

表 9-9　74LS112 逻辑功能测试记录表

J	K	CP	Q_{n+1}　$Q_n=0$　$\overline{Q_n}=1$
0	0	0→1	
		1→0	
0	1	0→1	
		1→0	
1	0	0→1	
		1→0	
1	1	0→1	
		1→0	

3．JK 触发器的应用举例

触发器的应用十分广泛，它是构成各种时序逻辑电路的基本单元，也可用于自动控制及家电等其他方面。

图 9-15 所示是三路控制开关电路。电路中所用芯片是 CC4027 双 JK 触发器，其 JK 端接在高电平上，触发器工作在计数状态，只要有 CP 脉冲，它的状态就翻转。工作原理为：假设开始时灯泡 L 是不亮的，即触发器的 Q=0。当 S_1、S_2、S_3 中有一个按下并松开时，则触发器获得一个下降沿脉冲，触发器翻转，Q=1，VT_1、VT_2 饱和，继电器 K 吸合，灯泡 L 发光。此时再任意按下并松开 S_1、S_2、S_3 中的一个，则触发器又翻转，Q=0，继电器 K 失电释放，灯泡 L 熄灭。

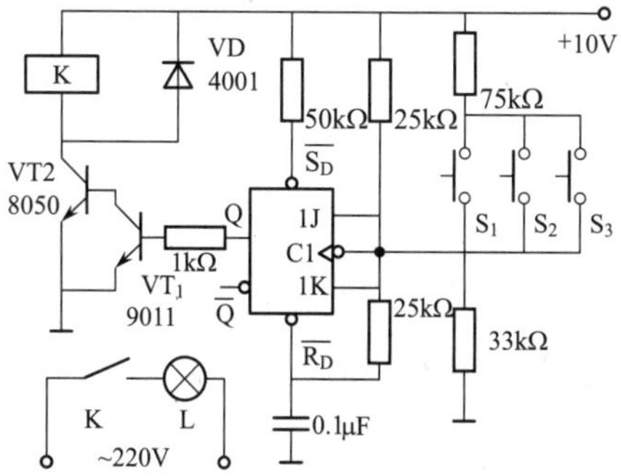

图 9-15　多路控制开关电路

练一练

习题 9.2

1．上升沿触发的 JK 触发器，初始状态 Q=0，CP、J、K 端所加信号波形如图 9-16 所示，试画出 Q 端输出波形。

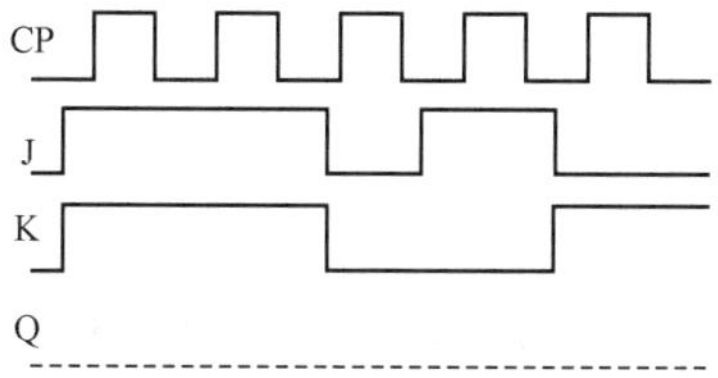

图 9-16　题 1 图

2．图 9-17 所示 JK 触发器的初始状态 Q=0，试画出 4 个 CP 脉冲作用下输出端 Q 的波形。

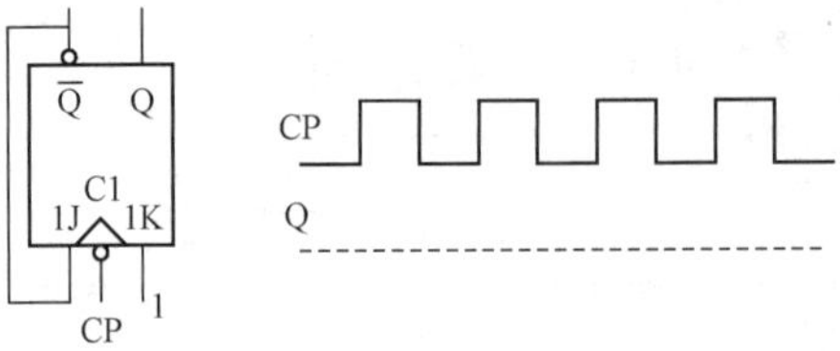

图 9-17　题 2 图

任务三　D 触发器逻辑功能的认知和使用

【学习目标】

◇ 掌握 D 触发器的电路符号
◇ 通过 74LS74 的功能测试，掌握 D 触发器的逻辑功能
◇ 通过四人抢答器的制作与检测，掌握 D 触发器的应用

读一读

数字系统中，另一种应用广泛的触发器是 D 触发器。D 触发器按结构不同分为同步 D 触发器、主从触发 D 触发器、边沿触发 D 触发器等。它们虽结构不同，但逻辑功能基本相同。

学一学

D 触发器有哪些功能呢？我们如何使用 D 触发器呢？

知识链接一　D 触发器的逻辑符号和功能

图 9-18 所示是 D 触发器的逻辑符号。74LS74 是上升沿双 D 触发器的实物外形和引脚排列如图 9-19 所示。

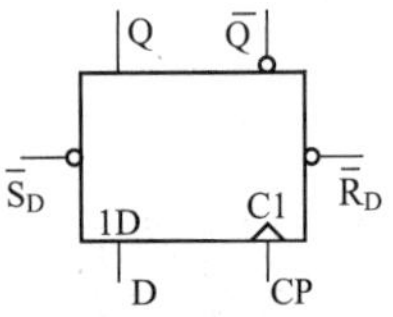

图 9-18　D 触发器的逻辑符号

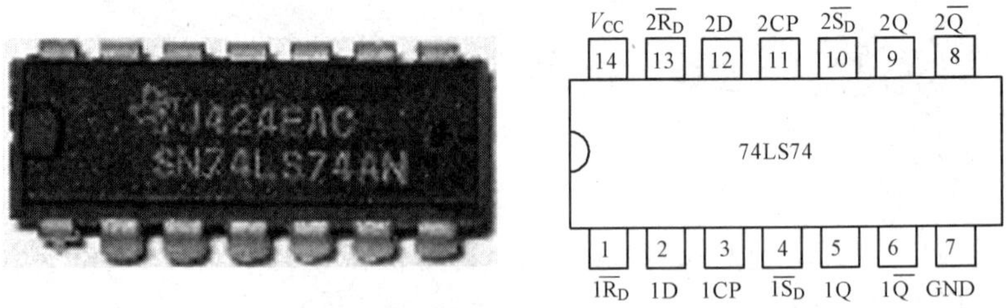

图 9-19　74LS74 的实物外形和引脚排列

做一做

测试 74LS74 的逻辑功能

【实验器材】　数字电路实验箱、74LS74 双 D 触发器。

【实验步骤】

（1）按图 9-20 连接测试电路，输出用实验箱上的指示灯显示，接通+5V 直流电源；

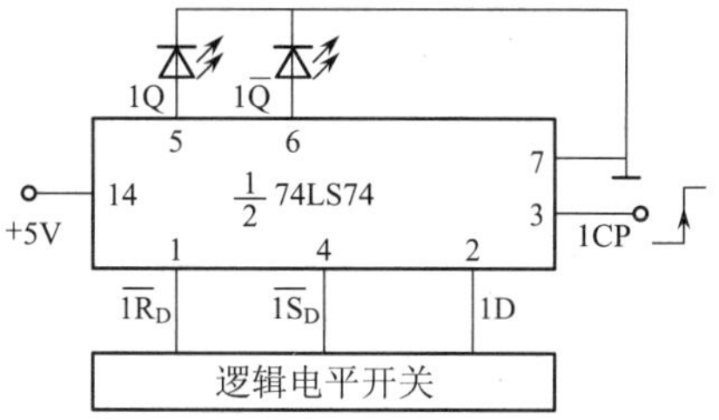

图 9-20 74LS74 逻辑功能测试电路

（2）按表 9-10 分别输入信号，观察输出信号变化情况，测试 74LS74 的功能。将结果填入表 9-10。

表 9-10 74LS74 功能测试记录表

输入				输出	
$\overline{R_D}$	$\overline{S_D}$	CP	D	Q_{n+1}	$\overline{Q_{n+1}}$
1	1	↑	0		
1	1	↑	1		
1	1	↓	0		
1	1	↓	1		
1	1	0	×		
1	1	1	×		
0	1	×	×		
1	0	×	×		

（3）对上述测试结果进行分析归纳，填写 D 触发器的特性表，如表 9-11 所示。

表 9-11 D 触发器特性表

D	Q_{n+1}	逻辑功能
0		
1		

结论：D 触发器具有置 0、置 1 功能。

【例 9-2】 已知上升沿触发的 D 触发器的 D 及 CP 的波形如图 9-21 所示。试根据 D 触发器的逻辑功能画出 Q 的波形（设初态为 0）。

解：这是一个用已知 D 的状态确定 Q 状态的问题。只要根据每个 CP 上升沿时刻 D 的状态，去对照特性表中 Q 的相应状态，即可作出 Q 的波形，如图 9-21 所示。

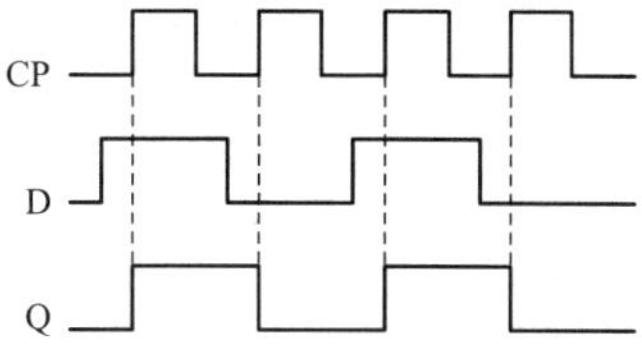

图 9-21 例 9-2 的波形图

知识链接二　常用集成 D 触发器

常见的集成 D 触发器除上述的 74LS74 外，还有如 CC4013 双 D 触发器、74LS175 四 D 触发器等。

1. CC4013

CC4013 内有两个独立的上升沿触发 D 触发器，置位和复位端有效电平为高电平。CC4013 的实物外形和引脚排列如图 9-22 所示。表 9-12 是其逻辑功能表。

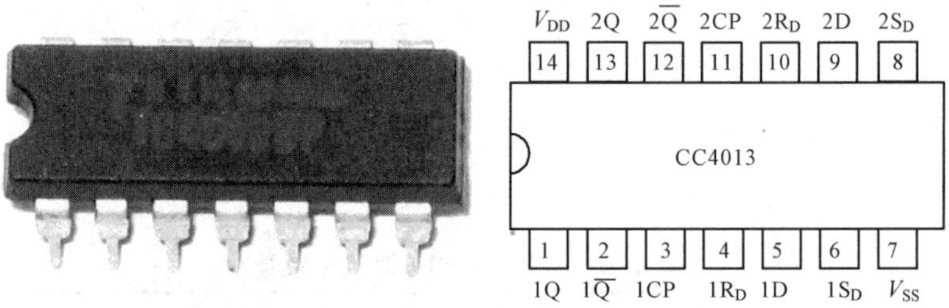

图 9-22　CC4013 的实物外形和引脚排列

表 9-12　CC4013 逻辑功能

R_D	S_D	CP	D	Q_{n+1}	$\overline{Q_{n+1}}$
0	0	↑	0	0	1
0	0	↑	1	1	0
0	0	↓	0	Q_n	$\overline{Q_n}$
0	0	↓	1	Q_n	$\overline{Q_n}$
0	0	0	×	Q_n	$\overline{Q_n}$
0	0	1	×	Q_n	$\overline{Q_n}$
0	1	×	×	1	0
1	0	×	×	0	1

2. 74LS175

74LS175 是上升沿触发的四 D 触发器。其实物外形和引脚排列如图 9-23 所示。其中，CP 是四个 D 触发器共用的时钟端，CR 是 D 触发器共用的清零端。表 9-13 是其逻辑功能表。

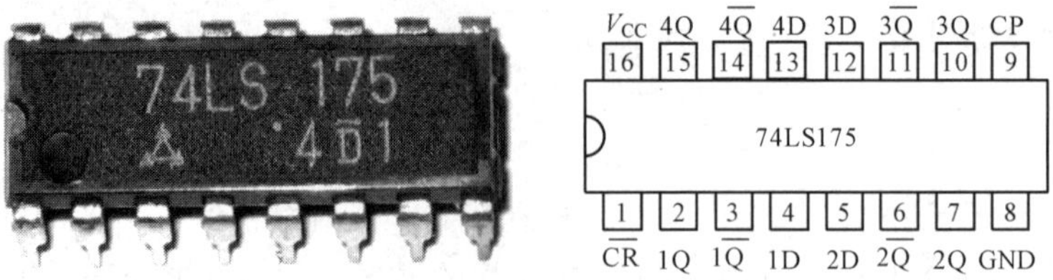

图 9-23　74LS175 的实物外形和引脚排列

表 9-13　74LS175 逻辑功能

$\overline{CR}$	CP	D	Q_{n+1}	$\overline{Q_{n+1}}$
1	↑	0	0	1
1	↑	1	1	0
1	↓	×	Q_n	Q_n

续表

$\overline{CR}$	CP	D	Q_{n+1}	$\overline{Q_{n+1}}$
1	0	×	Q_n	Q_n
1	1	×	Q_n	Q_n
0	×	×	0	1

3．D 触发器的应用举例

图 9-24 是一种简单的红外遥控接收电路，利用普通的电视机遥控器就能控制继电器吸合。遥控器内部有一个振荡器，每按动一下红外发射器的按钮，发射一组红外指令，红外接收头接受后，其输出端（u_0）输出一个负脉冲。因为该脉冲出现的时间极短，不能维持继电器的长时间闭合，所以使用了 D 触发器 CD4013 作为状态记忆电路，用 Q 端输出的高电平驱动三极管，使之饱和，并使继电器 K 吸合。每来一个负脉冲（其正跳沿）都会触发 CD4013 翻转一次；若 u_0 端没有负脉冲输出，CD4013 就不翻转，其状态就能得到长久维持。图中 R_D 端接的 C_1 和 R_1 是“上电复零”电路。

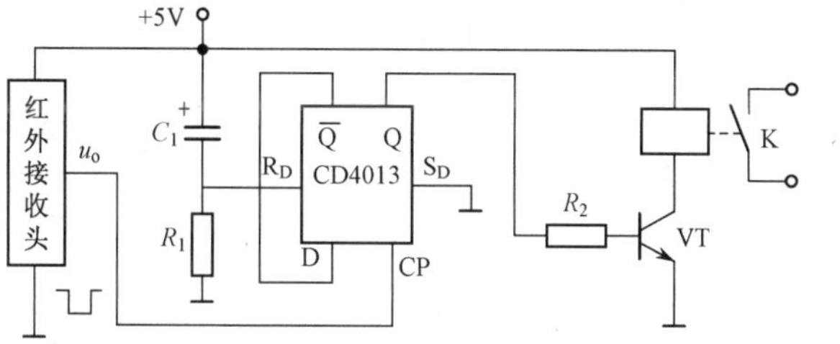

图 9-24　红外遥控接收电路

查一查

查阅各种资料，了解 D 触发器还有哪些实际应用。

技能实训　制作四人抢答器

【实训目标】

（1）通过四人抢答器电路的制作与测试，学会合理选用集成门电路、集成触发器等电路元器件，进一步熟悉电子电路的装接工艺要求；

（2）熟悉直流稳压电源、万用表等仪器设备的正确使用。

【实训内容与步骤】

1．识读电路

读一读

图 9-25 所示是四人智力竞赛抢答器电路。

图 9-25 中，四只按钮开关 S_1～S_4 是四组抢答按钮，分别接集成触发器 74LS175 的 D_1～D_4 端，74LS175 的输出端 Q_1～Q_4 分别连接四个发光二极管 LED_1～LED_4，它们的状态分别代表四组抢答的结果。四个互补输出端 $\overline{Q_1}$ ～$\overline{Q_4}$ 都接至与非门 G_3 的输入端，再经非门 G_2 反相后输出，去控制与非门 G_1，进而控制 CP 脉冲的输入。S_5 是清零按钮，按一次能给 74LSl75 一个低电平

脉冲清零。

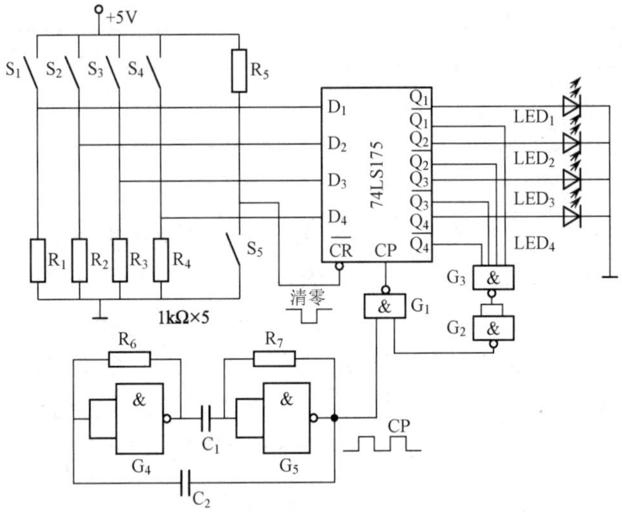

图 9-25　四人智力竞赛抢答器电路

与非门 G_4、G_5，电阻 R_6、R_7，电容 C_1、C_2 构成 RC 多谐振荡器，输出矩形脉冲波，作为抢答器电路工作的 CP 脉冲。当电阻 $R_6=R_7=1\ \text{k}\Omega$，电容 $C_1=C_2=68\times10^{-3}\mu\text{F}$ 时，其输出脉冲波的频率在 10 kHz 左右。

比赛前，按下 S_5 对各触发器清零，四个输出 Q_1～Q_4 为 0，四只发光二极管均不亮。又因 $\overline{Q_1}=\overline{Q_2}=\overline{Q_3}=\overline{Q_4}=1$，则 G_3 门输出为 0，而 G_2 门输出为 1，使 G_1 门打开，从而 CP 脉冲可以进入 D 触发器的 CP 脉冲输入端。在 S_1～S_4 未接通时，D_1～D_4 均为 0，即使 CP 脉冲进入触发器，各输出端仍维持为 0，各发光二极管仍不亮。

比赛开始后，若 S_4 先按通，则 D_4 先为 1。当 CP 脉冲上升沿出现时，相应的输出 Q_4 为高电平，点亮 LED_4，而 $\overline{Q_4}=0$，使 G_3 门输出为 1，G_2 门输出为 0，封锁 G_1 门，CP 不能再进入触发器。因此即使其他按钮随后按下，也不能使相应的 D 触发器输出 1，相应的发光二极管不会亮。若要再次进行抢答，只要清零一下即可。

2．制作四人抢答器

【实训设备与器材】

直流稳压电源 1 台、万用表 1 块、通用面包板 1 块、镊子等装接工具一套、导线若干、元器件一套（详见表 9-14）。

表 9-14　制作四人抢答器的元器件清单

序　号	名　称	型 号 规 格	数　量	配 件 图 号	测 试 结 果	元件粘贴区
1	碳膜电阻器	RT－0.25－1kΩ	7 个	R_1		
2				R_2		
3				R_3		
4				R_4		
5				R_5		
6				R_6		
7				R_7		

续表

序 号	名 称	型号规格	数 量	配件图号	测试结果	元件粘贴区
8	涤纶电容	68nF	2个	C_1		
9				C_2		
10	集成电路	74LS00	1个	U_1		
11	集成电路	74LS20	1个	U_2		
12	集成电路	74LS175	1个	U_3		
13	发光二极管	红	1个	LED_1		
14		绿	1个	LED_2		
15		蓝	1个	LED_3		
16		黄	1个	LED_4		
17	按钮		5个	S_1		
18				S_2		
19				S_3		
20				S_4		
21				S_5		
22	IC管座	DIP14	2个			
23	IC管座	DIP16	1个			

（1）清点与检测元器件。

根据元器件及材料清单，清点并检测元器件。将测试结果填入表9-14中，正常的填"√"，如元器件有问题，及时提出并更换。将正常的元器件对应粘贴在表9-14中。

（2）根据图9-25所示电路，在图9-26中画出四人抢答器的装配图。

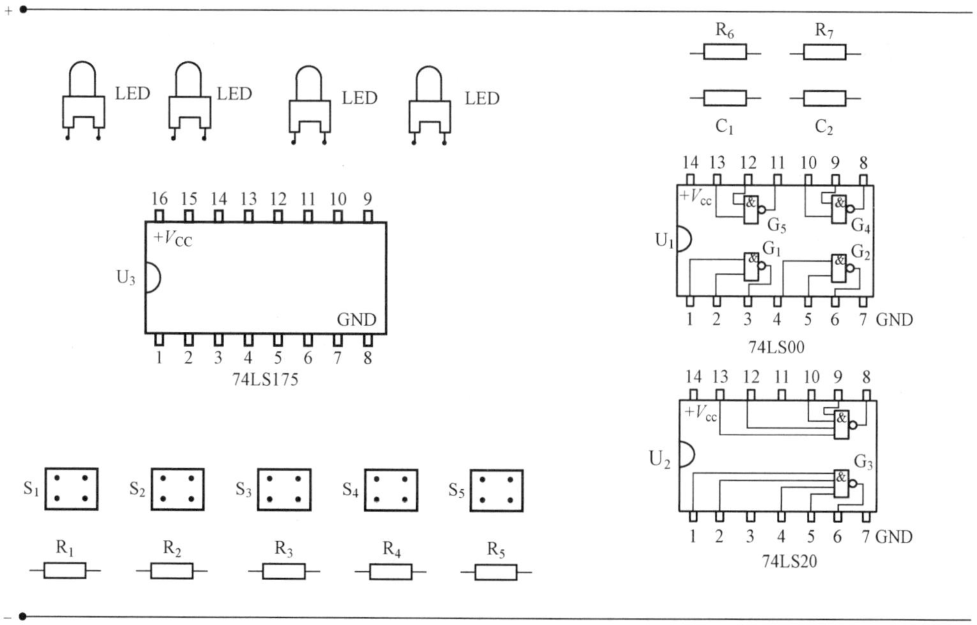

图9-26 四人抢答器的装配图

（3）根据装配图完成电路装接。

装接时注意：①集成电路的标识向左，不能插反，然后明确引脚和引脚功能；②最好同一种信号线路用相同颜色的线；③利用现有的上、下两条作电源线、地线。

（4）检测四人抢答器的功能。

接通电源，检查振荡器输出脉冲信号是否正常（频率为 10kHz，幅度为 0.5V 的方波）。

① 检测清零功能。

分别按下 S_1～S_4，正常情况下，LED_1～LED_4 有一只点亮。此时按下 S_5，看到的情况为：________________。

② 检测抢答功能。

先按下 S_1，再分别按下 S_2～S_4，LED_1～LED_4 点亮的情况为：________________。

按下 S_5，清零后，先按下 S_2，再分别按下 S_1、S_3、S_4，LED_1～LED_4 点亮的情况为：________________。

按下 S_5，清零后，先按下 S_3，再分别按下 S_1、S_2、S_4，LED_1～LED_4 点亮的情况为：________________。

按下 S_5，清零后，先按下 S_4，再分别按下 S_1、S_2、S_3，LED_1～LED_4 点亮的情况为：________________。

由此可得本电路的功能：________________。

想一想

如何判断集成电路的置位、复位端是高电平有效还是低电平有效？

____

____

【实训考核】

考核要求和考核表样式参见附录 A。

练一练

习题 9.3

1．上升沿触发的 D 触发器的初始状态为 Q=0，当 CP、D 端所加信号波形如图 9-27 所示时，画出 Q 端的输出波形。

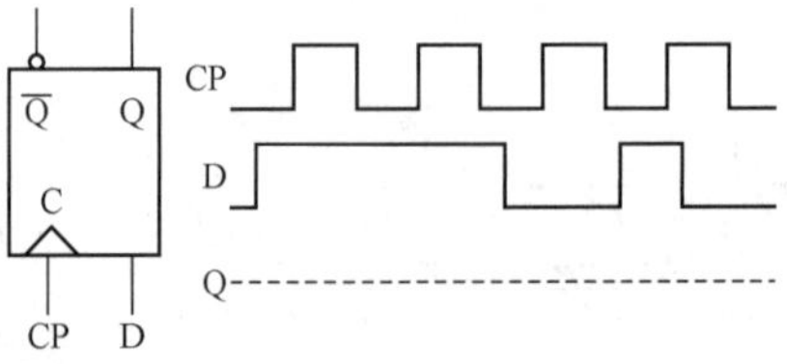

图 9-27　题 1 图

2．如图 9-28 所示 D 触发器的初始状态 Q=0，试画出 4 个 CP 脉冲作用下的输出端 Q 的波形。

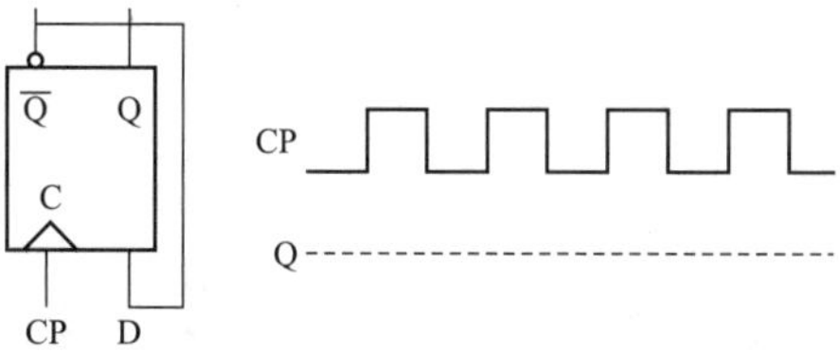

图 9-28　题 2 图

模块小结

（1）触发器是一种具有记忆功能而且在触发脉冲作用下会翻转的电路。触发器有两个稳态：0 态和 1 态。基本 RS 触发器是各种触发器的构成基础。同步 RS 触发器具有保持、置 0、置 1 三种逻辑功能。时钟信号 CP 是协调电路各部分同步工作的控制信号。

（2）JK 触发器具有保持、翻转、置 0 和置 1 四种逻辑功能。它有主从触发型和边沿触发型之分。常用的集成 JK 触发器有 CC4027、74LS112 等产品。使用时，要注意 JK 触发器的触发时钟条件是上升沿还是下降沿，以及引脚的排列和功能、使用条件等。

（3）D 触发器具有置 0、置 1 两种逻辑功能，也有广泛应用。常用集成 D 触发器有 74LS74、CC4013、74LS175 等。使用时，要注意触发时钟条件、引脚的排列、功能及使用条件等。

教学微视频

扫一扫

模块十　时序逻辑电路

读一读

图 10-1（a）所示绚丽多姿的节日彩灯能使节日气氛更加浓烈，图 10-1（b）所示流光溢彩的灯箱广告能使生活更加丰富多彩，图 10-1（c）所示计时精准的数字钟能使生活更有节奏。它们的核心部件就是下面即将学习的寄存器、计数器等时序逻辑电路。

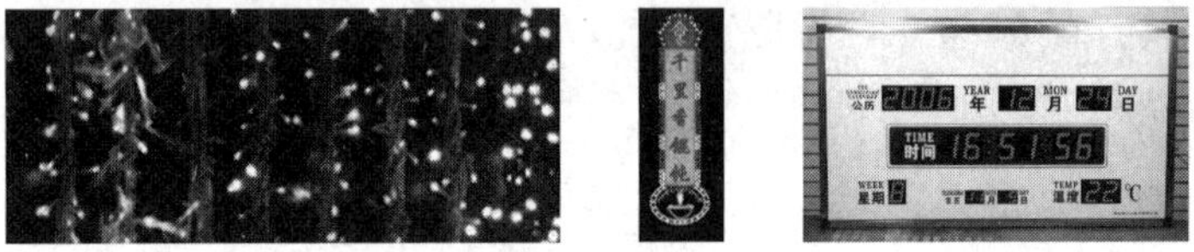

（a）节日彩灯　　（b）灯箱广告　　（c）数字钟

图 10-1　时序逻辑电路的应用举例

时序逻辑电路简称时序电路，是指任意时刻的输出状态不仅与当时电路的输入状态有关，而且与电路原有状态也有关，是具有记忆功能的电路。这与前面所学的组合逻辑电路不同。组合逻辑电路和时序逻辑电路是数字电路的两大基本类型。

时序电路由触发器和组合电路构成，可分为同步时序电路和异步时序电路。凡电路中触发器由同一个 CP 信号控制的是同步时序电路，否则是异步时序电路。

任务一　寄存器功能的认识和使用

【学习目标】

◇ 了解寄存器的功能、基本构成和常见类型

◇ 了解常用集成寄存器的性能

◇ 通过 74LS194 功能的测试和应用举例，了解典型集成移位寄存器的应用

学一学

什么是寄存器？它有什么功能呢？它有哪些种类和应用呢？

知识链接一　数码寄存器的功能

数码寄存器又称为并行输入、并行输出寄存器，是存放数码的组件。图 10-2 所示电路是由四个 D 触发器构成的四位数码寄存器。它属于同步时序逻辑电路。D_3～D_0 是寄存器并行的数据输入端，输入四位二进制数码；Q_3～Q_0 是寄存器并行的输出端，输出四位二进制数码。

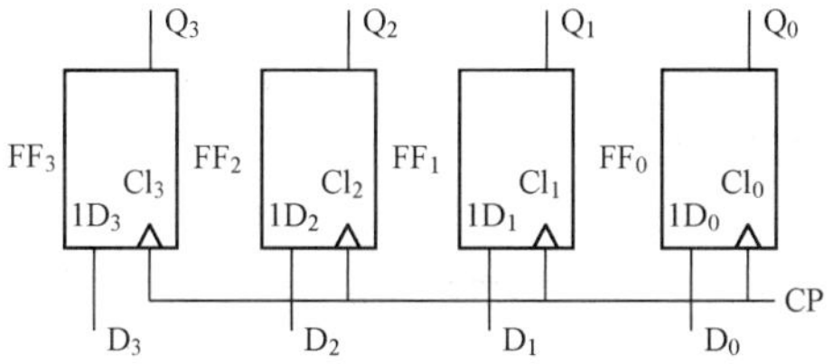

图 10-2　四位数码寄存器

若要将四位二进制数码 $D_3D_2D_1D_0$＝1010 存入寄存器中，只要在 CP 输入端加时钟脉冲。当寄存指令 CP 上升沿出现时，四个触发器的输出端 $Q_3Q_2Q_1Q_0$＝$D_3D_2D_1D_0$＝1010，于是这四位二进制数码便同时存入四个触发器中。只要没有新的寄存指令、存入新的数码，这组数码就一直保存在寄存器中。当外部电路需要这组数码时，可从 $Q_3Q_2Q_1Q_0$ 端读出。

知识链接二　移位寄存器的功能和应用

在数字电路系统中，由于逻辑运算或缓冲存储的需要，常常要求寄存器中输入的数码能在时钟脉冲 CP 的控制下，逐位向左或向右移动。这种寄存器就是移位寄存器。移位寄存器按种类可分为串入并出、并入串出、串入串出、并入并出四种；按工作方式可分为单向移位寄存器（右移或左移）和双向移位寄存器两大类。

1．单向移位寄存器

1）右移寄存器

图 10-3 所示为四位右移寄存器电路。它由四个 D 触发器组成，D_{SR} 为数码串行输入端，Y 为数码串行输出端，各触发器串行连接，移位控制脉冲为 CP，各 CP 脉冲输入端并联，各清零端 $\overline{CR}$ 也并联。

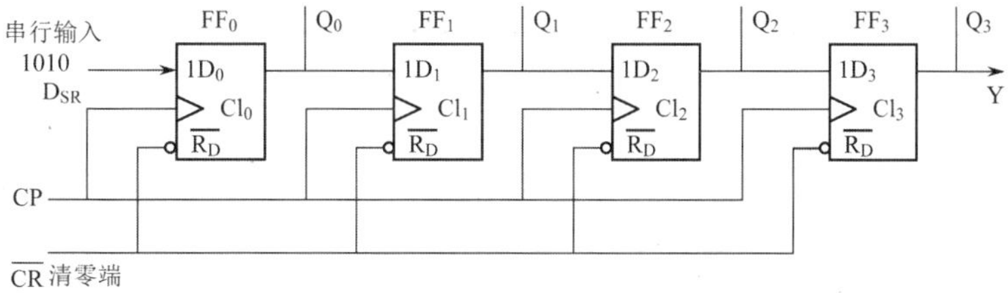

图 10-3　四位右移寄存器

看一看

右移寄存器是怎样工作的？

观察教师的演示实验：

【实验器材】　如图 10-3 所示为由 D 触发器构成的右移寄存器计算机仿真电路，输入变量用开关设置，输出变量用发光二极管指示。

【演示步骤】

（1）在 $\overline{CR}$ 端送入清零信号，观察输出状态。

（2）撤除清零信号，在 D_{SR} 端按顺序自右向左逐一输入数码 1010，每送入一个数码，在 CP 端送入一个脉冲，逐一观察输出状态变化情况。

上述串行输入数码右移寄存过程列于表 10-1 中。

表 10-1　四位右移寄存器的工作过程

CP 顺序	输入	输出				移位过程
	D_{SR}	Q_0	Q_1	Q_2	Q_3	
0	0	0	0	0	0	清零
1	1	0	0	0	0	输入第一个数码
2	0	1	0	0	0	输入第二个数码，第一个数码右移一位
3	1	0	1	0	0	输入第三个数码，第一、二个数码依次右移一位
4	0	1	0	1	0	输入第四个数码，第一、二、三个数码依次右移一位

2）左移寄存器

如图 10-4 所示为由四个 D 触发器组成的左移寄存器电路。它的工作过程与四位右移寄存器的类似，不同的只是该寄存器的数码输入顺序是自左向右，依次在 CP 脉冲作用下逐位左移输入寄存器中。其工作过程列于表 10-2 中。

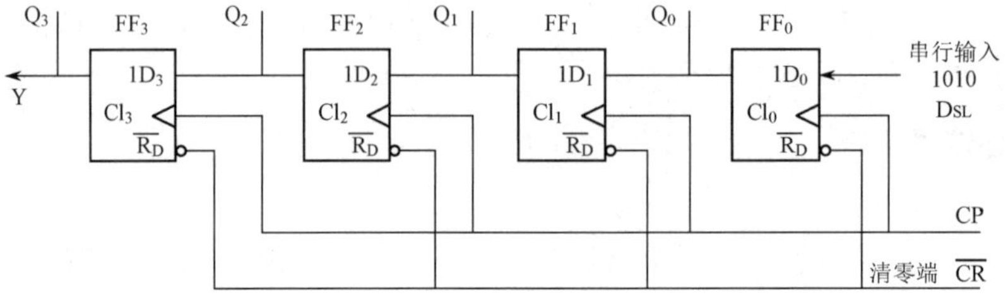

图 10-4　四位左移寄存器

表 10-2　四位左移寄存器的工作过程

CP 顺序	输入	输出				移位过程
	D_{SL}	Q_3	Q_2	Q_1	Q_0	
0	1	0	0	0	0	清零
1	0	0	0	0	1	输入第一个数码
2	1	1	0	1	0	输入第二个数码，第一个数码左移一位
3	0	0	1	0	1	输入第三个数码，第一、二个数码依次左移一位
4	0	1	0	1	0	输入第四个数码，第一、二、三个数码依次左移一位

3）集成单向移位寄存器

（1）串入并出 8 位右移移位寄存器 74LS164。

74LS164 的实物外形和引脚排列如图 10-5 所示。74LS164 的逻辑功能如表 10-3 所示。

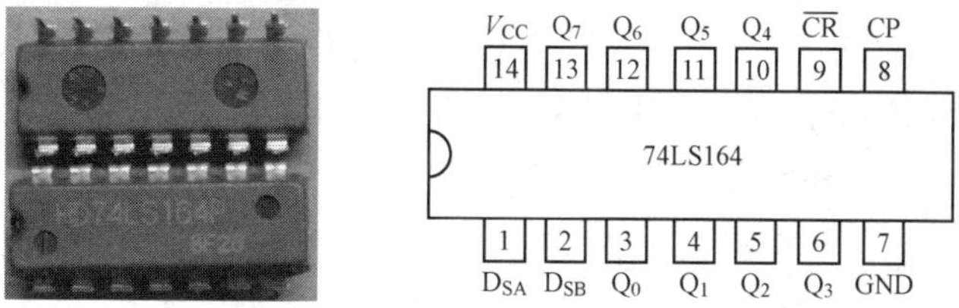

图 10-5　74LS164 的实物外形和引脚排列图

表 10-3　74LS164 的逻辑功能表

输　入				输　出								功能
$\overline{CR}$	CP	D_{SA}	D_{SB}	Q_0	Q_1	Q_2	Q_3	Q_4	Q_5	Q_6	Q_7	
0	×	×	×	0	0	0	0	0	0	0	0	清零
1	0	×	×	Q_0	Q_1	Q_2	Q_3	Q_4	Q_5	Q_6	Q_7	保持
1	↑	0	×	0	Q_0	Q_1	Q_2	Q_3	Q_4	Q_5	Q_6	右移
1	↑	×	0	0	Q_0	Q_1	Q_2	Q_3	Q_4	Q_5	Q_6	右移
1	↑	1	1	1	Q_0	Q_1	Q_2	Q_3	Q_4	Q_5	Q_6	右移

数据从 D_{SA}、D_{SB} 端串行输入，从 Q_0～Q_7 端并行输出，当 $\overline{CR}=1$ 时，在每一个时钟脉冲的上升沿，移位寄存器内的数据向右移一位。时钟脉冲作用后，Q_0 的内容取决于 $D_{SA}\cdot D_{SB}$。

（2）并入串出 8 位移位寄存器 74LS166。

74LS166 是一个典型的 8 位并入串出移位寄存器，其实物外形和引脚排列如图 10-6 所示。它有 8 个并行输入端 D_0～D_7，还附带有右移串行输入端 D_{SR}，可用作串入串出移位寄存器。它的工作状态受清除端 $\overline{CR}$、时钟控制端 CP_1 和 CP_0、移位/装入控制端 SH/$\overline{LD}$ 的控制。其逻辑功能如表 10-4 所示。

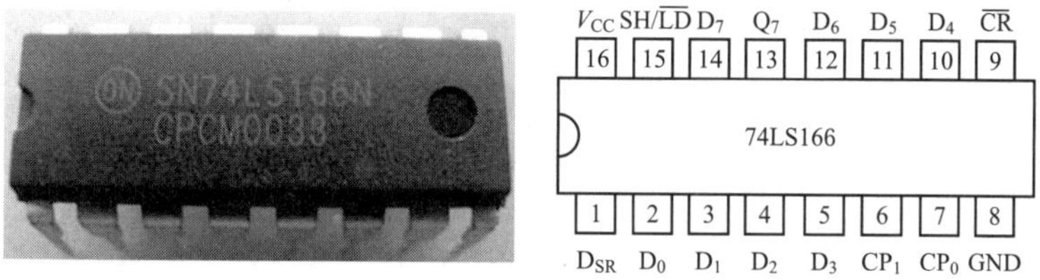

图 10-6　74LS166 的实物外形和引脚排列

表 10-4　74LSl66 的逻辑功能表

输　入						输　出		功能
$\overline{CR}$	SH/$\overline{LD}$	CP_1	CP_0	D_{SR}	$D_0D_1D_2D_3D_4D_5D_6D_7$	$D_0D_1D_2D_3D_4D_5D_6$	Q_7	
0	×	×	×	×	××××××××	0000000	0	复位
1	×	0	0	×	××××××××	$Q_0Q_1Q_2Q_3Q_4Q_5Q_6$	Q_7	保持
1	0	0	↑	×	abcdefgh	abcdefg	h	置数
1	1	0	↑	1	××××××××	$1Q_0Q_1Q_2Q_3Q_4Q_5$	Q_6	右移
1	1	0	↑	0	××××××××	$0Q_0Q_1Q_2Q_3Q_4Q_5$	Q_6	右移
1	×	1	↑	×	××××××××	$Q_0Q_1Q_2Q_3Q_4Q_5Q_6$	Q_7	保持

注意：实际上只有 Q_7 输出端有输出，CP_1 和 CP_0 在功能上是等价的，可以交换使用。

2．双向移位寄存器

74LS194 是一个典型的 4 位双向移位寄存器，它有 4 个并行数据输入端 D_0、D_1、D_2、D_3，

4 个并行数据输出端 Q_0、Q_1、Q_2、Q_3，串行右移输入端 D_{SR}，串行左移输入端 D_{SL}，时钟端 CP，清除端 $\overline{CR}$，工作方式控制端 M_1、M_0。74LS194 使用十分灵活，其实物外形和引脚排列如图 10-7 所示，逻辑功能如表 10-5 所示。

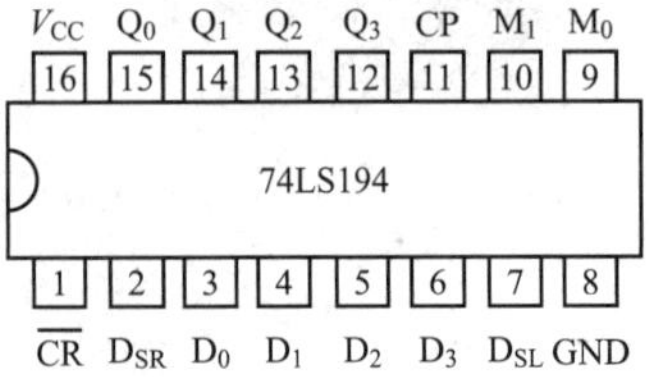

图 10-7　74LS194 的实物外形和引脚排列

表 10-5　74LS194 的逻辑功能表

输　入					输　出	功能
$\overline{CR}$	M_1 M_0	CP	串行输入 D_{SL} D_{SR}	并行输入 D_0 D_1 D_2 D_3	Q_0 Q_1 Q_2 Q_3	
0	××	×	××	××××	0 0 0 0	清零
1	××	0	××	××××	Q_0 Q_1 Q_2 Q_3	保持
1	0 0	↑	××	××××	Q_0 Q_1 Q_2 Q_3	保持
1	0 1	↑	×0	××××	0 Q_0 Q_1 Q_2	右移
1	0 1	↑	×1	××××	1 Q_0 Q_1 Q_2	右移
1	1 0	↑	0×	××××	Q_1 Q_2 Q_3 0	左移
1	1 0	↑	1×	××××	Q_1 Q_2 Q_3 1	左移
1	1 1	↑	××	a b c d	a b c d	置数

做一做

测试 74LS194 的功能

【实验设备与器材】

数字电路实验箱 1 只、74LS194 1 只。

【实验步骤】

（1）将 74LS194 插入数字电路实验箱，按照图 10-8 所示连接测试电路，输出逻辑显示用实验箱上的发光二极管实现，电源取＋10V。

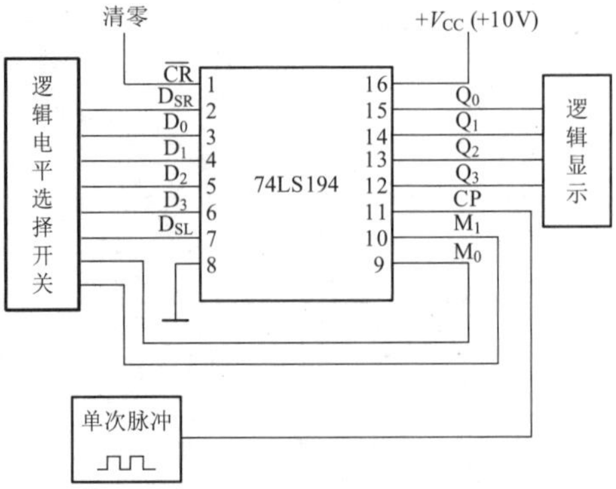

图 10-8　74LS194 功能测试电路

（2）测试清零功能。

将$\overline{CR}$端瞬间接地清零，即在$\overline{CR}$端加单次负脉冲，观察并记录$Q_0Q_1Q_2Q_3$的状态。

（3）测试并行输入、并行输出的置数功能。

拨动逻辑开关，使$\overline{CR}=1$、$M_0M_1=11$、$D_0D_1D_2D_3=1011$，手动送入单次脉冲 CP，观察并记录$Q_0Q_1Q_2Q_3$的状态。

（4）测试右移位功能。

将寄存器清零后，拨动逻辑开关，使$\overline{CR}=1$、$M_0M_1=01$，$D_{SR}=1$，手动送入单次脉冲 CP，每送入一次 CP，观察一次$Q_0Q_1Q_2Q_3$的状态。把结果填入表 10-6 中。

表 10-6　74LS194 右移位功能测试记录表

$\overline{CR}$	M_0M_1	D_{SR}	CP 次数	$Q_0\,Q_1\,Q_2\,Q_3$
1	0 1	1	0	0 0 0 0
1	0 1	1	1	
1	0 1	1	2	
1	0 1	1	3	
1	0 1	1	4	
1	0 1	1	5	

（5）测试左移位功能。

将寄存器清零后，拨动逻辑开关，使$\overline{CR}=1$、$M_0M_1=10$，$D_{SL}=1$，手动送入单次脉冲 CP，每送入一次 CP，观察一次$Q_0Q_1Q_2Q_3$的状态。把结果填入表 10-7 中。

表 10-7　74LS194 左移位功能测试记录表

$\overline{CR}$	M_0M_1	D_{SR}	CP 次数	$Q_0\,Q_1\,Q_2\,Q_3$
1	0 1	1	0	0 0 0 0
1	0 1	1	1	
1	0 1	1	2	
1	0 1	1	3	
1	0 1	1	4	
1	0 1	1	5	

（6）测试保持功能。

拨动逻辑开关，使$\overline{CR}=1$，$M_0M_1=00$，手动送入单次脉冲 CP，观察并记录$Q_0Q_1Q_2Q_3$的状态。

拨动逻辑开关，使$\overline{CR}=1$，CP=0，观察并记录$Q_0Q_1Q_2Q_3$的状态。

3．74LS194 的应用举例

看一看

环形脉冲分配器是怎样工作的？

观察教师的演示实验：

【实验器材】　数字电路实验箱、74LS194。

【演示步骤】

（1）按图 10-9（a）连接实验电路，输出用实验箱上的指示灯显示，接通电源；

（2）把开关 S 置于 a 处（即 $M_1M_0=11$，寄存器处于并行输入的置数方式），输入单次 CP 脉冲，观察输出状态；

（3）把开关 S 置于 b 处（即 $M_1M_0=10$，寄存器执行左移操作），逐次输入单次 CP 脉冲，观察输出状态。

其循环状态的波形如图 10-9（b）所示。

从图 10-9（b）可见，正脉冲由 4 个输出端 Q_0～Q_3 按顺序出现，形成了 4 个节拍脉冲输出，所以该电路又称为节拍发生器。另外，当 Q_3 出现一个完整正脉冲时，已有 4 个 CP 脉冲进入电路，若将 CP 视为计数脉冲，将 Q_3 视为进位，则是一个四进制计数器，所以又称其为环形计数器。

同理，若把初始状态分别设置为 0011、0111、0101 等，也能进行数据左移。若用 Q 端控制灯光，就可形成不同组合和不同旋转方向的发光彩灯。

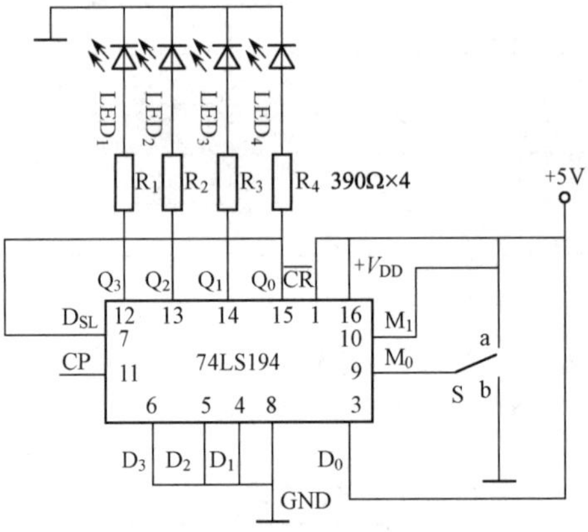

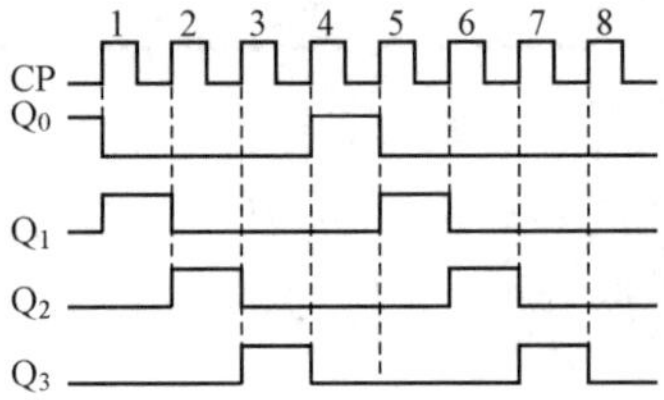

图 10-9　环形脉冲分配器

习题 10.1

1．寄存器有何功能？它分为哪几类？

2．画出 74LS194 的引脚排列图并注明各引脚功能。

任务二　计数器逻辑功能的认识和应用

【学习目标】

◇ 了解计数器的功能及计数器的类型

◇ 掌握 CC4516、CC40161 等典型二进制集成计数器的外特性及应用

◇ 通过 CC4518 功能的测试，掌握十进制集成计数器的外特性及应用

◇ 通过秒计数器的制作，熟悉集成译码显示器、集成计数器的应用

学一学

什么是计数器？它有什么功能呢？它有哪些类型和应用呢？

知识链接一　计数器的功能及其分类

在数字系统中，往往需要对脉冲的个数进行计数，以便实现测量、运算和控制。具有计数功能的电路，称为计数器。计数器的种类很多，按进位制来分：有二进制计数器和非二进制计数器；按计数值的增、减来分：有加法计数器、减法计数器和可逆计数器；按计数器中各触发状态翻转是否同步来分：有同步计数器和异步计数器。

1．二进制计数器

1）二进制异步加法计数器

看一看

二进制异步加法计数器是怎样工作的？

观察教师的演示实验：

【实验器材】　如图 10-10 所示为由 3 个 D 触发器组成的 3 位二进制异步加法计数器计算机仿真电路，输入 CP、$\overline{CR}$ 用开关设置，输出 Q_1、Q_2、Q_3 状态及进位信号用发光二极管指示。

【演示步骤】

（1）使 $\overline{CR}=0$，观察各输出状态。

（2）使 $\overline{CR}=1$，逐一输入 8 个单次脉冲 CP，观察各输出状态变化情况。

归纳可得其工作状态如表 10-8 所示，画出工作波形如图 10-11 所示。

由图 10-11 可以看出，Q_1 的频率是 CP 的 1/2，为二分频；Q_2 的频率是 CP 的 1/4，为四分频；Q_3 的频率是 CP 的 1/8，为八分频，故计数器有分频作用，又称分频器。

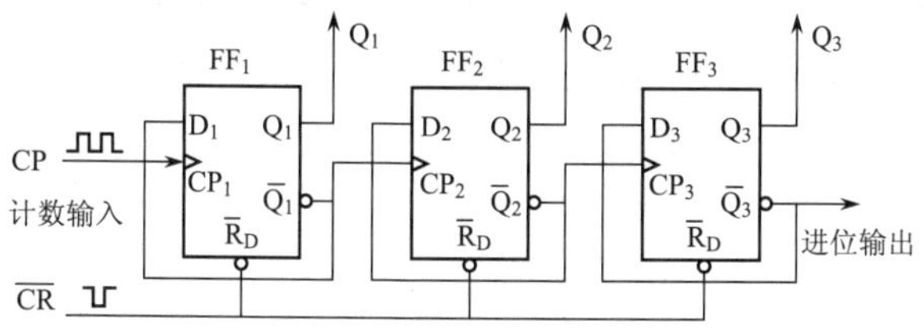

图 10-10　3 位二进制异步加法计数器

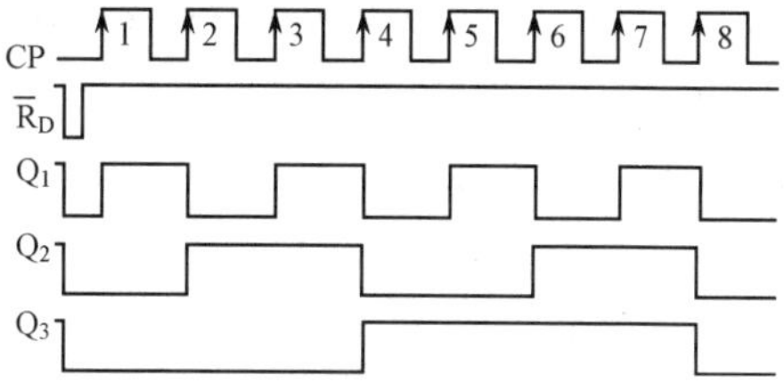

图 10-11　3 位二进制异步加法计数器的工作波形

表 10-8　3 位二进制异步加法计数器工作状态表

CP 次数	Q_3	Q_2	Q_1
0	0	0	0
1	0	0	1
2	0	1	0
3	0	1	1
4	1	0	0
5	1	0	1
6	1	1	0

续表

CP 次数	Q_3	Q_2	Q_1
7	1	1	1
8	0	0	0

若采用异步减法计数，则在计数前将各触发器置位，开始计数后，触发器状态按二进制减法规律变化。异步计数器电路简单，但各触发器逐级翻转，工作速度慢，在实际使用中，多采用同步计数器。

2）4 位二进制同步可逆计数器

CC4516 是典型的集成可逆计数器。它在控制端作用下，可按加法或减法计数。其实物外形和引脚排列如图 10-12 所示。其功能见表 10-9。

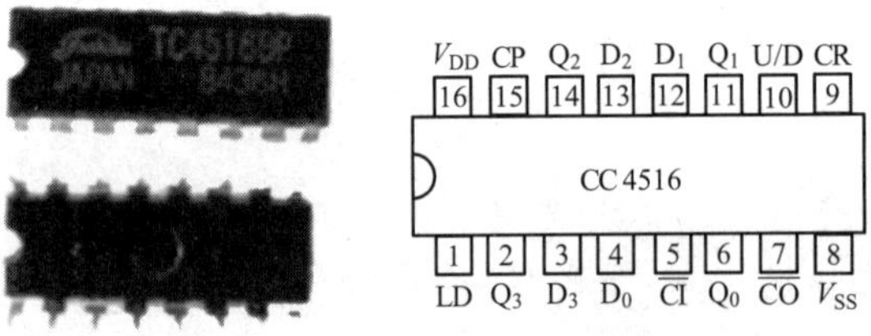

图 10-12　CC4516 的实物外形和引脚排列

表 10-9　CC4516 功能表

输入									输出			
CP	$\overline{CI}$	U/D	LD	CR	D_0	D_1	D_2	D_3	Q_0	Q_1	Q_2	Q_3
×	×	×	1	0	D_0	D_1	D_2	D_3	D_0	D_1	D_2	D_3
×	×	×	×	1	×	×	×	×	0	0	0	0
×	1	×	0	0	×	×	×	×	保持			
↑	0	1	0	0	×	×	×	×	加计数			
↑	0	0	0	0	×	×	×	×	减计数			

各引脚功能为 $\overline{CI}$ 是进位输入端，$\overline{CO}$ 是进位输出端，LD 是数据预置控制端，U/D 是加减计数控制端，CP 是时钟输入端，CR 是清零端，D_0～D_3 是并行数据输入端，Q_0～Q_3 是计数输出端，V_{DD} 接正电源，V_{SS} 接地。

2. 十进制计数器

1）十进制异步加法计数器

看一看

十进制异步加法计数器是怎样工作的？

观察教师的演示实验：

【实验器材】　如图 10-13 所示为由 4 个 JK 触发器组成的 8421BCD 码十进制异步加法计数器计算机仿真电路，输入 CP、$\overline{R_D}$ 用开关设置，输出 Q_1、Q_2、Q_3、Q_4 的状态用发光二极管指示。

【演示步骤】

（1）使 $\overline{R_D}$ =0，观察各输出状态；

（2）使 $\overline{R_D}=1$，逐一输入 10 个单次脉冲 CP，观察各输出状态变化情况。

归纳可得十进制异步加法计数器的工作状态如表 10-10 所示，画出工作波形如图 10-14 所示。

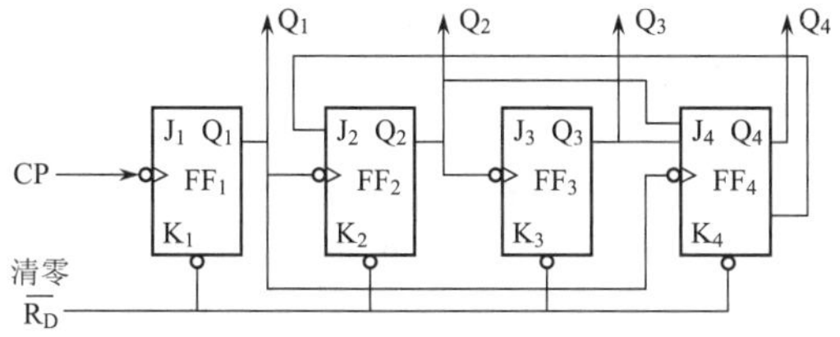

图 10-13　十进制异步加法计数器

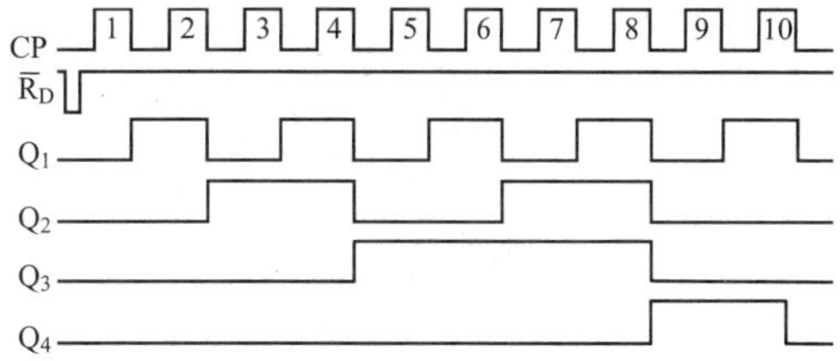

图 10-14　十进制异步加法计数器的工作波形

表 10-10　十进制异步加法计数器工作状态表

CP 次数	Q_4	Q_3	Q_2	Q_1
0	0	0	0	0
1	0	0	0	1
2	0	0	1	0
3	0	0	1	1
4	0	1	0	0
5	0	1	0	1
6	0	1	1	0
7	0	1	1	1
8	1	0	0	0
9	1	0	0	1
10	0	0	0	0

2）十进制同步加法计数器

CC4518 是集成同步十进制加法计数器，主要特点是时钟触发可用上升沿，也可用下降沿，采用 8421BCD 编码。其实物外形和引脚排列如图 10-15 所示，逻辑功能如表 10-11 所示。

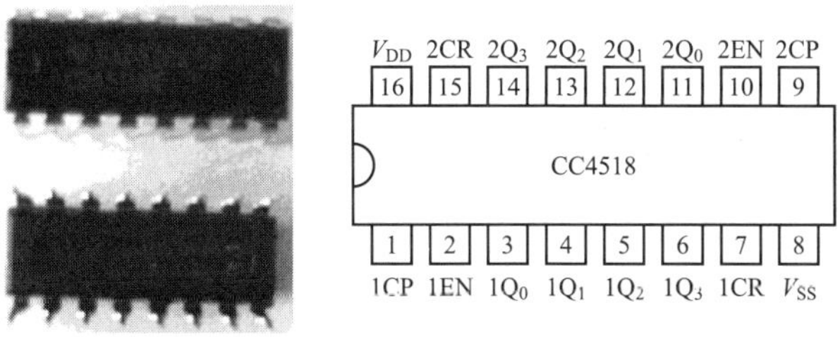

图 10-15　CC4518 的实物外形和引脚排列

表 10-11　CC4518 逻辑功能表

输　入			输　出
CP	CR	EN	
↑	0	1	加计数
0	0	↓	加计数
↓	0	×	保持
×	0	↑	
↑	0	0	
1	0	↓	
×	1	×	全部为 0

CC4518 内含两个功能完全相同的计数器。每个计数器，均有时钟输入端 CP 和计数允许控制端 EN，若用时钟上升沿触发，则信号由 CP 端输入，同时将 EN 端设置为高电平；若用时钟下降沿触发，则信号由 EN 端输入，同时将 CP 端设置为低电平。CR 为清零信号输入端，当在该端加高电平或正脉冲时，计数器输出端清零。

做一做

测试 CC4518 的功能

【实验设备与器材】 数字电路实验箱、CC4518 计数器芯片。

【实验步骤】

（1）将 CC4518 插入数字电路实验箱，按照图 10-16 连接电路，将 CP、EN、CR 端分别接入一路逻辑电平开关，使 Q_0、Q_1、Q_2、Q_3 依次接一路逻辑电平显示，逻辑电平输出显示由数字电路实验箱上的发光二极管实现。电源取＋10V。

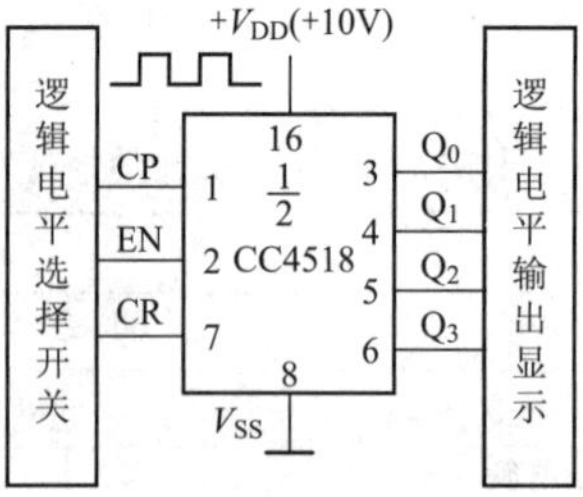

图 10-16　CC4518 功能测试电路

（2）按照表 10-12 要求的项目，测试 CP、EN、CR 及输出功能。注意 CP 计数脉冲为手动单次脉冲。

表 10-12　CC4518 功能测试记录表

输　入			输　出
CP	CR	EN	Q_3 Q_2 Q_1 Q_0
×	1	×	
↑	0	1	
0	0	↓	
↑	0	0	
↓	0	×	
×	0	↑	
1	0	↓	

【实验注意事项】

（1）连线宜短，减小干扰。

（2）CMOS 电路的所有输入端都不能悬空，按电路功能分别接相应的电平。

知识链接二　集成计数器的应用

1. 用 CC40161 构成 15 以内的任意进制计数器

CC40161 是中规模集成电路，具有四位二进制同步计数、异步清除及同步预置功能，其引脚排列如图 10-17 所示。部分引脚及其功能说明如下。

（1）$\overline{CR}$ 为异步清零端。当 $\overline{CR}=0$ 时，清零；$\overline{CR}=1$ 时，计数。

（2）E_P、E_T 为使能端，$E_P=E_T=1$ 时，计数；$E_P=0$ 或 $E_T=0$ 时，锁存。

（3）$\overline{LD}$为同步预置端，A、B、C、D 为同步预置数码输入端。$\overline{LD}$=0 时，同步预置；$\overline{LD}$=1 时，计数。

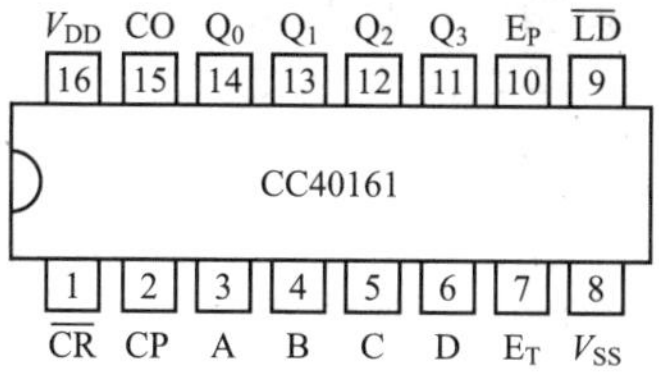

图 10-17　CC40161 的引脚排列

CC40161 的逻辑功能如表 10-13 所示。

表 10-13　CC40161 的逻辑功能

输　入									输　出				功能
CP	$\overline{CR}$	$\overline{LD}$	E_P	E_T	D	C	B	A	Q_3	Q_2	Q_1	Q_0	
↑	1	1	1	1	×	×	×	×					计数
↑	1	0	×	×	d	c	b	a	d	c	b	a	置数
×	0	×	×	×	×	×	×	×	0	0	0	0	清零
×	1	1	0	×	×	×	×	×	Q_3	Q_2	Q_1	Q_0	保持
×	1	1	×	0	×	×	×	×	Q_3	Q_2	Q_1	Q_0	保持

看一看

CC40161 的功能测试

观察教师的演示实验：

【实验器材】　数字电路实验箱、CC40161

【演示步骤】

（1）按图 10-18 所示连接电路，输出 CO、Q_3、Q_2、Q_1、Q_0 状态由实验箱上的发光二极管指示，接通电源。

（2）清零与置数。

使 DCBA=0111、$\overline{CR}$=0，观察各输出状态变化情况；

使$\overline{CR}$=0、$\overline{LD}$=0、DCBA=0111，观察各输出状态变化情况；

使$\overline{CR}$=1、$\overline{LD}$=0、DCBA=0111，观察各输出状态变化情况。

（3）计数。

使$\overline{CR}$=1、E_P=E_T=1、$\overline{LD}$=0、DCBA=0111，依次输入单个计数脉冲 9 个，观察各输出状态变化情况。

（4）功能的优先级。

在计数过程中，使$\overline{LD}$=0 然后再恢复为 1，观察各输出状态变化情况；

在计数过程中，使$\overline{CR}$=0 然后再恢复为 1，观察各输出状态变化情况；

在计数过程中，使 E_P 或 E_T=0 然后再恢复为 1，观察各输出状态变化情况。

实用中，常采用反馈复位法，即用输出反馈迫使计数器返零的方法实现任意进制的计数。

CC40161 连接成九进制计数器的电路如图 10-19 所示。当计数至 1000 并再输入一个计数脉冲时，与非门 G 的两个输入端 Q_3 和 Q_0 全为 1（计数器状态为 1001），输出为 0，使 $\overline{CR}=0$，迫使计数器返零，再开始下一个计数循环，从而实现了九进制计数。

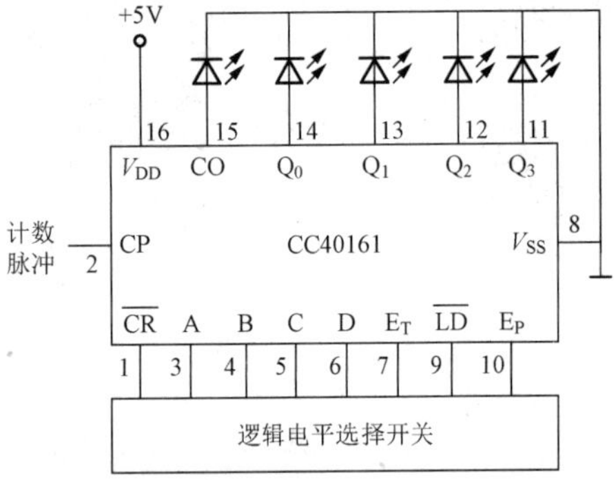

图 10-18　CC40161 的功能测试电路

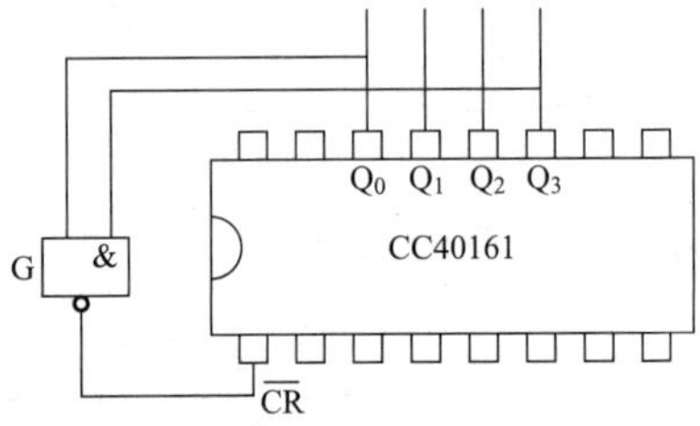

图 10-19　CC40161 构成的九进制计数器

若要构成 12 进制计数器，则只要使计数器在 1100 状态时返零，依此类推，可以接成 15 进制以内的任意进制计数器。

2．CC4518 构成的六十进制计数器

数字钟的“秒”“分”信号产生电路都是由六十进制计数器构成的。用 CC4518 和与非门采用反馈复位法构成的六十进制加法计数器电路，如图 10-20 所示。

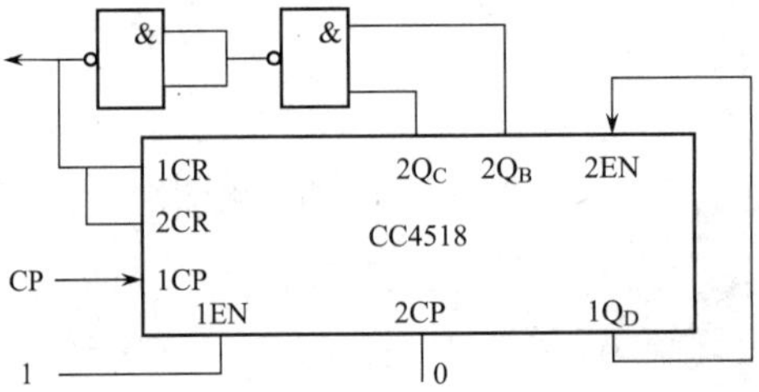

图 10-20　CC4518 构成的六十进制计数器

在这个电路中，“计数器 1”的控制脉冲由 CP 端输入，因此 1EN 应接高电平；“计数器 2”的控制脉冲由 2EN 端输入，因此 2CP 应接低电平。将 $1Q_D$ 接至 2EN 保证了低位十进制计数器向高位六进制计数器提供触发信号。

由图 10-20 可以看出：当计低位数器的状态由 1001 向 0000 转换时，$1Q_D$（2EN）正好是一个下降沿，因此高位的计数器开始计数。当第 59 个 CP 作用后，计数器的状态分别为 $2Q_D2Q_C2Q_B2Q_A=0101$、$1Q_D1Q_C1Q_B1Q_A=1001$、当第 60 个 CP 到来时，计数器的状态首先转变为 $2Q_D2Q_C2Q_B2Q_A=0110$、$1Q_D1Q_C1Q_B1Q_A=0000$，使 $2Q_C2Q_B=11$，引入 1CR、2CR 端使两个计数器均清零，使计数器的状态为 $2Q_D2Q_C2Q_B2Q_A1Q_D1Q_C1Q_B1Q_A=00000000$，实现六十制计数器。

3．CC4040 构成的电冰箱断电延时保护器

如图 10-21 所示电路是一个电冰箱断电延时保护器，A 为秒脉冲信号；CC4040 是 12 位二进制异步计数器（在此用了其中的十位），起延时作用；R_1、C_1 是开机清零电路，开机时 C_1 相当于短路，使 CC4040 内各触发器的直接清零端 R_D 为高电平，则各触发器清零。该电路的

功能使电冰箱因短时停电而停机时，能自动延时约 8.5min 再重新开机。

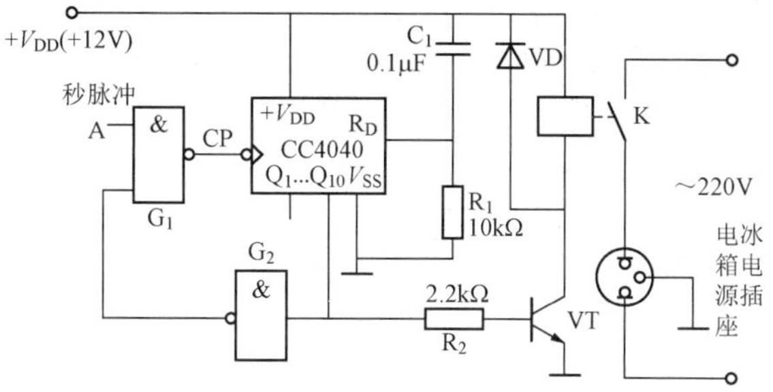

图 10-21　电冰箱断电延时保护器

技能实训　制作秒计数器

【实训目标】

（1）通过秒计数器电路的制作与测试，学会合理选用集成译码显示器、集成计数器等电路元器件，进一步熟悉电子电路的装接工艺要求；

（2）熟悉直流稳压电源、示波器、万用表、逻辑笔等仪器设备的正确使用。

【实训内容与步骤】

1．识读电路

读一读

1）秒计数器的组成

秒计数器是一个对秒脉冲进行计数，并显示出数字结果的装置。它的计时周期为 60s，显示最大值为 59s。一个基本的秒计数器主要由振荡器、计数器、译码和数码显示电路四部分组成，其整体框图如图 10-22 所示。

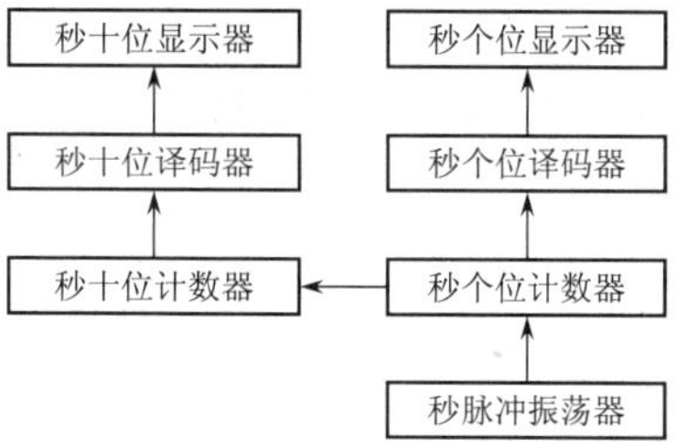

图 10-22　秒计数器组成方框图

（1）振荡电路。

振荡器是秒计数器的心脏，它是产生标准“秒”信号的电路。为了制作简便，在精度要求不高的条件下，振荡电路选用 555 定时器构成的多谐振荡器，有关 555 定时器及 555 定时器构成多谐振荡器的相关知识请参见模块十一任务二中的相关内容。

（2）计数器。

秒计数器是由六十进制计数器构成，秒个位是十进制的，秒十位是六进制的电路。六十进制计数器可由双 BCD 加法计数器 CC4518 组成。

（3）译码显示电路。

当秒计数器在CP脉冲的作用下，按0～59秒的计数规律计数时，就应将其状态显示成清晰的数字符号。这就需要将计数器的状态进行译码并将其显示出来。

因“秒”的个位和十位计数器的输出状态都按BCD代码以高低电平来表现，所以，需经译码电路将计数器输出的BCD代码变成能驱动七段数码显示器的工作信号。故译码显示电路选用BCD-7段锁存译码/驱动器CC4511和共阴七段显示数码管BS202。

2）秒计数器的原理图

图10-23所示，是实用的秒计数器原理图。

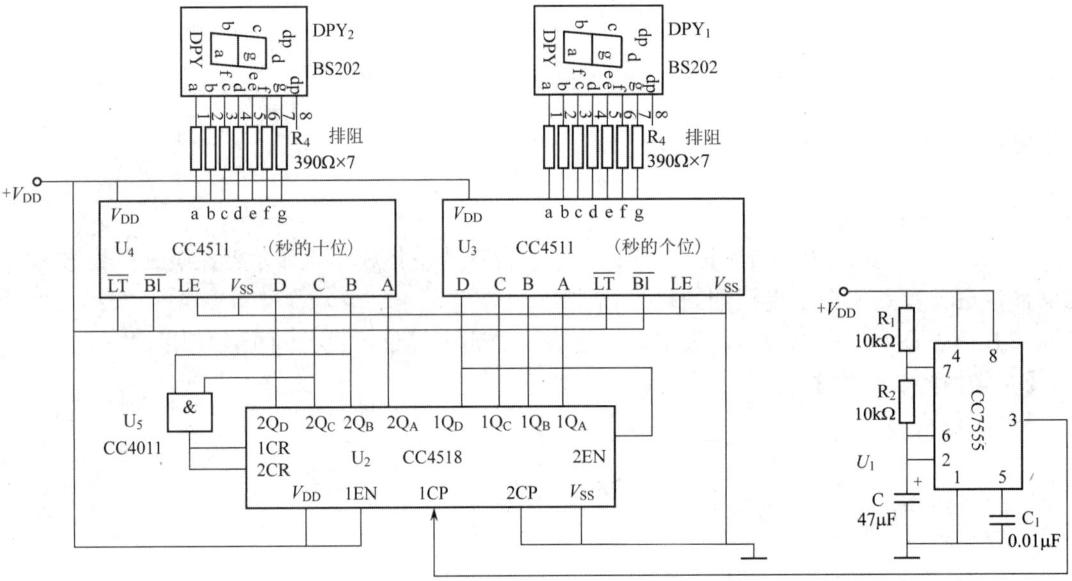

图10-23　秒计数器原理图

2. 制作秒计数器

【实训设备与器材】

直流稳压电源1台，示波器1台，万用表1块，逻辑笔1只，印制电路板1块；电烙铁、镊子等装接工具一套，焊锡丝适量，导线若干，元器件一套（详见表10-13）。

做一做

（1）清点与检测元器件。

根据元器件及材料清单，清点并检测元器件。将测试结果填入表10-14中，正常的填“√”，如元器件有问题，及时提出并更换。将正常的元器件对应粘贴在表10-14中。

表10-14　制作秒计数器的元器件清单

序　号	名　称	型号规格	数　量	配件图号	测试结果	元件粘贴区
1	碳膜电阻器	RT-0.25-10kΩ	2个	R_1		
2				R_2		
3	排阻	RT-0.25-390Ω	2个	R_3		
4				R_4		
5	涤纶电容器	CL21-0.01μF	1个	C_1		
6	铝电解电容器	CD10-16V-47μF	1个	C		

续表

序　号	名　称	型号规格	数　量	配件图号	测试结果	元件粘贴区
7	数码管	BS202	2 个	DPY_1		
8				DPY_2		
9	集成电路	CC7555	1 个	U_1		
10		CC4518	1 个	U_2		
11		CC4511	2 个	U_3		
12				U_4		
13		CC4011	1 个	U_5		
14	IC 管座	DIP8	1 个			
15		DIP14	1 个			
16		DIP16	3 个			

（2）根据图 10-24 所示秒计数器的 PCB 装配图，完成电路装接。

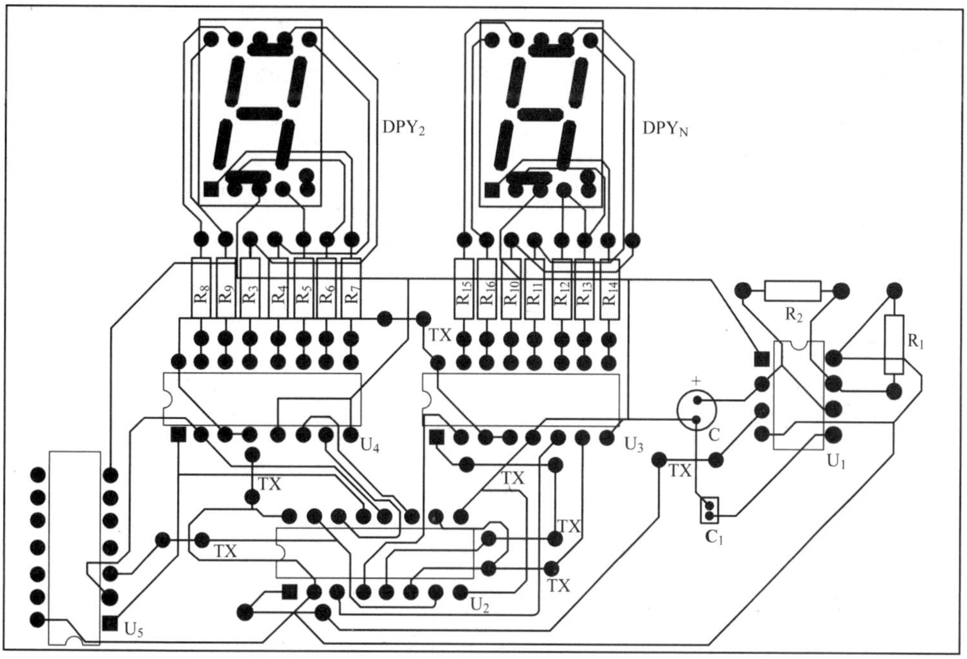

图 10-24　秒计数器的 PCB 装配图

装接时注意：① 电路的插装，焊接要严格执行工艺规范；② 电解电容正负极性不能接反；③ 集成电路的标识向左，不能插反；④ 元件的焊接良好。

（3）测试秒计数器的功能。

① 秒振荡器的测试。

接通秒计数器的电源，用示波器观测 $U_1$③脚信号的波形，在图 10-25 中画出输出信号的波形图，记下信号的频率：f=________Hz。

正常情况下为矩形波，频率 1Hz 左右。如果振荡频率与 1Hz 相差很远，适当改变 R_1 的阻值。

② 测试秒的个位部分

秒的个位部分是一个十进制计数器，用逻辑笔测试 $1Q_D$～$1Q_A$ 的电平变化情况，正常时最

大计数值是 $1Q_D1Q_C1Q_B1Q_A$＝1001。

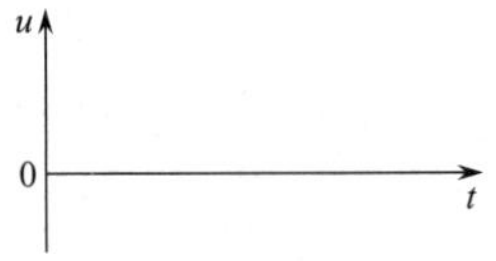

图 10-25　秒的个位 CC4511 第 3 引脚信号的波形

测试结果为：

$1Q_D1Q_C1Q_B1Q_A$＝______________________。

若测试结果不正确，检查 CC4518 及外围元件焊接情况。

③ 测试秒的十位部分。

秒的十位部分是一个六进制计数器，用逻辑笔测试 $2Q_D$～$2Q_A$ 的电平变化情况，正常时最大计数值是 $2Q_D2Q_C2Q_B2Q_A$＝0101。

测试结果为：

$2Q_D2Q_C2Q_B2Q_A$＝______________________。

若测试时，$2Q_D2Q_C2Q_B2Q_A$ 不变，重点检查 CC4518 的第二个计数器的信号输入端 2EN 有无脉冲信号。

④ 测试译码显示电路。

用逻辑笔分别测试译码器的输出端 a、b、c、d、e、f、g 的逻辑状态，观察数码管的显示。需要注意的是：CC4511 正常工作时，$\overline{LT}=\overline{BI}$ 为高电平，LE 应为低电平。

【实训考核】

考核要求和考核表样式参见附录 A。

练一练

习题 10.2

1．计数器有何功能？它是怎样分类的？

2．画出 CC4518 集成计数器的引脚排列图并标注各引脚功能。

3．如何用 CC4518 构成二十四进制计数器？画出原理图。

模块小结

时序逻辑电路的输出状态不仅与当时电路的输入状态有关，而且与电路原有状态有关，电路具有记忆功能。寄存器和计数器是常用的时序逻辑电路。

（1）寄存器是具有存储数码或信息功能的逻辑电路。它分为数码寄存器和移位寄存器两大类。常用集成寄存器有单向移位寄存器 74LS164、74LS166 和双向移位寄存器 74LS194 等产品，可用来构成各种实用的控制电路，使用时要注意其各引脚的功能。

（2）计数器是对脉冲的个数进行计数的电路。它分为二进制和十进制、同步和异步、加法和减法等类别。常用集成计数器有 CC4516、CC4518、CC40161 等产品，可用来构成各种实用的控制电路，使用时要注意其各引脚的功能。

教学微视频

扫一扫

模块十一　脉冲波形的产生与变换

读一读

图 11-1（a）、（b）分别是生活中常用到的声光控延时节电开关和防盗报警器，图 11-1（c）是在实验实训中常见的使用函数信号发生器的情景。上述设备中都含有将要学习的脉冲波形产生电路。

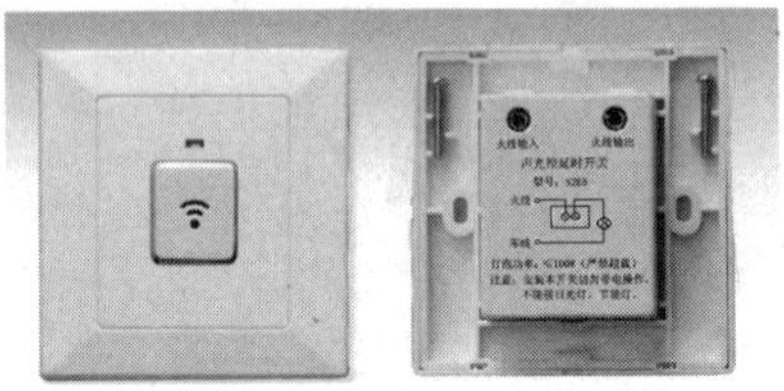

（a）声光控延时节电开关

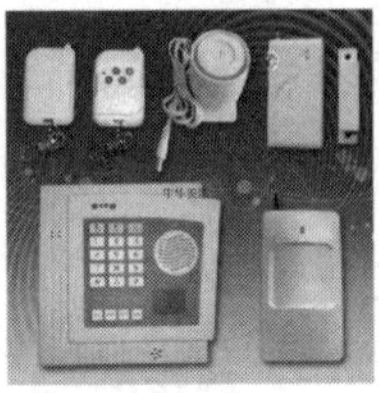

（b）防盗报警器

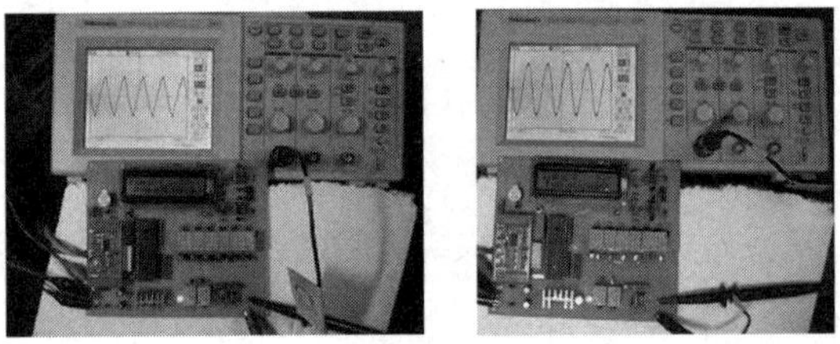

（c）函数信号发生器

图 11-1　脉冲波形产生电路的应用举例

任务一　常见脉冲产生电路的认识

【学习目标】

◇ 了解多谐振荡器的功能及其基本应用
◇ 了解单稳态触发器的功能及其基本应用
◇ 了解施密特触发器的功能及其基本应用

学一学

数字系统中所用的工作信号都是脉冲信号，脉冲信号是如何产生的呢？

知识链接一　多谐振荡器及应用

矩形脉冲是数字系统中应用最为广泛的脉冲信号之一。产生矩形脉冲波形的主要方法有两种：一是利用多谐振荡器直接产生所需的矩形脉冲波；二是利用整形电路，将已有的脉冲波形进行整形、变换得到所需要的矩形脉冲波。

多谐振荡器（Multivibrator）又称为矩形波振荡器或无稳态电路，它是一种无需外加触发的自激振荡电路。多谐振荡器一旦振荡起来，电路没有稳态，只有两个暂态，工作状态在两个暂态之间来回翻转，从而产生连续的、周期性的矩形脉冲。

看一看

与非门构成的石英晶体多谐振荡器是怎样工作的？

观察教师的演示实验：

【实验器材】 数字电路实验箱、74LS00、1kΩ 电阻、3.58MHz 晶体、示波器。

【演示步骤】

（1）将 74LS00 插入数字电路实验箱，参考图 11-2（a）所示连接电路。

（2）用示波器观测 u_1、u_2、u_3、u_o 的波形和 u_o 的频率。

图 11-2（b）所示是上述各波形的理想状况。

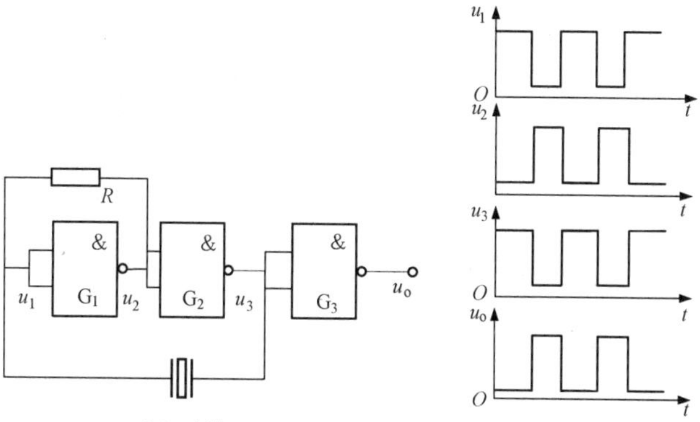

（a） 电路　　（b）波形

图 11-2　与非门构成的石英晶体多谐振荡器及各电压波形

由于多谐振荡器的两个输出状态能自动交替转换，可产生一组宽度和周期可调的矩形波，因此在实际运用中经常用来制作时钟信号发生器。图 11-3 所示，是一个用多谐振荡器制作的秒脉冲信号发生器的电路。

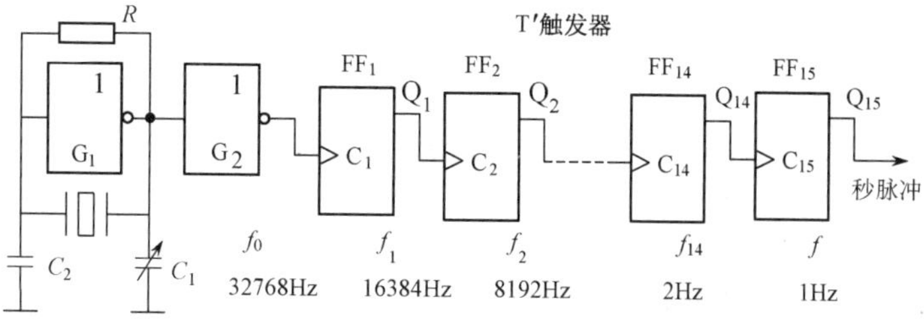

图 11-3　秒脉冲信号发生器的电路

石英晶体多谐振荡器产生 f=32768Hz 的基准信号，经 T′触发器（工作于计数状态，每来一个 CP 脉冲，状态就翻转一次的触发器）构成 15 级分频后，就可得到稳定度很高的秒脉冲信号。这种秒脉冲信号发生器可作为各种计时系统的基准信号源。

知识链接二　单稳态触发器及应用

在数字系统中，还有一种只有一个稳定状态的电路，称为单稳态触发器（Monostable Trigger）。它的特点是：没有外加触发信号作用时，电路始终处于稳态；在外加触发信号的作用下，电路能从稳态翻转到暂态；暂态是一种不能长久保持的状态，维持一段时间后，电路会自动返回到稳态。暂态维持时间的长短取决于电路中 R、C 的参数值，与输入触发信号的宽度无关。单稳态触发器常用于脉冲波形的整形、定时和延时。

看一看

或非门构成的微分型单稳态触发器是怎样工作的？

观察教师的演示实验：

【实验器材】 数字电路实验箱、74LS02、20kΩ 电阻、0.1μF 电容、示波器。

【演示步骤】

（1）将 74LS02 插入数字电路实验箱，参考图 11-4（a）所示连接电路。

（2）用示波器观测 u_i、u_{o1}、u_{i2}、u_o 的波形和 u_o 的频率。

图 11-4（b）所示是上述各波形的理想状况。

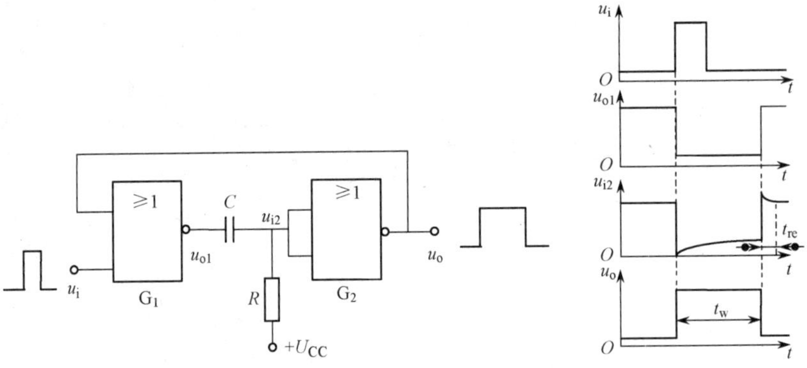

（a）电路　　（b）波形

图 11-4　或非门构成的微分型单稳态触发器及各电压波形

从图 11-4（b）中可看出，R、C 充电过程所用的时间决定了暂态的持续时间，即输出脉冲宽度 t_w 是由电容器 C 的充电时间决定的，$T_w \approx 0.7RC$。

暂态结束后，要使电路恢复到触发前的起始状态，还需要经过一段时间，才能使电容 C 中的电荷释放结束。恢复时间 t_{re} 一般为（3～5）τ:，$\tau=RC$。

单稳态触发器有重复触发和非重复触发两类。对非重复触发的单稳态触发器，为保证能正常工作，在第一个触发脉冲作用后，必须等电路恢复到稳态初始值后，才能输入第二个触发脉冲。因此，触发脉冲最小工作周期 $T_{min}>t_w+t_{re}$，电路的最高工作频率为 $f_{max}=\frac{1}{T_{min}}<\frac{1}{t_w+t_{re}}$。重复触发的单稳态触发器，可多次触发，延长其暂态的时间。

在实际应用中，可选用集成的单稳态触发器。如 74LS121 是非重复触发的单稳态触发器。

由于单稳态触发器能产生宽度为 t_W 的矩形脉冲，所以利用它可定时开、关门电路，也可定时控制某电路的动作。图 11-5 所示，是单稳态触发器的定时作用，u_{i2} 只有在矩形波 u_{i3} 存在的时间 t_W 内才能通过。

图 11-6 所示，是单稳态触发器的整形作用。将一列不规则的脉冲信号，加至单稳态触发器的触发输入端，在其输出端就可以得到一组定宽、定幅、较规则的矩形脉冲信号。

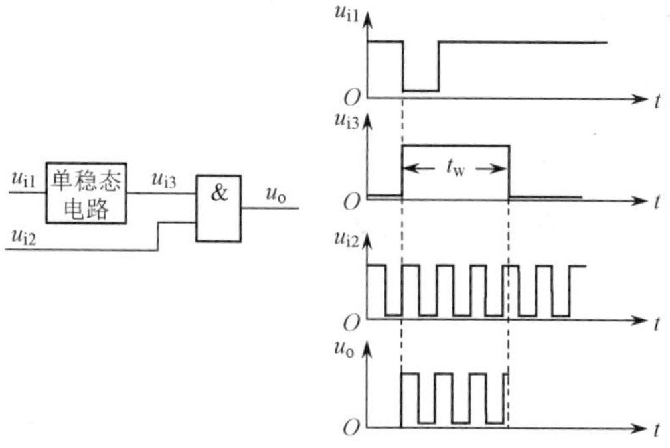

图 11-5　单稳态触发器的定时作用

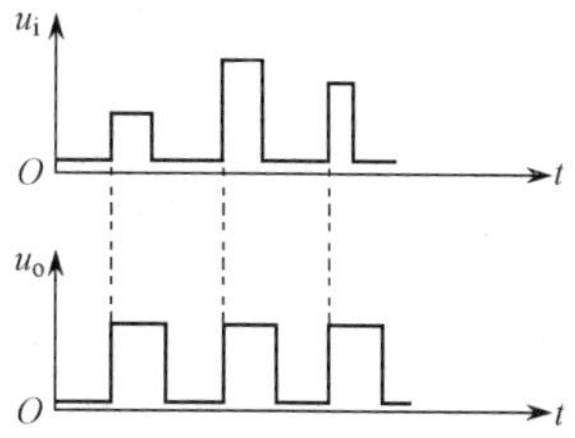

图 11-6　单稳态触发器的整形作用

单稳态触发器还有延时作用。在输入信号 u_i 触发下，输出端能产生一个比 u_i 延迟 t_W 的脉冲波 u_o，这个延时作用可被适当地应用于信号传输的时间配合上。

知识链接三　施密特触发器及应用

施密特触发器（Schmitt Trigger）是一种双稳态触发电路，它有两个主要特点。

第一，属于电平触发，只有当输入达到某一值时，输出电压才会发生跃变。这对于缓慢变化的信号仍然适用。

第二，输入信号从低电平上升的过程中和从高电平下降的过程中，电路状态翻转所需的输入转换电平不同，即电路有高电平阈值电压 U_{T+}和低电平阈值电压 U_{T-}，具有如图 11-7（a）、（c）所示的滞后电压传输特性，此特性又称回差特性。

将 $\Delta U_T = U_{T+} - U_{T-}$称为回差电压。回差电压越大，施密特触发器的抗干扰性越强，但灵敏度会相应降低。

施密特触发器有同相输出和反相输出两种类型。同相输出的施密特触发器是当输入信号正向增加到 U_{T+}时，输出由 0 态翻转到 1 态，而当输入信号正向减小到 U_{T-}时，输出由 1 态翻转到 0 态；反相输出只是输出状态转换时与上述相反。它们的回差特性和逻辑符号如图 11-7 所示。

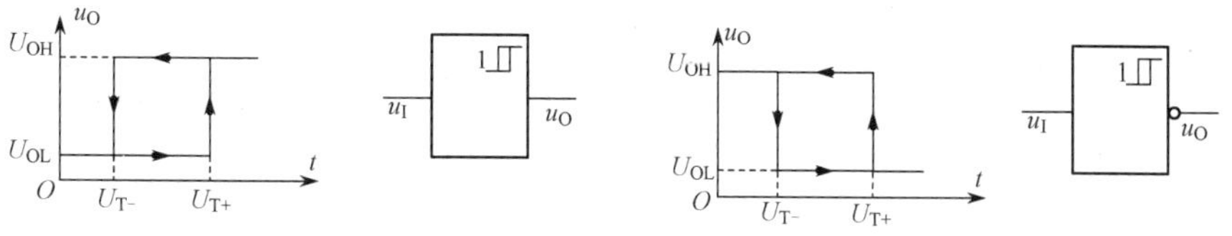

（a）同相输出回差特性　（b）同相输出逻辑符号　（c）反相输出回差特性　（d）反相输出逻辑符号

图 11-7　施密特触发器的回差特性和逻辑符号

门电路、555 时基电路、运算放大器等均可构成施密特触发器。CC40106 是六施密特触发器集成芯片，其实物外形和引脚排列如图 11-8 所示。

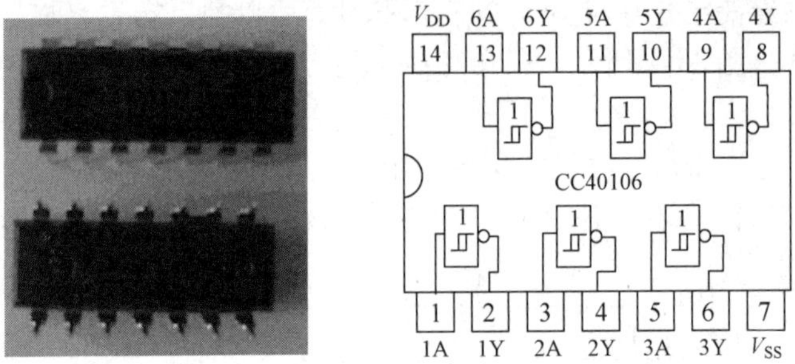

图 11-8　CC40106 的实物外形和引脚排列

施密特触发器具有很强的抗干扰性，应用十分广泛，不仅可以应用于波形的变换、整形、展宽，还可应用于鉴别脉冲幅度、构成多谐振荡器、单稳态触发器等。

看一看

1．波形的变换

施密特触发器是怎样将正弦波变换成矩形波的？

观察教师的演示实验：

【实验器材】 数字电路实验箱、CC40106、函数信号发生器、示波器。

【演示步骤】

（1）将 CC40106 插入数字电路实验箱，任选其中一个施密特触发器，参考图 11-9 所示连接电路，接通电源。

（2）用函数信号发生器输入几十赫兹的正弦信号，用示波器观测比较输入、输出信号的波形及周期。输入、输出信号的波形如图 11-9 所示。

2．波形的整形与抗干扰

在数字系统中，矩形脉冲信号经过传输之后往往会发生失真现象或带有干扰信号。利用施密特触发器可以有效地将波形整形和去除干扰信号（要求回差 ΔU_T 大于干扰信号的幅度），如图 11-10 所示。

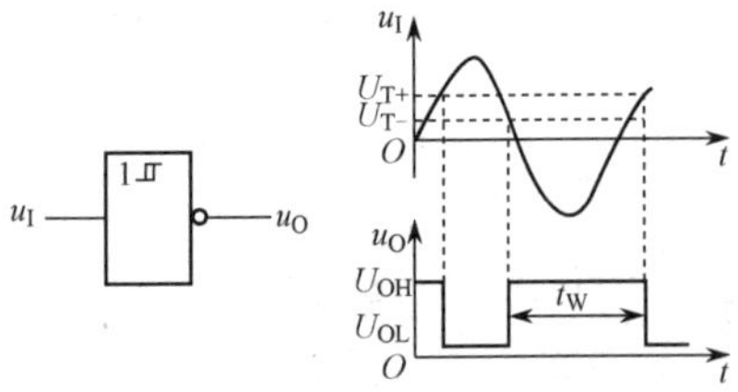

图 11-9　用施密特触发器实现波形变换

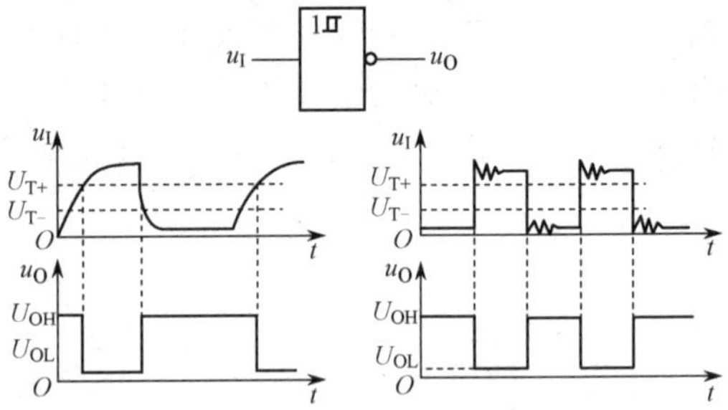

（a）改善上升沿和下降沿　（b）消除振荡的影响

图 11-10　用施密特触发器实现波形的整形

采用施密特触发器消除干扰，回差电压的高低选择很重要，如果调低了，有时干扰就不能消除，如图 11-11（b）所示。必须调高回差电压才能得到理想的波形，如图 11-11（c）所示。

3．幅度鉴别

如果有一串幅度不相等的脉冲信号，需要剔除其中幅度不够大的脉冲，可利用施密特触发器构成脉冲幅度鉴别器，如图 11-12 所示，只有幅度大于 U_{T+}的脉冲信号才得到输出。

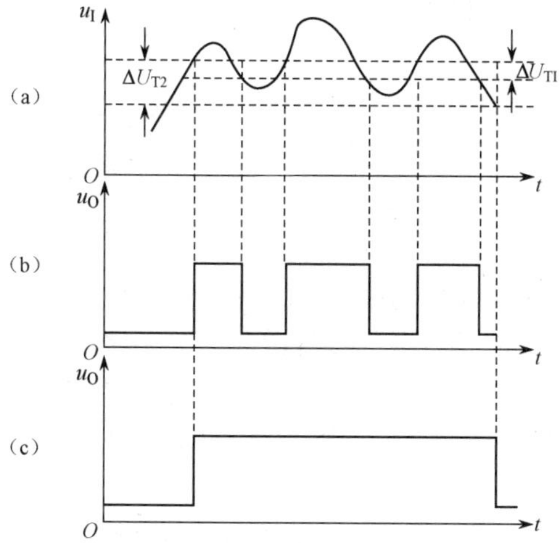

图 11-11　利用回差电压抗干扰

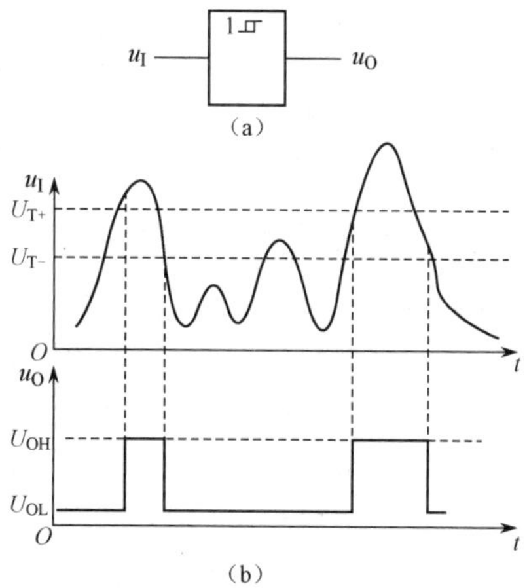

图 11-12　用施密特触发器实现幅度鉴别

4．构成多谐振荡器

施密特触发器的特点是电压传输具有滞后特性。如果能使它的输入电压在 U_{T+}与 U_{T-}之间不停地往复变化，在输出端即可得到矩形脉冲。因此，利用施密特触发器外接 RC 电路就可以构成多谐振荡器，其电路和工作波形如图 11-13 所示。

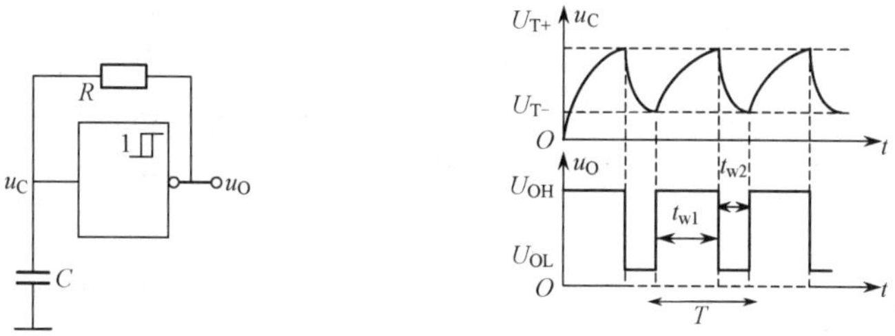

（a）电路　　（b）波形

图 11-13　施密特触发器构成的多谐振荡器及其波形

练一练

习题 11.1

1．多谐振荡器是________电路。它有________个稳态，有________个暂态。

2．单稳态触发器有________个稳态，有________个暂态，由稳态到暂态需外加________，而由暂态到稳态是________完成的。

3．施密特触发器是一种________触发器，有________个稳定状态。

4．施密特触发器具有________特性，回差电压为________。

任务二　制作应用时基电路

【学习目标】

◇ 能识别 555 时基电路的引脚和逻辑功能
◇ 了解 555 时基电路在生活中的应用实例
◇ 会搭接与测试用 555 时基电路构成的多谐振荡器、单稳态触发器、施密特触发器
◇ 通过装接、检测声光控智能开关电路，熟悉 555 时基电路的特性和应用

555 时基电路是一种集模拟、数字为一体的中规模集成电路，是大多数数字系统的重要部件之一。555 时基电路不但本身可以组成定时电路，而且只要外接少量的阻容元件，就可以很方便地构成多谐振荡器、单稳态触发器及施密特触发器等脉冲的产生与整形电路。555 集成时基电路按内部器件类型可分双极型（TTL 型）和单极型（CMOS 型）。TTL 型产品型号的最后 3 位数码是 555 或 556，CMOS 型产品型号的最后 4 位数码都是 7555 或 7556，它们的逻辑功能和外部引线排列完全相同。555 芯片和 7555 芯片是单定时器，556 芯片和 7556 芯片是双定时器。

学一学

555 时基电路有哪些特性呢？它有哪些应用呢？

知识链接一　555 时基电路的功能

图 11-14（a）、（b）、（c）所示，分别为 CC7555 定时器电路内部结构图、引脚排列图和实物图。由图可看出，555 定时器是由 3 个 5kΩ 电阻 R 构成的分压电路（故得名 555 时基电路）、集成运算放大器 A、B 构成的输入比较电路、基本 RS 触发器、开关管（也称放电管）和两个非门构成的输出缓冲器。它是八脚双列直插式封装。1 脚 V_{SS} 是电源负端；2 脚 $\overline{TR}$ 是触发输入端；3 脚 OUT 是输出端；4 脚 $\overline{R}$ 是复位端，低电平有效；5 脚 CO 是电压控制端，用于调节阈值电压；6 脚 TH 是阈值输入端；7 脚 D 是放电端；8 脚 V_{DD} 是电源正端。

555 时基电路的逻辑功能表，如表 11-1 所示。

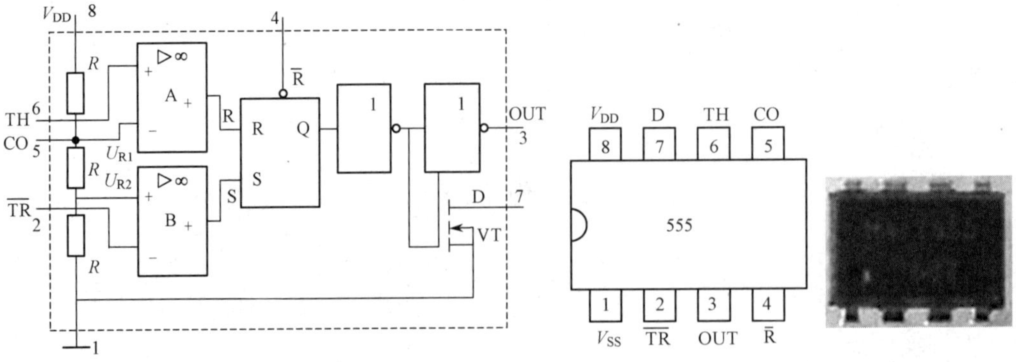

（a）电路内部结构　　（b）引脚排列　　（c）实物外形

图 11-14　集成定时器 CC7555

表 11-1　555 时基电路逻辑功能

输入			输出	
阈值输入 TH	触发输入 $\overline{TR}$	复位 $\overline{R}$	输出 OUT	开关管 VT 状态
×	×	0	0	导通
$>\frac{2}{3}V_{DD}$	$>\frac{1}{3}V_{DD}$	1	0	导通
$<\frac{2}{3}V_{DD}$	$>\frac{1}{3}V_{DD}$	1	保持原状态	保持原状态
$<\frac{2}{3}V_{DD}$	$<\frac{1}{3}V_{DD}$	1	1	截止
$>\frac{2}{3}V_{DD}$	$<\frac{1}{3}V_{DD}$	1	1	截止

知识链接二　555 时基电路的应用

1．构成多谐振荡器

用 CC7555 时基电路构成的多谐振荡器及其工作波形如图 11-15 所示。其中电容 C 经 R_2、555 内部的场效晶体管 VT 构成放电回路，而电容 C 的充电回路却由 R_1、R_P 和 R_2 串联组成。为了提高比较电路参考电压的稳定性，通常在 5 脚与地之间接有 0.01μF 的滤波电容，以消除干扰。该电路输出信号的周期 $T=t_{w1}+t_{w2}=0.7（R_1+R_P+2R_2）C$。

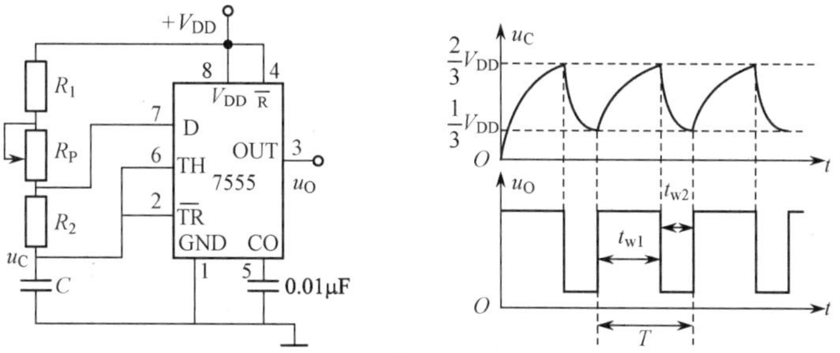

（a）电路　　（b）波形

图 11-15　用 CC7555 构成的多谐振荡器及工作波形

看一看

555 时基电路构成的多谐振荡器是怎样工作的？

观察教师的演示实验：

【实验器材】数字电路实验箱，CC7555，300Ω、2kΩ 电阻，5kΩ 电位器，0.1μF、0.01μF 电容，双踪示波器。

【演示步骤】

（1）按图 11-15（a）所示连接电路，取 $R_1=300\Omega$、$R_2=2\ k\Omega$、$R_P=5k\Omega$、$C=0.1\mu F$，$V_{DD}=5V$，接通电源。

（2）用双踪示波器观察 u_O、u_C 波形。

（3）调节 R_P，测量输出信号的最高工作频率 f_{max} 和最低工作频率 f_{min}。

做一做

搭接与测试用 555 时基电路构成的多谐振荡器

【实验设备与器材】

稳压电源、示波器各 1 台，万用表 1 块，面包板 1 块，CC7555 1 个，3kΩ、20kΩ 电阻器各 1 个，100kΩ 电位器 1 个，0.1μF、0.01μF 电容各 1 个，镊子 1 把，连接导线若干。

【实验步骤】

（1）取 R_1＝30kΩ、R_2＝20kΩ、R_P＝100kΩ、C＝0.1μF、V_{DD}＝5V，按图 11-15（a）连接电路，检查无误后，可接通电源。

（2）用示波器观察 3 脚电压 u_O 和 6 脚电压 u_C 的波形。

（3）调节 R_P，观察输出波形的变化和振荡频率 f 的变化，将结果记入表 11-2 中。

表 11-2　多谐振荡器的测试数据记录表

电　阻　值	波　　形	u_o		
		周　　期	脉　　宽	峰　峰　值
R_P＝50kΩ	u_C — t u_O — t			
R_P 增大	u_C — t u_O — t			
R_P 减小	u_C — t u_O — t			

2．构成单稳态触发器

用 CC7555 构成的具有微分环节的单稳态触发器及其工作波形如图 11-16 所示。R_P 和 C 为定时元件，0.01μF 电容为滤波电容。

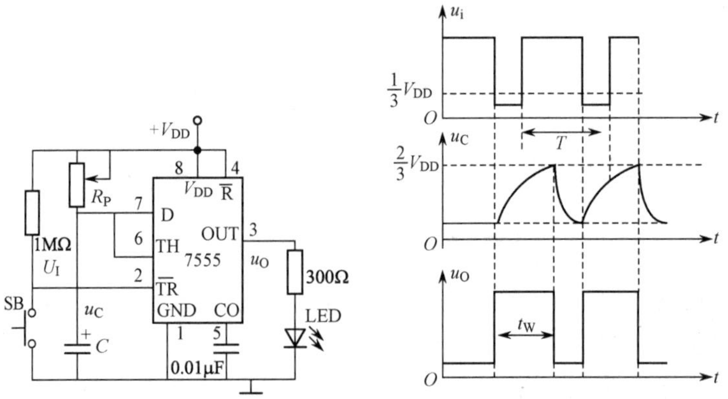

（a）电路　　　（b）波形

图 11-16　用 CC7555 构成的单稳态触发器及工作波形

看一看

用 CC7555 构成的具有微分环节的单稳态触发器是怎样工作的？

观察教师的演示实验：

【实验器材】 数字电路实验箱，CC7555，300Ω、1MΩ 电阻，50kΩ 电位器，47μF、1μF、0.01μF 电容，动合按钮。

【演示步骤】

（1）按图 11-16（a）所示连接电路，取 R_P＝50kΩ、C＝47μF，输出指示用实验箱上的发光二极管，V_{DD}＝5V，接通电源。

（2）按下按钮 SB，输入单次负脉冲一次，观察 LED 发光的时间。

（3）调节 R_P，重复步骤（2），观察 LED 发光时间的变化。

（4）将电容 C 改为 1μF，重复步骤（2）、（3），观察 LED 发光的时间保持“o”不变。

实验表明，555 单稳态触发器的暂态时间只与定时元件 R_P 和 C 的大小有关，$t_W \approx 1.1R_PC$，而与输入信号无关。但为了保证电路正常工作，要求触发信号的负脉冲宽度小于 t_W，且低电平小于$\frac{1}{3}V_{DD}$。

做一做

搭接与测试用 555 时基电路构成的单稳态触发器

【实验设备与器材】

稳压电源、函数信号发生器与示波器各 1 台，万用表 1 块，面包板 1 块，CC7555 1 个，100kΩ 电位器 1 个，0.02μF、0.01μF 电容各 1 个，镊子 1 把，连接导线若干。

【实验步骤】

（1）取 R_P＝100 kΩ、C＝0.02μF、V_{DD}＝5V，并断开 1MΩ 电阻、按钮 SB 及 300Ω 电阻、LED 支路，按图 11-16（a）所示搭接电路，检查无误后，接通电源。

（2）在 u_i 端输入频率为 10kHz、幅度为 5V 的方波信号，用示波器观察并记录 u_i、u_c 和 u_o 波形，测出 u_o 脉冲宽度，将结果记入表 11-3。

表 11-3　单稳态触发器的测试数据记录表

波　形	u_o		
	周　期	脉　宽	峰　峰　值
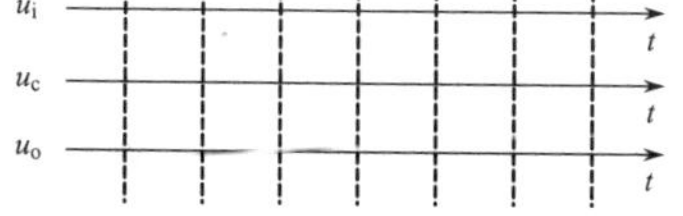			

3．构成施密特触发器

图 11-17（a）所示为一个由 555 时基电路构成的施密特触发器电路。图 11-17（b）给出了触发信号 u_i 为三角波且 5 脚开路时，输出信号 u_o 的工作波形。

定时器的 TH 端和 $\overline{\text{TR}}$ 端接在一起作为信号输入端。由定时器的内部电路结构可知，若控制端 5 脚对地直流开路，这个触发器的高电平阈值电压 $U_{T+}=\frac{2}{3}V_{DD}$，低电平阈值电压 $U_{T-}=\frac{1}{3}V_{DD}$，回差电压 $\Delta U_T=\frac{1}{3}V_{DD}$，若在控制端 5 脚外加电压 U_{CO}，则 $U_{T+}=U_{CO}$、$U_{T-}=\frac{1}{2}U_{CO}$，改变 U_{CO}，就可以改变 U_{T+}、U_{T-}和 ΔU_T 的值。

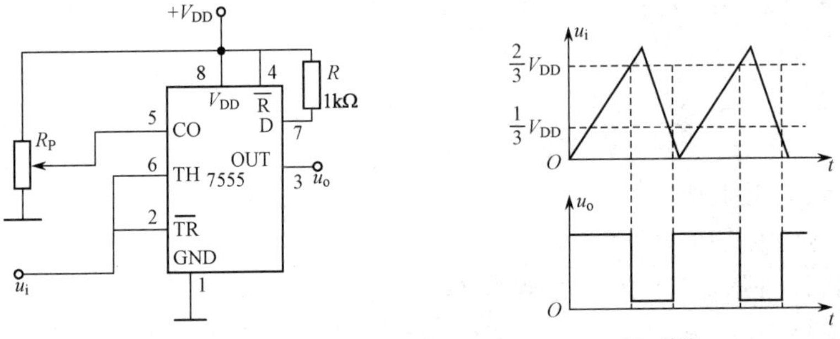

（a）电路　　（b）波形

图 11-17　用 555 构成的施密特触发器

看一看

用 CC7555 构成的施密特触发器是怎样工作的？

观察教师的演示实验：

【实验器材】数字电路实验箱、CC7555、1kΩ 电阻、10kΩ 电位器、函数信号发生器、双踪示波器。

【演示步骤】

（1）按图 11-17（a）所示连接电路，V_{DD}＝5V，接通电源。

（2）用函数信号发生器输入幅度为 5V 的中频三角波，用双踪示波器观察 u_i、u_o。

（3）调节 R_P，使 5 脚外加电压 U_{CO} 变化，用双踪示波器观察输出电压 u_o 的波形变化。

调节 R_P，可以改变施密特触发器回差电压的大小，输出波形的占空比就相应改变。调节 U_{T+}、U_{T-}比较方便，这是用 555 构成施密特触发器的优点。

做一做

搭接与测试用 555 时基电路构成的施密特触发器

【实验设备与器材】

稳压电源、函数信号发生器、示波器各 1 台，万用表、面包板各 1 块，CC7555 1 只、1kΩ 电阻器、10kΩ 电位器各 1 个，镊子 1 把，连接导线若干。

【实验步骤】

（1）按图 11-17（a）所示搭接电路，检查无误后，可接通电源。

（2）输入频率为 1kHz、幅度为 5V 的三角波 U_i 信号，用示波器观察并记录 u_i 和 u_o 波形，测出 u_o 脉冲宽度，与理论值进行比较，将测量结果记入表 11-4。

表 11-4　施密特触发器的测试数据记录表

波　形	u_o		
	周　期	脉　宽	峰 峰 值
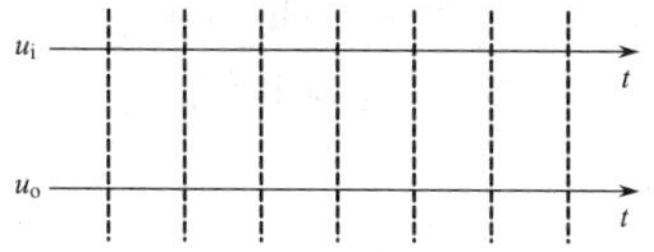			

想一想

上述用 555 构成的施密特触发器中，R 的大小对输出波形影响大吗？为什么？

查一查

查阅各种资料，了解 555 时基电路在电子技术领域中的更多应用。

技能实训　装配、调试与检修 555 时基电路构成的声光控制智能开关

【实训目标】

（1）通过装配、测试、检修 555 时基电路构成的声光控制智能开关电路，熟悉 555 时基电路、光电二极管、双向可控硅的性能，进一步熟悉电子电路的装接工艺要求；

（2）熟悉示波器、万用表等仪器设备的正确使用。

【实训内容与步骤】

1．识读电路

读一读

图 11-18 所示是声光控制智能开关电路的原理图。

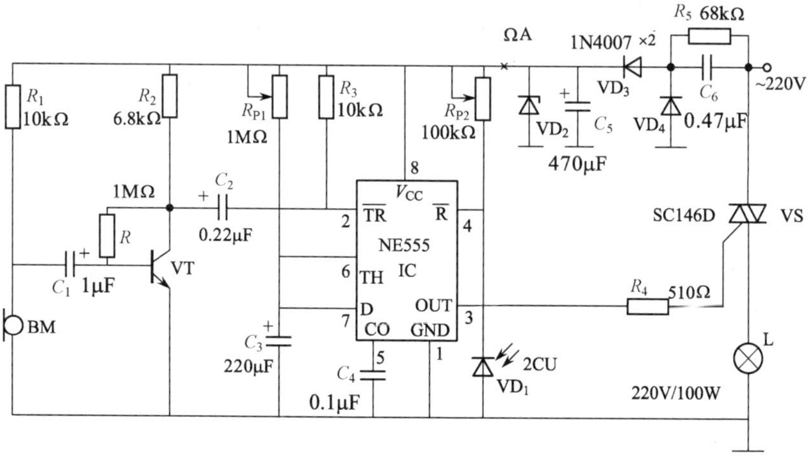

图 11-18　声光控制智能开关电路

当周围环境亮度较大时，光电二极管 VD_1 受光线的影响，阻值较小，R_{P2} 与 VD_1 分压后使 IC 的 4 脚电压很低，IC 被强制复位，此时即使驻极体话筒 BM 接收到声音，IC 的 3 脚输出也

为低电平。双向晶闸管 VS 无触发信号，呈截止断开状态，灯泡 L 不亮。

天黑时，由于光电二极管 VD_1 不受光线影响，因而阻值增大，IC 的 4 脚电压升高，此时当有声响时，驻极体话筒 BM 将声音信号转换成电信号，经三极管 VT 放大后加到 IC 的 2 脚，使 IC 的 3 脚输出端由低电平转为高电平，双向晶闸管 VS 被触发后导通，灯泡 L 点亮。声音消失后，整个电路仍处于暂态过程，当电容器 C_3 上电压充至 IC 的 6 脚阈值电压时，电容 C_3 通过 7 脚放电，整个电路又回到初始状态。IC 的暂态工作时间长短决定了灯泡发光的持续时间。这个时间约为 $1.1R_{P1}C_3$，调节电位器 R_{P1} 即可改变灯泡 L 的发光延续时间。

2. 装接与测试用 555 时基电路构成的声光控制智能开关电路

【实训设备与器材】

示波器各 1 台、万用表 1 块、焊接工具一套、元器件及器材一套（详见表 11-5）。

做一做

（1）根据元器件及材料清单，清点并检测元器件。将测试结果填入表 11-5，正常的填“√”，如元器件有问题，及时提出并更换。将正常的元器件对应粘贴在表 11-5 中。

表 11-5 装接 555 时基电路构成的声光控制智能开关电路的元器件及器材清单

序号	名称	型号规格	数量	配件图号	测试结果	元件粘贴区
1	金属膜电阻器	RJ－0.25－1MΩ	1 个	R		
2	金属膜电阻器	RJ－0.25－10kΩ	1 个	R_1		
3	金属膜电阻器	RJ－0.25－6.8kΩ	1 个	R_2		
4	金属膜电阻器	RJ－0.25－10kΩ	1 个	R_3		
5	金属膜电阻器	RJ－0.25－510Ω	1 个	R_4		
6	金属膜电阻器	RJ－0.25－68kΩ	1 个	R_5		
7	可调电阻器	1MΩ	1 个	R_{P1}		
8	可调电阻器	100kΩ	1 个	R_{P2}		
9	电解电容器	CD－50V－1μF	1 个	C_1		
10	电解电容器	0.22μF	1 个	C_2		
11	电解电容器	CD－25V－220μF	1 个	C_3		
12	电容器	0.1μF	1 个	C_4		
13	电解电容器	CD－25V－470μF	1 个	C_5		
14	电容器	0.47μF/400V	1 个	C_6		
15	光电二极管	2CU	1 个	VD_1		
16	稳压二极管	2CW12	1 个	VD_2		
17	整流二极管	1N4007	2 个	VD_3		
18				VD_4		
19	双向可控硅	SC146D	1 个	VS		
20	三极管	9011	1 个	VT		
21	集成块	NE555	1 个	IC		
22	话筒	驻极体	1 个	BM		
23	多功能电路板		1 个			
24	焊锡、松香		若干			
25	连接导线		若干			

（2）根据图 11-18 所示电路图，画出电路装配图，在多功能电路板上完成电路装接。

装接注意事项：

① 按装配图进行装接，不漏装、错装，不损坏元器件；

② 焊接电解电容与二极管时，一定要注意极性；

③ 无虚焊、漏焊和搭锡；

④ 元器件排列整齐并符合工艺要求。

（3）对电路进行测量

电路测试时，为安全起见，应采用＋12V 直流电压供电（如图 11-18，断开 A 点后，前面电路接＋12V 直流电源），VS 和 L 正常接入 220V 交流电源，触发端接法不变，导线和接头均要绝缘良好。

调试过程中，首先要用绝缘薄板挡住光电二极管的光线，然后发出声音，看灯泡是否发光。如果发光，说明电路正常。

① 检测三极管 VT 在有声和无声两种情况下的各极对地电压值，记入表 11-6。

表 11-6　三极管各极电压测试数据记录表

器　件	无　声			有　声		
三极管 VT	U_E	U_B	U_C	U_E	U_B	U_C

② 检测光电二极管 VD_1 在有声和无声两种情况下的电压值。

无声时，U_{VD1}=________________；有声时，U_{VD1}=________________。

③ 在灯亮和灯灭两种情况下，用万用表直流电压挡检测 NE555 的 6 脚（即电容两端）和 3 脚（输出）电压。灯灭时，U_{C3}=________________，U_o =________________；灯亮时，U_{C3}=________________，U_o=________________。

用示波器观察两种情况下 u_{C3} 和 u_O 的波形，在表 11-7 中定性画出。

表 11-7　u_{C3} 和 u_O 的波形测试记录表

灯　灭	灯　亮
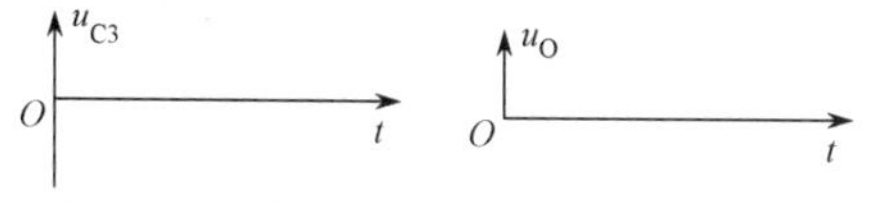	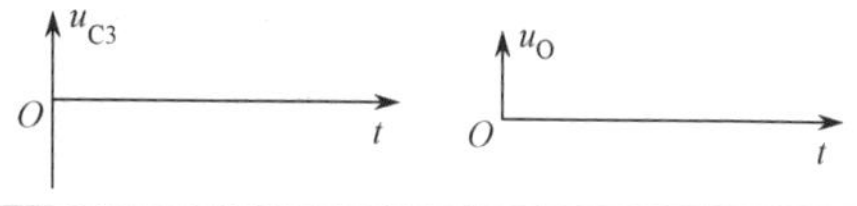

④ 调节 $R_{P1}C_3$ 的值，观察 u_{C3} 和 u_O 的波形变化情况，并记录于表 11-8 中。

表 11-8　u_{C3} 和 u_O 的波形变化情况测试记录表

$R_{P1}C_3$	波　形	u_O	
		变化前周期	变化后周期
增加为原来的两倍	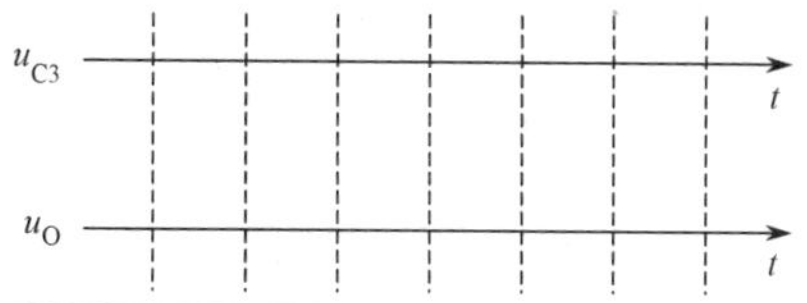		

续表

$R_{P1}C_3$	波　形	u_O	
		变化前周期	变化后周期
减小到 原来的一半	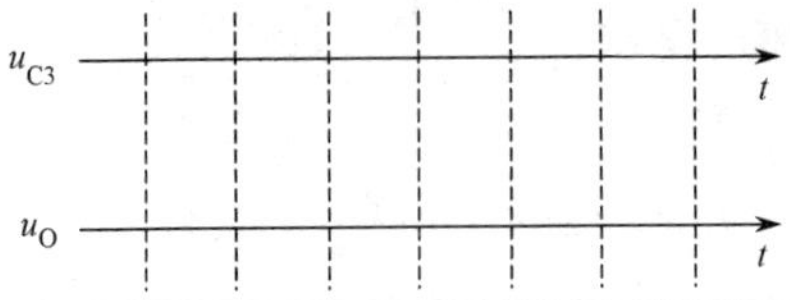		

⑤ 调试结束后，去掉直流电源，重新恢复电路，将其装入灯头即可使用。

想一想

电容 C_3 的大小对灯泡发光的持续时间有什么影响？

【实训考核】

考核要求和考核表样式参见附录。

练一练

习题 11.2

1．555 集成时基电路阀值电压输入端 TH 是______脚，触发输入端 TR 是______脚。当输出端为低电平时，TH 端电位______$\frac{2}{3}V_{DD}$，TR 端电位______$\frac{1}{3}V_{DD}$。

2．555 时基电路构成的多谐振荡器，要提高振荡频率，外接 R、C 的值应________。

3．图 11-19 所示电路，是用 555 时基电路构成的防盗报警电路，a、b 两端用一根很细的金属丝连接，金属丝置于取被防物品必须经过的地方。当偷盗者经过此地时，将金属丝碰断，扬声器即发出报警声。试说明报警电路的工作原理。

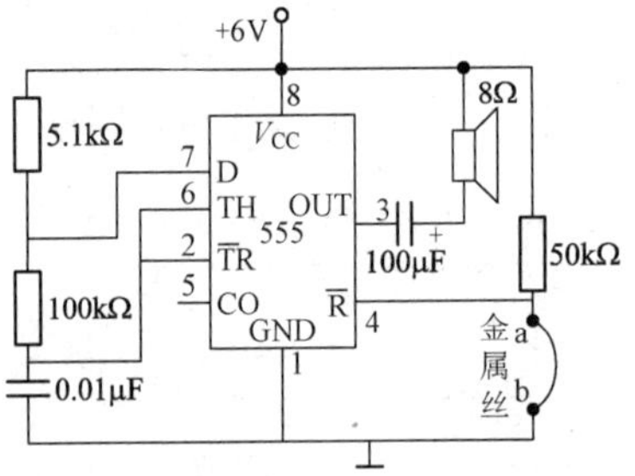

图 11-19　题 3 图

4．图 11-20 所示电路，是一简易触摸开关电路。当手摸金属片时，发光二极管亮，经过一定时间，发光二极管熄灭。试说明其工作原理，并计算发光二极管的发光时间。

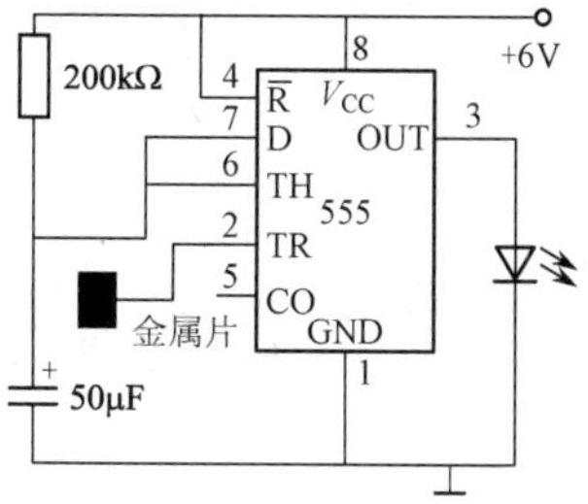

图 11-20　题 4 图

模块小结

（1）多谐振荡器属于自激振荡器，主要用于矩形脉冲的产生。它没有稳定状态，只有两个暂态，其输出脉冲的宽度只取决于电路自身的定时元件 R 和 C。

单稳态触发器有一个稳态和一个暂态。输入信号只起到触发电路进入暂态的作用。输出脉冲的宽度取决于电路中的 R、C 参数值。它常用于脉冲波形的整形、定时和延时。

施密特触发器有两个稳态，有两个不同的触发电平，具有回差特性。它的两个稳态是依靠输入电平来维持的。

（2）555 时基电路广泛应用于自动控制、定时报警、家电等领域。用 555 时基电路可以构成多谐振荡器、单稳态触发器和施密特触发器等。

教学微视频

扫一扫

模块十二　数模转换和模数转换

看一看

图 12-1 所示为生活中常用的 DVD 机。它能播放音像光盘里的音乐、电影等。音乐、影像等信号是如何被放入光盘内的，DVD 机又是如何将这些信号播放出来的呢？

图 12-1　DVD 机

图 12-2 所示反映了音频信号处理的过程。声音由音频输入设备（如麦克风）转换为模拟电信号，模数转换器把模拟电信号转换为可以被计算机处理的数码信息，再刻录为光盘；光盘中的数码信息经播放设备中的数模转换器，转换为反映声音的模拟电信号，再经音频播放设备（如扬声器）播出。

图 12-2　音频信号处理过程示意图

学一学

什么是模数转换和数模转换呢？模数转换器和数模转换器有哪些类型和特性呢？我们如何使用它们呢？

任务一　数模（D/A）转换电路的认知

【学习目标】

- ◇ 了解数模转换的基本概念，列举其应用
- ◇ 了解集成数模转换器 DAC0832 的引脚功能和应用电路的连接方法
- ◇ 能在数字电路实验箱上搭接数模转换电路，观察数模转换现象并进行相关测试

知识链接一　D/A 转换电路的基本知识

数模转换简称 D/A 转换，就是将数字信号转换为模拟信号。实现 D/A 转换的电路称为 D/A 转换器（DAC）。常用的 D/A 转换器有 T 形（倒 T 形）电阻网络 D/A 转换器、权电阻网络 D/A 转换器、权电流 D/A 转换器及电容型 D/A 转换器等。下面以倒 T 型电阻网络 D/A 转换器为例。

图 12-3 所示是倒 T 形电阻网络 D/A 转换器，整个电路由若干个相同的电路环节组成，每个环节有一个电阻和一个电子开关。

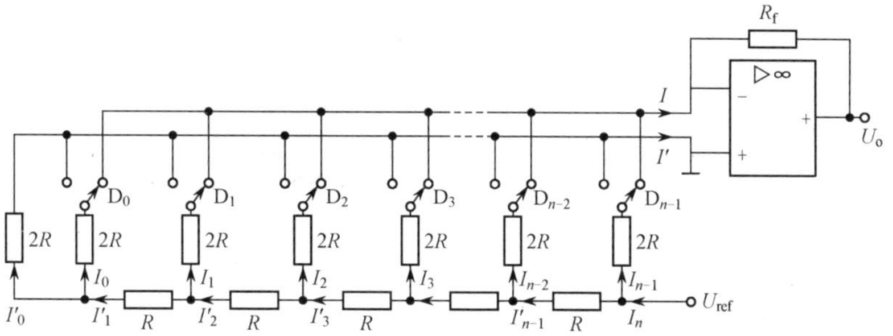

图 12-3　倒 T 形电阻网络 D/A 转换器

电子开关合向哪一端取决于本位二进制数字输入量的值。若 $D_i=0$，电子开关合向运算放大器的同相输入端；若 $D_i=1$，则合向运算放大器的反相输入端。由于运放线性工作时，$U_+=U_-$，所以无论开关接到哪一端，都相当于接地，流过各支路的电流保持不变。经分析推导可得

$$U_o=-B_n\times\frac{R_f}{2^n\times R}\times U_{ref}$$

因为 R_f、R 和 U_{ref} 均为常数，运算放大器输出的模拟电压 U_o 与输入的数字量 B_n 成正比，因此通过该网络可以进行 D/A 转换，式中的负号说明 U_o 与 U_{ref} 极性相反。

倒 T 型网络 D/A 转换器的优点是：不论位数多少，虽然电阻数目多，但种类少，只有 R 和 $2R$，容易集成，且有较高精度。因此大多数 D/A 转换器芯片内部都采用倒 T 形电阻网络。

知识链接二　集成数模转换器 DAC0832 及其应用

集成数模转换器种类很多，不同的种类其转换的位数也不相同，下面我们简单介绍一种 8 位 D/A 转换器——DAC0832。

DAC0832 是采用 CMOS 工艺制成的单片电流输出型 8 位模转换器，其核心部分采用倒 T 形电阻网络的 8 位 D/A 转换器。图 12-4 所示为 DAC0832 的内部逻辑框图、实物外形和引脚排

列。其他内部主要由 8 位倒 T 形 R-2R 电阻网络、输入寄存器和 D/A 转换寄存器组成，外接运算放大器。模拟输出电压为：

$$u_0=-\frac{U_{\mathrm{ref}}\times R_{\mathrm{f}}}{2^nR}(D_{n-1}\times 2^{n-1}+D_{n-2}\times 2^{n-2}+\cdots+D_0\times 2^0)$$

DAC0832 的各引脚功能如下。

D_0～D_7：数字信号输入端。

ILE：输入寄存器允许，高电平有效。

$\overline{\mathrm{CS}}$：片选信号，低电平有效。

$\overline{\mathrm{WR}_1}$：写信号 1，低电平有效。低电平时将输入数据写入输入寄存器，高电平时信号锁存于输入寄存器。

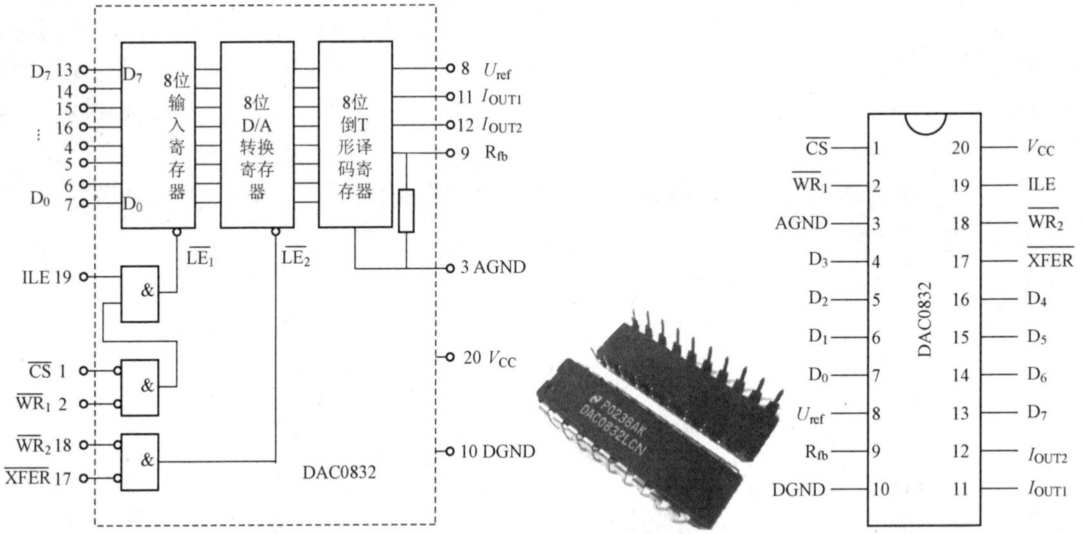

（a）内部逻辑框图　　（b）实物外形　　（c）引脚排列

图 12-4　DAC0832 内部逻辑框图、实物外形和引脚排列

$\overline{\mathrm{XFER}}$：传送控制信号，低电平有效，低电平时选通 $\overline{\mathrm{WR}_2}$。

$\overline{\mathrm{WR}_2}$：写信号 2，低电平有效，与 $\overline{\mathrm{XFER}}$ 组合，使输入寄存器信号传输到 D/A 转换寄存器。

I_{OUT1}、I_{OUT2}：DAC 电流输出端，接外接运算放大器的两个输入端。

R_{fb}：是集成在片内的外接运算放大器的反馈电阻，若串入外接反馈电阻，可使输出量程＞5V。

U_{ref}：基准电压端（－10～＋10V）。

V_{CC}：电源电压端（＋5～＋15V）。

AGND：模拟量接地端。

DGND：数字量接地端，可与 AGND 接在一起使用。

DAC0832 输出的是电流，要转换为电压，还需经过一个外接的运算放大器，才能变换成输出电压。

看一看

观察教师的演示实验。

【实验器材】　在 Multisim 仿真平台上构建的如图 12-5 所示的电压输出型 D/A 转换电路，输入数字量用逻辑指示 LED 探头显示，并通过数码管显示对应的十六进制数码，输出模拟电压用电压表进行测量。

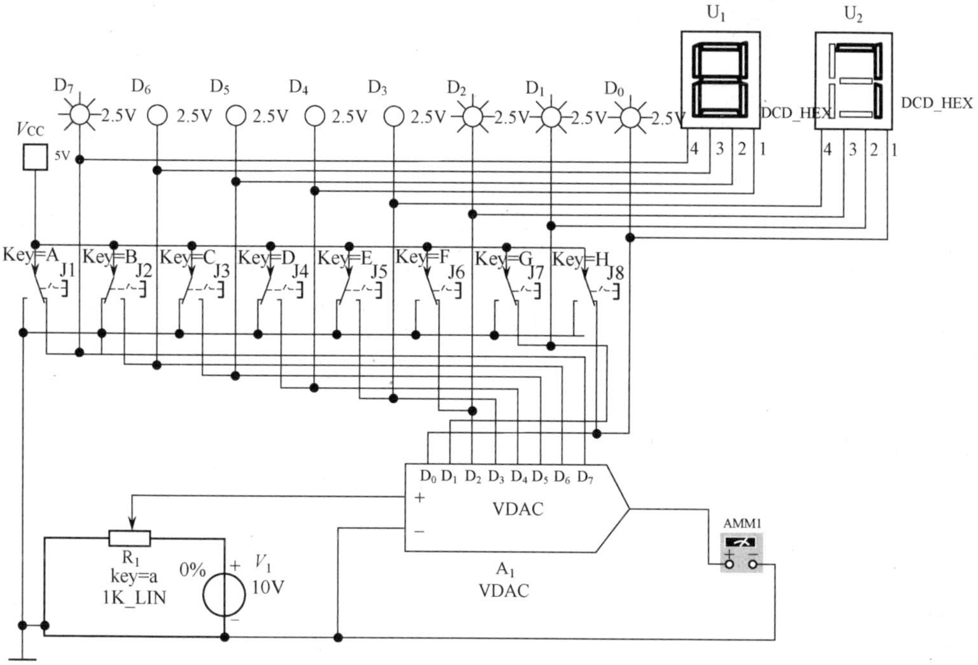

图 12-5　电压输出型 D/A 转换电路仿真图

【演示步骤】

（1）设定满度电压。

D/A 转换电路的满度输出电压是指当输入数字量 D_7～D_0 全部为 1 时，D/A 转换器的输出电压值。满度输出电压决定了 D/A 转换器的输出范围。

满度电压的设定方法：首先在 D/A 数码输入端加全 1（11111111），然后调整电位器 R_1 的阻值（即调整 D/A 转换器的基准电压），使输出电压达到满度电压值的要求。

单击计算机键盘字符键 A～H（对应数字量 D_0～D_7），将 D/A 转换器的输入数码设为 11111111，单击仿真运行开关进行动态分析，调整电位器 R_1 的阻值，使 D/A 转换器的输出电压尽量接近 5V，即将 D/A 转换器的满度调为 5V。

（2）单击计算机键盘上的字符键 A～H（对应数字量 D_0～D_7），按表 12-1 的要求改变输入数字量，并记录相应的模拟输出电压值。

表 12-1　仿真 D/A 转换中数字量转换为模拟量情况记录表

二进制数码输入（D_0～D_7）	模拟电压输出（V）
00000000	
00000001	
00000010	
00000100	
00001000	
00010000	

续表

二进制数码输入（D_0～D_7）	模拟电压输出（V）
00100000	
01000000	
10000000	
11111111	

（3）根据情况记录表的数据，分析并回答下面的问题：

① 该D/A转换器的满度输出电压是多少？

② D/A转换器输出的模拟电压与输入数码是否成正比？它的分辨率是多少？（分辨率就是电路所能分辨的最小输出电压与最大输出电压之比。对 n 位DAC，分辨率等于1/（2^n−1））。

技能实训　搭接与测试DAC0832应用电路

【实训目标】

（1）熟悉DAC0832的引脚功能；

（2）会在数字电路实验箱上，搭接DAC0832的典型应用电路；

（3）观察DAC0832的工作情况，测试D/A转换电路的输出量，掌握D/A转换电路输出量与输入量的关系。

【实训器材】　数字电路实验箱、DAC0832、LM324、CC40161、5.1kΩ电阻、数字万用表、双踪示波器、镊子、连接导线。

【实训内容与步骤】

做一做

（1）在数字电路实验箱中，按图12-6连接电路，其中 D_7～D_0、$\overline{WR_1}$、$\overline{WR_2}$ 接逻辑开关。电路输出端接万用表直流电压挡，测量转换后的电压值。

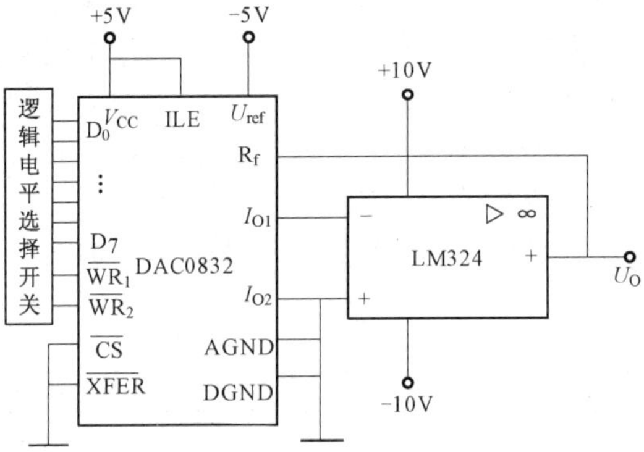

图12-6　DAC0832应用电路

（2）接线完毕，检查无误后，接通电源。使 $\overline{WR_1}=\overline{WR_2}=0$，按表12-2的要求改变输入数字量，测试并记录相应的模拟输出电压值。

（3）使 $\overline{WR_1}=\overline{WR_2}=0$，$D_7$～$D_0$ 为01111111，将 $\overline{WR_1}$ 置1后改 D_7～D_0 为00011111，观测前后输出电压值的变化情况并记录。

（4）使 $\overline{WR_1}=\overline{WR_2}=0$，$D_7$～$D_0$ 为 01111111，将 $\overline{WR_2}$ 置 1 后改 D_7～D_0 为 00011111，观测前后输出电压值的变化情况并记录。

表 12-2　仿真 D/A 转换中数字量转换为模拟量情况记录表

二进制数码输入（D_0～D_7）	模拟电压输出（V）
00000000	
00001111	
00011111	
00111111	
01111111	
11111111	

（5）在步骤（4）后，将 $\overline{WR_2}$ 置 0，观测前后输出电压值的变化情况并记录。

分析上述测量结果，可知 DAC0832 有如下功能。

当 $\overline{WR_1}=1$ 或 $\overline{WR_2}=1$ 时，D/A 转换寄存器被锁存，D/A 转换结果保持在模拟输出端，新的 D_7～D_0 值无法输入 D/A 转换寄存器中。当 $\overline{WR_1}=\overline{WR_2}=0$ 时，D/A 转换寄存器被打开，允许新的 D_7～D_0 值输入 D/A 转换寄存器中，并在模拟输出端输出 D/A 转换结果。

（6）参照图 12-7 所示的原理图，将 CC40161 的输出端 Q_3、Q_2、Q_1、Q_0 由高到低，对应接到 DAC0832 的数字输入端 D_3、D_2、D_1、D_0，其余数字输入端接地。CC40161 的 CP 选用 1kHz 方波。用示波器观察和记录 DAC0832 输出端的电压波形。

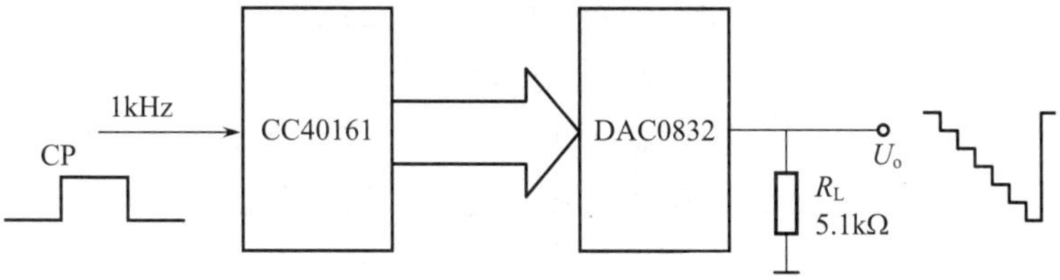

图 12-7　阶梯波产生原理图

想一想

如需实时输出转换结果，不要数据输入锁存，则 DAC0832 的控制端 $\overline{WR_1}$、$\overline{WR_2}$、$\overline{CS}$、$\overline{XFER}$、ILE 应如何连接？

【实训考核】

考核要素和考核表式样见附录 A。

练一练

习题 12.1

1．D/A 转换器是一种具有什么逻辑功能的电子器件？

2．一个倒 T 形电阻网络 D/A 转换器，$U_{ref}=+10V$，$R_f=3R$。当输入的数字量 D＝

$D_7D_6D_5D_4D_3D_2D_1D_0$＝01011010 时，试求输出的模拟电压。

任务二 模数（A/D）转换电路的认知

【学习目标】

◇ 了解模数转换的基本概念，列举其应用
◇ 了解集成模数转换器 ADC0809 的引脚功能和应用电路的连接方法
◇ 能在仿真平台上构建数模转换典型应用电路，观察数模转换现象并进行相关测试

知识链接一 A/D 转换的基本过程

模数转换简称 A/D 转换，其根本任务是将连续变化的模拟电信号转换为离散的数字信号。这就需要在转换过程中按一定的时间间隔对模拟信号进行采样，再经过处理后转换为数字信号。整个过程要经过四个步骤，即采样、保持、量化、编码。这四步不是分别完成，而是采样与保持一次完成，量化与编码一次完成。

（1）采样与保持。

采样就是在控制信号作用下，将模拟量每隔一定的时间抽取一次样值，使连续变化的模拟量变成断续变化的模拟量。采样结束后，保持器就保持每次采样的量值不变，直到下次采样。

图 12-8 所示是采样保持电路的示意图。图中 S 为采样脉冲，TW 为一个受 S 控制的模拟开关，S＝1 时，开关导通；S＝0 时，开关断开。图 12-9 所示为采样保持工作波形。图中 u_I 为模拟信号输入，采样脉冲到来时（τ 期间），S＝1，开关导通，$u_O=u_I$，u_I 就会对电容 C 进行充电，使电容两端电压 $u_C=u_I$；当采样脉冲为低电平时，即 S＝0，TW 断开，因为由运算放大器 A_2 构成的电压跟随器输出阻抗很高，所以存储在电容 C 上的电荷很难释放，使 u_C 保持不变，从而实现了保持功能。

（2）量化与编码。

将采样-保持后的电压转换为最小量化单位电压整数倍的过程，称为量化。所谓编码，就是用二进制代码来表示量化后的电平。

经过量化和编码后，原来连续变化的模拟信号就变成了断续变化的数字信号了。

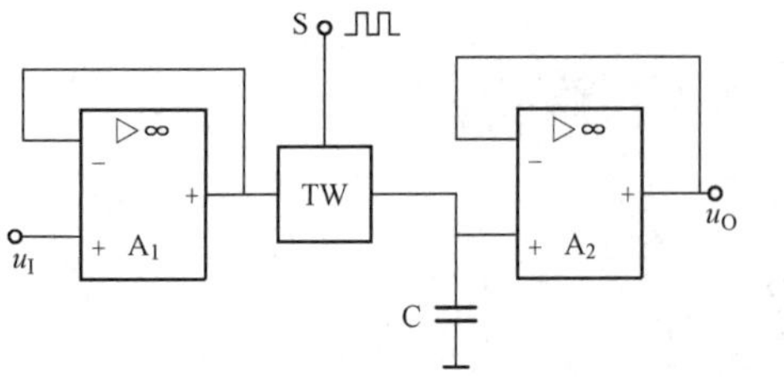

图 12-8 采样保持电路示意图

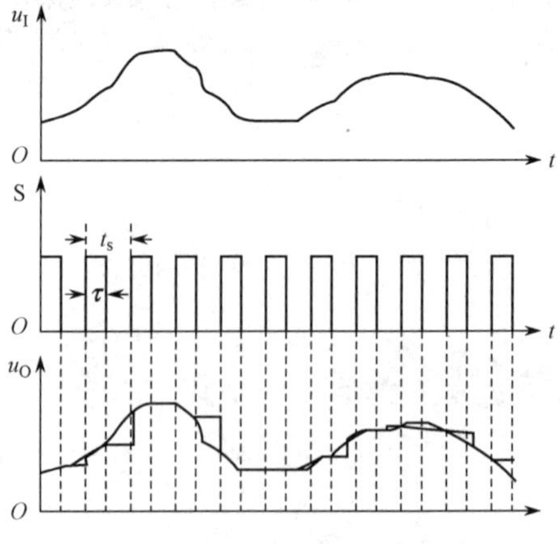

图 12-9 采样保持工作波形

知识链接二　集成模数转换器 ADC0809 及其应用

A/D 转换器，根据转换方法的不同有并行比较型、逐次逼近型、双积分型等；按输出字（二进制代码）的位数有 4、6、8、10、12、14、16 位和 BCD 码等；按转换时间有超高速（≤1ns）、高速（≤1μs）、中速（≤1ms）、低速（≤1s）等。还有些转换器将多路转换开关、时钟电路、基准电压源等与 A/D 转换电路集成于同一芯片内，构成数据采集系统和输入、输出装置，方便用户使用。

ADC0809 是采用 CMOS 工艺制成的单片 8 位 8 通道逐次逼近型模数转换器，其内部逻辑框图结构、实物外形和引脚排列如图 12-10 所示。

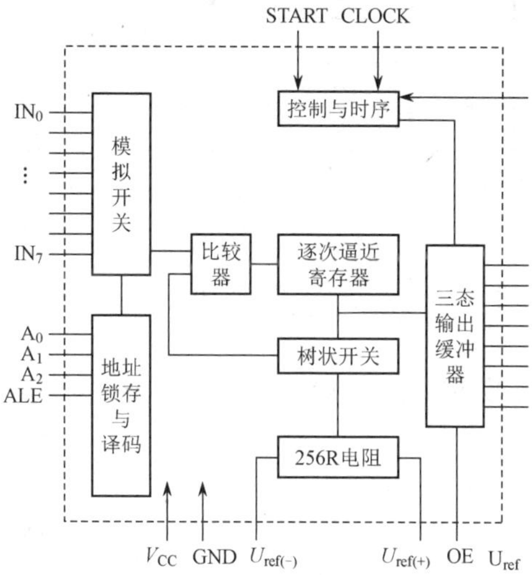

（a）内部逻辑框图

（b）实物外形

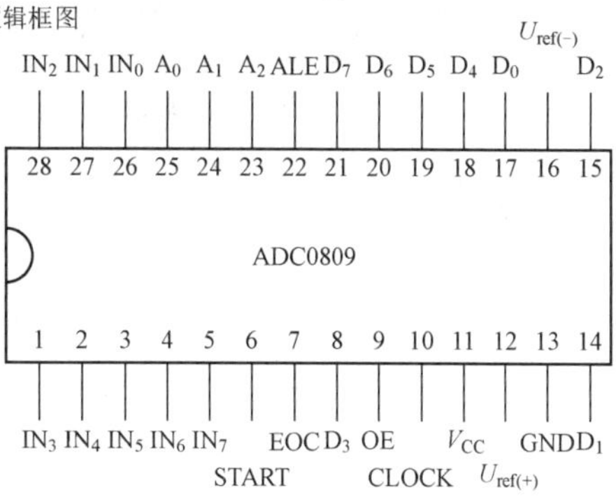

（c）引脚排列

图 12-10　ADC0809 内部逻辑框图、实物外形和引脚排列

ADC0809 各引脚功能如下。

IN_0～IN_7：8 路模拟信号输入端。

A_2、A_1、A_0：模拟通道选择器的地址输入端。

ALE：地址锁存允许输入信号端。上升沿有效。应在此引脚施加正脉冲，上升沿到达时，锁存地址码，从而选通相应的模拟信号通道，以便进行 A/D 转换。

START：启动信号输入端。应在此引脚施加正脉冲，当上升沿到达时，内部逐次逼近寄存器复位，在下降沿到达后，开始 A/D 转换过程。

EOC：转换结束输出信号（转换结束标志）端。高电平有效。

OE：输入允许信号端。高电平有效。

CLOCK（CP）：时钟信号输入端。外接时钟频率一般为 640kHz。

V_{CC}：＋5V 单电源供电。

$U_{ref(+)}$、$U_{ref(-)}$：基准电压的正极、负极。一般 $U_{ref(+)}$ 接＋5V 电源，$U_{ref(-)}$ 接地。

D_7～D_0：数字信号输出端。

8 路模拟开关，由锁存器三个地址输入端 A_2、A_1、A_0 选通，8 路模拟信号中的被选通的某一路进行 A/D 转换。地址译码与模拟输入通道的选通关系如表 12-3 所示。

表 12-3　地址译码与模拟输入通道的选通关系

被选模拟通道		IN_0	IN_1	IN_2	IN_3	IN_4	IN_5	IN_6	IN_7
地址	A_2	0	0	0	0	1	1	1	1
	A_1	0	0	1	1	0	0	1	1
	A_0	0	1	0	1	0	1	0	1

看一看

观察教师的演示实验：

【实验器材】　在 Multisim 或 EWB 仿真平台上构建如图 12-11 所示的 A/D 转换电路。

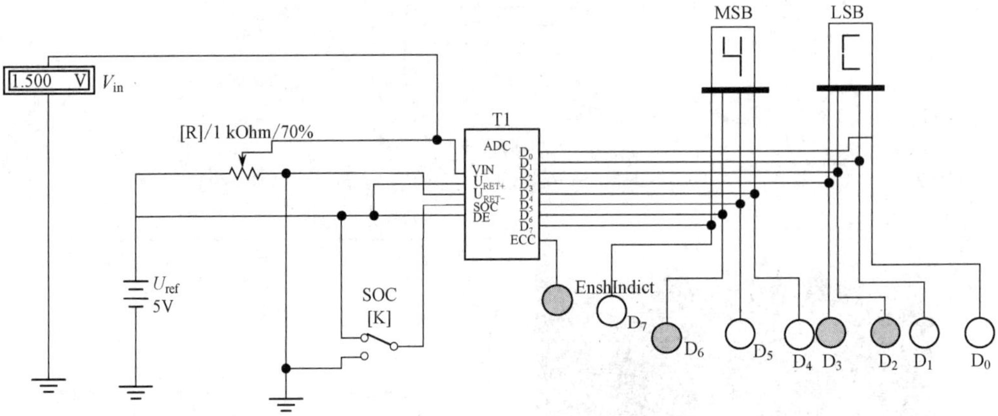

图 12-11　集成 A/D 转换应用电路仿真图

【演示步骤】

（1）用电位器 R 设置满度输入电压 $U_{ref(+)}$，使 $U_{ref(+)}$＝5V；调节电位器 R 使模拟输入电压的变化范围为 0～5V。

（2）先将转换控制开关 SOC 置于接地位置。

（3）单击仿真运行开关进行动态分析。按表 12-4 的要求调节输入电压的数值（方法：双击电位器，在弹出的设置对话框“Potentiometer Properties”中，设置“Key”设为“R”；单击“R”键使 *R* 值增大，“shift＋R”键使其减小）。

表 12-4　仿真 A/D 转换中模拟量转换为数字量情况记录表

模拟电压输入 U_i(V)	二进制数码输出	数码管显示制数
	$D_7 D_6 D_5 D_4 D_3 D_2 D_1 D_0$	
0		
1.0		
2.0		
3.0		
4.0		
5.0		

（4）将转换开关 SOC 置于电源端（通过单击“K”键转换开关状态），A/D 转换器开始转换，逻辑指示 LED 探头和数码管应有相应的输出指示；再单击一次“K”键使转换开关接地，转换结束。在表 12-4 中记录与输入模拟电压相对应的 A/D 转换数字输出。

（5）根据表 12-4 记录的数据，计算图示 A/D 转换电路的量化误差。

（6）单击仿真运行开关，停止动态分析。将 EO 和 SOC 连接（保留 SOC 与 K 开关连线）。单击“K”键，使 K 开关置于 1，开始 A/D 转换。再单击“K”键使转换开关接地。每次转换结束后 EOC 端将有信号输出，A/D 转换器马上开始新一轮的转换，使转换工作连续进行下去。在 0～5V 之间继续改变模拟输入电压 U_I，观察记录数字输出变化。

（7）根据测试结果分析：

① 该 A/D 转换器的满度输入电压为多少？

② A/D 转换器数字输出的大小与模拟输入电压的大小成比例吗？

技能实训　搭接与测试 ADC0809 应用电路

【实训目标】

（1）熟悉 DAC0809 的引脚功能。

（2）会在数字电路实验箱上，搭接 ADC0809 的典型应用电路。

（3）观察 DAC0809 的工作情况，测试 A/D 转换电路的输出量，掌握 A/D 转换电路输出量与输入量的关系。

【实训器材】　数字电路实验箱、ADC0809、CC40161、1kΩ 电位器、数字式万用表、镊子、连接导线。

【实训内容与步骤】

做一做

（1）在数字电路实验箱中，按图 12-12 所示连接电路，其中 D_7～D_0 端接实验箱上的发光二极管，CP（CLOCK）端接连续脉冲，A_2、A_1、A_0 端接逻辑开关。

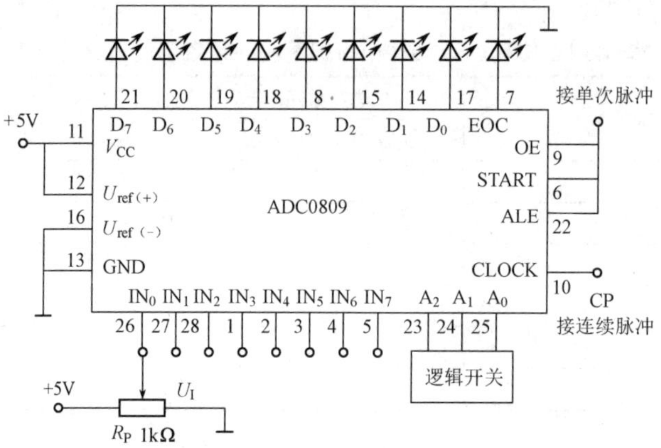

图 12-12　ADC0809 应用电路

（2）接线完毕，检查无误后，接通电源。调 CP 脉冲约为 10kHz，再置 $A_2A_1A_0$=000，用万用表测量 U_I，调节 R_P，使 U_I 为 4V；按一次接道 START 端的单脉冲，观察输出 D_7～D_0 发光二极管的状态并填入表 12-5 中。

表 12-5　模拟量转换为数字量情况记录表（模拟量从 IN_0 输入）

输入电压 U_I(V)	输出发光二极管亮暗情况（亮为“1”，不亮为“0”）							
	D_7	D_6	D_5	D_4	D_3	D_2	D_1	D_0
4								
3								
2								
1								
0.5								
0								
	1	1	1	1	1	1	1	1

（3）再调节 R_P，使 U_I 为 3V；按一次接 START 端的单脉冲，观察输出 D_7～D_0 发光二极管的状态并填入表 12-5 中。

（4）按上述方法，分别调节 R_P，使 U_I 为 2V、1V、0.5V、0V 进行实验，观察每一次输出 D_7～D_0 发光二极管的状态并填入表 12-5 中。

（5）调节 R_P，改变 U_I，使 D_7～D_0 全为 1 时，测出输入转换电压值并填入表 12-5 中。

（6）将 U_I 从 IN_0 改接到 IN_1，置 $A_2A_1A_0$=001，重复步骤（2）～（5）的操作，将结果填入表 12-6 中。

表 12-6　模拟量转换为数字量情况记录表（模拟量从 IN_1 输入）

输入电压 U_I(V)	输出发光二极管亮暗情况（亮为“1”，不亮为“0”）							
	D_7	D_6	D_5	D_4	D_3	D_2	D_1	D_0
4								
3								
2								
1								
0.5								

续表

输入电压 U_I(V)	输出发光二极管亮暗情况（亮为“1”，不亮为“0”）							
	D_7	D_6	D_5	D_4	D_3	D_2	D_1	D_0
0								
	1	1	1	1	1	1	1	1

（7）按步骤（6）的方法，再任意选取其余六路中的一路进行测试，将结果填入表 12-7 中。

表 12-7　模拟量转换为数字量情况记录表（模拟量从 IN_0～IN_7 中的某路输入）

输入电压 U_I(V)	输出发光二极管亮暗情况（亮为“1”，不亮为“0”）							
	D_7	D_6	D_5	D_4	D_3	D_2	D_1	D_0
4								
3								
2								
1								
0.5								
0								
	1	1	1	1	1	1	1	1

（8）参考 CC40161 的引脚排列和功能，画出接线图后再进行下面的接线。

将 A_2、A_1、A_0 三个地址端分别接至计数器 CC40161 的三个输出端 Q_2、Q_1、Q_0，单次脉冲接计数器的 CP 端，再分别置 IN_0～IN_7 为 0V、0.1V、0.2V、0.5V、1V、2V、3V、4V，START 端接高电平，按动单次脉冲计数，观察输出 D_7～D_0 端发光二极管的状态，将结果填入表 12-8 中。

表 12-8　模拟量转换为数字量情况记录表（模拟量从 IN_0～IN_7 中的某路输入）

<table>
<tr><th rowspan="2">单次脉冲次数</th><th colspan="8">输入电压 U_I(V)</th><th colspan="8">输出发光二极管亮暗情况（亮为“1”，不亮为“0”）</th></tr>
<tr><th>IN_7</th><th>IN_6</th><th>IN_5</th><th>IN_4</th><th>IN_3</th><th>IN_2</th><th>IN_1</th><th>IN_0</th><th>D_7</th><th>D_6</th><th>D_5</th><th>D_4</th><th>D_3</th><th>D_2</th><th>D_1</th><th>D_0</th></tr>
<tr><td>0</td><td rowspan="9">4</td><td rowspan="9">3</td><td rowspan="9">2</td><td rowspan="9">1</td><td rowspan="9">0.5</td><td rowspan="9">0.2</td><td rowspan="9">0.1</td><td rowspan="9">0</td><td></td><td></td><td></td><td></td><td></td><td></td><td></td><td></td></tr>
<tr><td>1</td><td></td><td></td><td></td><td></td><td></td><td></td><td></td><td></td></tr>
<tr><td>2</td><td></td><td></td><td></td><td></td><td></td><td></td><td></td><td></td></tr>
<tr><td>3</td><td></td><td></td><td></td><td></td><td></td><td></td><td></td><td></td></tr>
<tr><td>4</td><td></td><td></td><td></td><td></td><td></td><td></td><td></td><td></td></tr>
<tr><td>5</td><td></td><td></td><td></td><td></td><td></td><td></td><td></td><td></td></tr>
<tr><td>6</td><td></td><td></td><td></td><td></td><td></td><td></td><td></td><td></td></tr>
<tr><td>7</td><td></td><td></td><td></td><td></td><td></td><td></td><td></td><td></td></tr>
<tr><td>8</td><td></td><td></td><td></td><td></td><td></td><td></td><td></td><td></td></tr>
</table>

（9）对上述记录进行分析比较，归纳出 ADC0809 的主要性能。

【实训考核】

考核要素和考核表式样见附录 A。

习题 12.2

1．DAC 有什么功能？

2．ADC 有什么功能？

3．A/D 转换一般要经过哪些过程才能得到数字输出量？

模块小结

A/D、D/A 转换是现代自动控制和测量技术中应用最为广泛的技术之一，是沟通模拟量和数字量之间的桥梁，是数字系统中的重要组成部分。

（1）倒 T 形电阻网络 D/A 转换器在 CMOS 单片集成 DAC 中运用广泛。单片电流输出型 8 位 D/A 转换器 DAC0832 是采用倒 T 形电阻网络的常用 D/A 转换器。

（2）A/D 转换需经采样与保持，量化与编码的过程。A/D 转换类型较多，采用 CMOS 工艺制成的单片集成 8 位 8 通道 A/D 转换器 ADC0809 是常用的中速 A/D 转换器。

教学微视频

扫一扫

附录A　技能实训考核表参考样式

“识别与检测二极管”技能实训考核表

项　目	内　容	配　分	考核要求	扣分标准	得　分
实训态度	1．实训的积极性； 2．安全操作规程的遵守情况； 3．纪律遵守情况	30分	积极参加实训，遵守安全操作规程和劳动纪律，有良好的职业道德和敬业精神	1．违反安全操作规程扣20分； 2．不遵守劳动纪律扣10分	
二极管的识别	1．型号的识读； 2．由外形判别极性	30分	能借助资料识读型号含义，能由二极管的封装外形判断其管脚的极性	填表每错一处扣2分	
二极管的检测	1．极性的检测； 2．材料类型的检测； 3．质量的检测	40分	能正确使用万用表，能正确判断管子的极性、材料类型及二极管质量优劣	1．倍率挡选择不合适扣5分； 2．读数错误，每次扣2分； 3．正反电阻区分不清扣2分	
合计		100分			
注：各项配分扣完为止					

附录B 半导体器件型号命名方法及示例

1. 半导体器件型号命名方法（GB 249—89）

第一部分	第二部分	第三部分	第四部分	第五部分
用数字表示器件的电极数目	用汉语拼音字母表示器件的材料和极性	用汉语拼音字母表示器件的类型	用数字表示器件的序号	用汉语拼音字母表示器件的规格号
2—二极管 3—三极管	A—N 型，锗材料 B—P 型，锗材料 C—N 型，硅材料 D—P 型，硅材料 A—PNP 型，锗材料 B—NPN 型，锗材料 C—PNP 型，硅材料 D—NPN 型，硅材料 E—化合物材料	P—普通管 V—微波管 W—稳压管 C—参量管 Z—整流管 L—整流堆 S—隧道管 N—阻尼管 U—光电器件 K—开关管 X—低频小功率管 G—高频小功率管 D—低频大功率管 A—高频大功率管 T—半导体闸流管 Y—体效应器件 B—雪崩管 J—阶跃恢复管 CS—场效应管 BT—半导体特殊器件 FH—复合管 PIN—PIN 型管 JG—激光器件		

2. 半导体器件型号命名示例

示例 1：

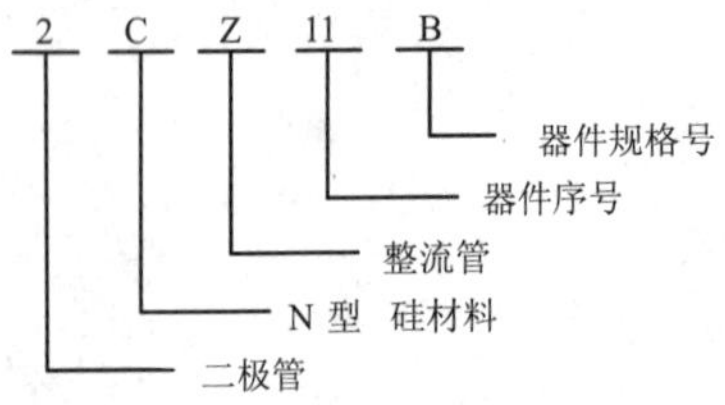

示例 2：

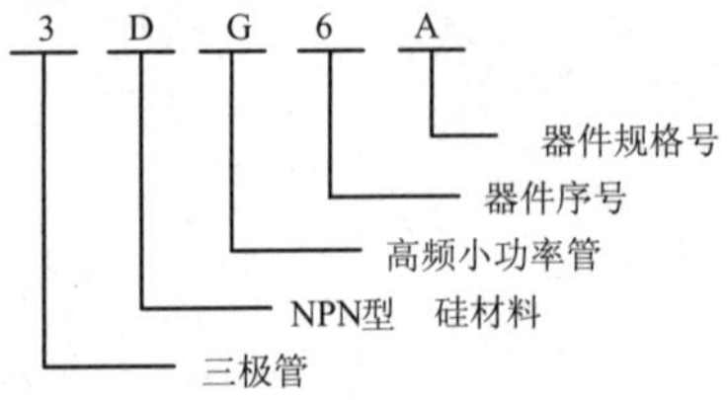

附录 C　国内外常用整流二极管参数表

I_{FM}	U_{RM}									
	25 V	50V	100V	200V	300V	400V	500V	600V	800V	1000V
0.1 A	2CP10	2CP11	2CP12	2CP14	2CP17	2CP18	2CP19	2CP20	2CP20A	
0.3A				2CZ21A		2CZ21B		2CZ21C	2CZ21D	2CZ21E
				2DP3A		2DP3B		2DP3C	2DP3D	2DP3E
0.5A		2CP1A	2CP1	2CP2	2CP3	2CP4	2CP5	2CP1E	2CP1G	
				2DP4A		2DP4B		2DP4C	2DP4D	2DP4E
1.0A		2CZ11K	2CZ11A	2CZ11B	2CZ11C	2CZ11D	2CZ11E	2CZ11F	2CZ11H	
				2CZ20A		2CZ20B		2CZ20C	2CZ20D	2CZ20E
				2DP5A		2DP5B		2DP5C	2DP5D	2DP5E
		1N4001	1N4002	1N4003		1N4004		1N4005	1N4006	1N4007
1.5A		1N5391	1N5392	1N5393	1N5394	1N5395	1N5396	1N5397	1N5398	1N5399
2A		PS200	PS201	PS202		PS204		PS206	PS208	PS209
3A		2CZ12	2CZ12A	2CZ12B	2CZ12C	2CZ12D	2CZ12E	2CZ12F	2CZ12H	
		1N5400	1N5401	1N5402	1N5404	1N5405	1N5406	1N5407	1N5408	1N5409
5A		2CZ13	2CZ13A	2CZ13B	2CZ13C	2CZ13D	2CZ13E	2CZ13F	2CZ13H	

附录D 常用集成运放产品的引脚功能

1. 单运放集成电路引脚功能

型　号	封装形式	引脚及功能
F001，5G922	金属圆壳(12 脚)	1—IN$_{-}$，2—IN$_{+}$，3—V$_{-}$，4—COMP，5—OUT，6—V$_{+}$，7—COMP$_2$，8—OA$_2$，9—OA$_3$，10—OA，11—GND，12—NC
F004，5G23		
CF709M，CF709C，CF1439C，CF1539M		
CF702M，CF702C	金属圆壳或双列直插式(8 脚)	
1—OA2，2—IN$_{-}$，3—IN$_{+}$，4—V$_{-}$，5—COMP，6—OUT，7—V$_{+}$，8—OA$_1$		
1—COMP，2—IN$_{-}$，3—IN$_{+}$，4—V$_{-}$，5—COMP$_3$，6—OUT，7—V$_{+}$，8—OA$_2$		
1—GND，2—IN$_{-}$，3—IN$_{+}$，4—V$_{-}$，5—COMP$_1$，6—COMP$_2$，7—OUT，8—V$_{+}$		
F007，5G24	金属圆壳(8 脚)	1—OA$_1$，2—IN$_{-}$，3—IN$_{+}$，4—V$_{-}$，5—OA$_2$，6—OUT，7—V$_{+}$，8—NC
F012，5G26	金属圆壳(10 脚)	1—OA$_1$，2—IN$_{-}$，3—IN$_{+}$，4—IN$_{+}$，5—V−，6—IBI，7—OUT，8—V$_{+}$，9—COMP$_1$，10—COMP$_2$
CF441，CF441A，LF441，CF351，LF351，CF741M，CF741C，μA741，LM741，μPC741，μPC151，MC1741，TL081，CA081，CF411，LF411，CF353，CF143，CF343，CF155，TL071，OPA100，NE530，NE531，NE538，LF356，LF357，μPC365，μPC357C，μPC806C，μPC807C，OP15J，OP16J，OP17J，	金属圆壳或双列直插式(8 脚)	1—OA$_1$，2—IN$_{-}$，3—IN$_{+}$，4—V$_{-}$，5—OA$_2$，6—OUT，7—V$_{+}$，8—NC
μA725，LM725，μPC154，NE5534，LM11，AD504H，	金属圆壳或双列直插式(8 脚)	1—OA$_1$，2—IN$_{-}$，3—IN$_{+}$，4—V$_{-}$，5—NC，6—OUT，7—V$_{+}$，8—OA$_2$
OP05，OP07，OP27，OP37，OPA27，OPA37，μPC254	金属圆壳或双列直插式(8 脚)	1—OA$_1$，2—IN$_{-}$，3—IN$_{+}$，4—V$_{-}$，5—NC，6—OUT，7—V$_{+}$，8—OA$_2$

2. 双运放集成电路引脚功能

型号	封装形式	引脚及功能
CF158，CF258，CF358，CF353，TL082，CF442，CF442A，F1458C，F1558，CF4558，CF7621，L M358，LM2904，NE532，μPC1257C，μPC358，LA6358，AN6561，AN6562，μPC258，μPC4558，AN6552，AN6553，TLC272，NE5572，LM833，μPC4556，5G353，5G022，CF412，CF412A	金属圆壳或双列直插式(8 脚)	1—OUTA，2—IN_-，3—IN_+A，4—V_-，5—IN_+B，6—IN－B，7—OUTB，8—V_+
CF159，CF359，LF359	金属圆壳(14 脚)	1—BI_0，2—OUTA，3—COMPA，4—GNDA，5—NC，6—IN_-A，7—IN＋A，8—BI_1，9—IN_+B，10—IN_-B，11—GNDB，12—V_+，13—COMPB，14OUTB

3. 四运放集成电路引脚功能

型号	封装形式	引脚及功能
CF124，CF224，CF324，CF147，CF347，CF148，CF248，CF348，CF444，CF444A，CF4156，CF4741，5G6324，LM324，μPC324，TL064，TL074P，TL084，TLC274，LF347，LM2902，HA17902PμPC451，TA75902P，LA6324	金属圆壳或双列直插式(14 脚)	1—1OUT，2—$1IN_-$，3—$1IN_+$，4—V_+，5—$2IN_+$，6—$2IN_-$，7—2OUT，8—3OUT，9—$3IN_-$，10—$3IN_+$，11—V_-，12—$4IN_+$，13—$4IN_-$，14—OUT
CF146，CF246，CF346	金属圆壳(16 脚)	1—1OUT，2—$1IN_-$，3—$1IN_+$，4—V_+，5—$2IN_+$，6—$2IN_-$，7—2OUT，8—$BI_{1,2,4}$，9—BI_3，10—3OUT，11—$3IN_-$，12—$3IN_+$，13—V_-，14—$4IN_+$，15—$4IN_-$，16—4OUT

附录E　国内外主要集成电路生产厂家及其产品代号

代号	生产厂家（国内）	代号	生产厂家（国内）	代号	生产厂家（国内）
BGD	北京半导体器件研究所	MC（通用数字与线性）	美国摩托罗拉公司（Motorola）	T（模拟电路）	意大利国家半导体公司（SGSI）
BH	北京半导体器件三厂	MCM（存储器）		U（混合电路）	
CD，D	无锡七四二厂	μA（线性电路）	美国仙童公司（FSC）	GA～GZ（数字电路）	
CF	常州半导体厂	SH（混合电路）		S（单片数字电路）	
CH	上海无线电十四厂	F（数字电路）	美国国家半导体公司（NSC）	S（数字电路）	荷兰飞利浦公司（PHIN）
DG	北京八七八厂	AD（模拟对数字）		T（模拟电路）	
F，XFC	甘肃七四九厂	AM（模拟电路）	美国哈理斯公司	UH（混合电路）	
FD	苏州半导体器件总厂	CD（数字电路）		MA（微机和 CPU）	
FC，FY	上海八三三一厂	DA（数字对模拟）		μPC（模拟电路）	日本电气公司（NEC）
FS	宜昌半导体器件总厂	HA		μPD（数字电路）	
FS	贵州四四三三厂	TSC	美国泰莱特公司	HA（模拟电路）	日本日立公司（Hitachi）
HF	杭州无线电元件二厂	MP	美国微功耗公司（MPS）	HD（数字电路）	
N	南京晶体管厂	SG	美国硅通用公司（SGL）	TA（双极型模拟电路）	日本东芝公司（Toshiba）
NT	南通晶体管厂	I（工业用温度）	美国英特尔公司（Intel）	TC（CMOS 电路）	
SD	北京半导体器件二厂	M（军用－55～125℃）		TD（双极型数字电路）	
SF	上海无线电七厂	IM（数字和存储器）	美国英特希尔公司（Intersil）	TM（MOS 电路）	日本三洋公司（Sanoyo）
SL	上海无线电十六厂	ICM（数字电路）		LA（模拟电路）	
TB	天津半导体器件五厂	ICL（线性及混合电路）		LB（数字电路）	
XG	四川八七九厂	Z	美国齐洛格公司（ZIL）	LC（CMOS 电路）	
XFC	西安延河无线电厂	SCL	固态科学公司（SSS）	M	日本三菱公司
X	四川永川一四二四所	AD	美国模拟器件公司	AN（模拟电路）	日本松下公司
5G	上海无线电元件五厂	S（数字电路）	德国西门子公司（SIEG）	CA（模拟电路）	美国无线电公司（RCA）
6S	北京七七四厂	T（模拟电路）		CD（数字电路）	
19A	上海无线电十九厂	U（混合电路）		CDP（微处理机电路）	

附录 F　常用数字集成产品的引脚功能

扫描阅读

参 考 文 献

[1] 李传珊．新编电子技术项目教程．北京：电子工业出版社，2007
[2] 华永平．模拟电路设计与制作．北京：电子工业出版社，2007
[3] 蒯红权，刘玉正．新编电子技术项目教程．北京：电子工业出版社，2007
[4] 康华光．电子技术基础（第四版）．北京：高等教育出版社，2002
[5] 陈振源，褚丽歆．电子技术基础．北京：人民邮电出版社，2006
[6] 陈其纯．电子线路．北京：高等教育出版社，2001
[7] 林东．电子线路．北京：高等教育出版社，2001
[8] 李新平．实用电子技术与仿真．北京：机械工业出版社，2003
[9] 石小法．电子技能与实训．北京：高等教育出版社，2006
[10] 黄继昌．电子元器件应用手册．北京：人民邮电出版社，2004
[11] 李文．电子技术基本知识及技能．北京：机械工业出版社，2006
[12] 孙余凯，项绮明．数字集成电路基础与应用．北京：电子工业出版社，2006
[13] 毛期俭．数字电路与逻辑设计实验及应用．北京：人民邮电出版社，2005
[14] 周谟彦．电子技术及应用（数字部分）．南京：东南大学出版社，2003
[15] 曾祥富，张龙兴，童士宽．电子技术基础．北京：高等教育出版社，1996